古典籍にみる日本の野菜

昔の人はどんな野菜をよく食べていたのか？

杉山　信男

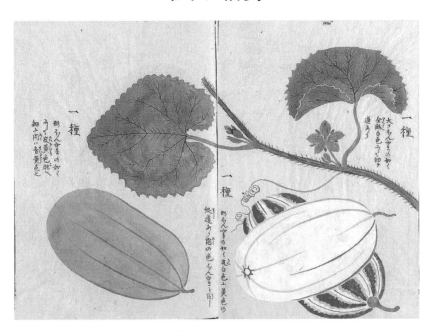

東京農大出版会

はじめに

　食をめぐる状況は、過去 70 数年の間に飢餓から飽食へと劇的に変化した。私が物心ついた 1950 年代前半には、第 2 次大戦後の混乱も収まっており、ひもじかったという記憶はない。しかし、食事の内容は、今では考えられないほど単調だった。野菜に関しても、私が十代だった 1950 年代後半から 60 年代前半には、わが家の食卓にレタス、ブロッコリー、ピーマン、アスパラガスなどが上ることはなかった。また、今のように冬にトマト、キュウリ、ナスなどを食べるということはなく、これらの野菜はもっぱら 6〜9 月頃に食べるのが普通であった。記憶をたどってみると、その頃、私が食べていたのは、ダイコン、カブ、ニンジン、ゴボウ、サトイモ、ハクサイ、キャベツ、ホウレンソウ、ネギ、タマネギ、ナス、トマト、キュウリ、カボチャなどであった。これら 14 種類の野菜にツケナ類（コマツナやミズナなど）、インゲン、エンドウ、ソラマメを加えた 18 種類の野菜は、1940 年に農林省が「必需野菜」と名付けた野菜である（月川，1994）。当時、長引く日中戦争の影響で生産資材や農村の労働力が不足した結果、野菜の生産量が減り、価格が高騰していたが、特に需要の多い野菜については、これを「必需野菜」として優良種苗の確保などを目的に予算がつけられたのである。現在では、消費量が多く、私たちの生活にとって重要な 14 種類の野菜（キャベツ、キュウリ、サトイモ、ダイコン、タマネギ、トマト、ナス、ニンジン、ネギ、ハクサイ、ジャガイモ、ピーマン、ホウレンソウ、レタス）は指定野菜、指定野菜に準ずる重要性を持つ野菜（アスパラガス、イチゴ、カブ、カボチャ、サツマイモ、ゴボウ、メロンなど 35 種類）は特定野菜に指定され、価格が安くなった場合に生産者に基準額との差額分の一部を補塡する制度が設けられている（農林水産省，2023）。呼び名は異なるが、これらの野菜が、私たちの生活にとって重要な、現代版「必需野菜（人々の生活にとって特に重要な野菜）」に相当するものと考えられる。

　少し古いが、西（1982）によれば、「日本にある野菜類は、九十八種類ぐらい、あるいは野草に近いものも入れて百四十四種類ぐらいといわれて」いる。西（1982）は、指定野菜、特定野菜の他、その他の特産野菜（令和 5 年

度ではウド、もやし、クワイ、トウガンなど36品目）や山菜類を含めて、おおよそ144種類程度になると見積もったのであろう。そのうち、統計が取られているのは90品目で、全体の出荷量のうち79%は指定野菜、16%は特定野菜が占めている（農林水産省，2023）。また、トマト、ネギ、キュウリ、キャベツ、タマネギ、ホウレンソウ、ダイコン、レタス、ナスの9品目で野菜全体の出荷額の46%を占めている（農林水産省，2023）。このように統計的に見ても、指定野菜、特定野菜が「必需野菜」であることが窺える。

　ところで、指定野菜、特定野菜、「必需野菜」は重量あるいは出荷額ベースでみて、人々の生活にとって重要な野菜を指す言葉である。しかし、重要か、どうかは生産量や出荷額だけで決まるのではない。例えば、香辛料、調味料、薬味として用いられる「香辛野菜・調味野菜」は重量ベースで見た場合の消費量は少なく、出荷額もそれほど多くはないが、日々利用する重要な野菜が含まれている。英語には、major vegetables（主要で、重要な野菜；以下「重要野菜」と呼ぶ）と minor vegetables（あまり重要ではない野菜）という語があるが（Grubben ら，1994）、わが国の major vegetables には指定野菜、特定野菜の他に、頻繁に利用する「香辛野菜・調味野菜」も含まれると考えた方がよいと思われる。本書では、飛鳥・奈良時代〜江戸時代の日記類や食料を調達した記録類などにおける各野菜の出現頻度から、それぞれの時代における「重要野菜」を特定し、その変化を明らかにしようとしたが、この方法には、① 史料の作成者である上流階級の人たちは一般庶民の食事について関心が薄く、記録しないことが多い、② 史料に記された食事は晴（祭礼や年中行事などを行う特別の日）の食事が中心で、褻（日常の食事）についての記載は少ないといった問題がある。そのためもあってか、「重要野菜」と「あまり重要ではない野菜」を区分し、時代とともに「重要野菜」がどのように変化したかについては、これまでほとんど研究されてこなかった。そこで、本書では、上記①、②を踏まえ、料理書、地誌、歴史書、物語、詩歌、絵巻物なども調査対象に加えて「重要野菜」の特定を行い、それが飛鳥・奈良時代以降、江戸時代までの間に、どのような理由で、どのように変化してきたのか、その一端を探ろうとした。また、本書執筆の過程で生じた疑問についても検討を加え、付録とした。

凡　例

1．古典籍とは、江戸末期までに作られた書物のことで、本書では古記録（日記類）、古文書（手紙類など）、詩歌、物語、説話などの他に絵巻物なども含めた。多くは、新日本古典籍総合データベース（2023 年 3 月 1 日に国書データベースに統合された。以下、KOTEN と略す）や国会図書館デジタルコレクション（以下、NDL と略す）の古典籍資料で公開されている。本書では、古典籍からの引用文は「　　」書きとし、（　　）内に現代語訳を付した。

2．多くの版本がある場合には、できるだけ古い時代のもので、写年あるいは刊行年が明かになっているものを選んだ。

3．現代語訳は一つの試案と考えて頂きたい。また、分かりやすさを重視して、意訳を行った。原文にない語句を補った場合には［　　］で括った。また、一部では、訳文の後に；を付け、補足説明を加えた。

4．KOTEN、NDL から引用した文献には DOI を付け、読者が検証できるようにした（ブラウザの URL 欄に https://www.doi.org/ ［DOI の数字］を入力すれば、当該文献に移動する）。

5．原文の引用に当たっては、できるだけ元の形を尊重した。ただし、フリガナ（文字と文字の間にフリガナと同じ大きさで送り仮名を付けたものも同様）や返り点については、省略したものがある。また、フリガナの付いていない難読文字にフリガナを付ける場合には、フリガナを括弧で括った。

6．原文には句読点が付いていないことが多いが、読みやすさを重視し、句読点を付けた場合がある。その場合、原文にある句読点は「、」、「。」とし、原文にないものは「,」と「.」として区別した。

7．底本の誤記と思われるものについては、そのままにし、（ママ）と傍注を付けた。

8．原文で割書をした部分が含まれる文章を引用した場合には、割書部分を〈　　〉で括り、文字の級数を下げて他の部分と区別した。割書の部分だけを引用した場合には通常の文章と同じ級数の文字で表記した。

9．原文を引用する場合には旧字体のままとした。活字がない場合には、【　　】

内に偏と旁を書き、元の字を推定できるようにした。偏と旁での表記が難しい場合には、それに近い字に改め、下線を引いて示した。また、【艹青】は出現数が多いので、菁に下線を引いて【艹青】の代りとした。

10. 古典籍の名称は、国書総目録（岩波書店発行・国文学研究資料館提供）の表記に従った。国書総目録に収録されていない書籍（漢籍）については、名称の表記に旧字体も使用した。

11. 翻刻されている史料については、それを利用した。ただし、原文が漢文で、翻刻版は読み下し文になっているものについては、可能であれば、底本を参照した。

12. 引用であることを明確にするため、長い引用文は前後一行を空け、一字下げて記載するのが通例であるが、本書ではスペースの関係から長い引用文も改行せずに記載した。

13. 漢字にフリガナが付いている写本の場合、そのフリガナは原本にはなく、後世に付けられたものである可能性がある。しかし、本書では、フリガナが付けられた時期については検討を加えていない。

14. 時代区分については、古代、中世、近世と区分するのではなく、政治史的区分によった。なお、史料によっては時代をまたぐものがあり、その場合には便宜的にどちらかの時代に組み入れた。

15. 室町時代は鎌倉幕府滅亡から織田信長による足利義昭追放までの時代のうち、南朝が存在した前半60年を南北朝時代、幕府の全国統治が機能しなくなった後半100年を戦国時代とするのが一般的であるが、本書では幕府開設から義昭追放までを室町時代として扱った。安土桃山時代については、時代が短いこともあって特に章を立てず、室町時代として扱った。

16. 引用文献の配列に当たっては、五十音順に配列した。欧文については、アルファベット順に配列した。

17. 引用箇所の特定が難しい場合には全頁数を記載（例えば、560 p.）し、書籍の一部を引用した場合、p. 19、あるいは p. 152 - 153 . のように示した。

18. 近年、分子生物学の成果を基にした分類体系（APG IV）が採用されることが多くなっているが、本書では旧来のクロンキストの分類体系によった。なお、分類体系によって、科が異なる場合には注記を加えた。

目　次

表紙の図の説明

表紙図：三種類のマクワウリ

    ①　果皮は全体が白で、細い縦道を持つもの（右の手前側）

    ②　白い果皮で、黄色（褐色に見える）の縦道をもつもの（右の奥側）

    ③　果皮は黄色で、青白色の果肉をもつもの（左）

    ①、②、③とも、ホンヤマという品種に似た形とされる。

    引用元：岩崎常正『本草図譜』巻 70 - 72，写．国立国会図書館デジタルコレクション

    https://dl.ndl.go.jp/pid/ 2550797 / 1 / 32（参照 2023 - 06 - 27）を編集、加工

裏表紙図（左）：先端部が黄色のきうり品種（右）と黄白色で先端部が白になる「しろきうり」（左）

    引用元：岩崎常正『本草図譜』巻 52 - 54，写．国立国会図書館デジタルコレクション

    https://dl.ndl.go.jp/pid/ 2550791 / 1 / 43（参照 2023 - 06 - 27）を編集、加工

裏表紙図（右）：葛西菜

    引用元：岩崎常正『本草図譜』巻 46 - 48，写．国立国会図書館デジタルコレクション

    https://dl.ndl.go.jp/pid/ 2550789 / 1 / 7（参照 2023 - 06 - 27）を編集、加工

第1章　史料に現れる野菜の同定と利用頻度の推定方法

第1節　野菜とは何か？

　私たちの生活にとって、野菜はなくてはならない食材の一つである。しかし、野菜とは何かを厳密に定義することは難しい。中尾（1990）は、共通の性質・特徴をもつもの同士をまとめる類型分類は出発点から曖昧さを含んでいるとした上で、「野菜という概念規定はそれ自体の考察にのみ基づいて設定するよりも、まずパラレル・タクソンを設定して、全体的にそれらを吟味して、その相互関係の下に概念規定をした方がより合理的にでき」ると述べている。野菜という分類単位（タクソン）のパラレル・タクソン（類似の分類単位）としては果物や穀物が考えられるが、よく言われるように、ダイズやサツマイモは普通作物にも野菜にも分類されるなど、重複するものがある。したがって、どのような食材を野菜とするかは恣意的な要素を含まざるをえない。

　第2節に示すように、10世紀に作られた、百科事典的な性格を持つ漢和辞書である『和名類聚抄（以下、和名抄と略す）』飲食部の薑蒜類、果蓏部（蓏類と芋類）、菜蔬部（葷菜類、水菜類、園菜類、野菜類）に取り上げられている植物は、第1表に示すように現在も野菜として用いられている植物の多くが含まれている（源, 1617）。しかし、菜蔬部には海藻類（コンブ、ミル、アマノリなど）が含まれており、また菜蔬部の水菜類には淡水産の藻類である水苔（和名かはな）、紫苔（和名すむのり）、野菜類にはキノコ（菌）が挙げられている。また、17世紀末に刊行された『本朝食鑑』はわが国の食物を対象とした本草書であるが、菜部を葷辛類、柔滑類、蓏菜類、茸耳類、水菜類に分け、水菜類にはレンコン、クログワイ、クワイ、ジュンサイの外にコンブ、ワカメ、アサクサノリなどの海藻類を含めている（人見,

第1表　『和名類聚抄』16、17巻に記載された野菜の漢名と対応する標準的和名

漢名	標準的和名	漢名	標準的和名	漢名	標準的和名
菜蕶類		胡瓜	キュウリ	蔓菁根	カブ
【艹豊】	ククタチ	𤬛	ー	辛芥	タカナ
薑蒜類		茄子	ナス	温菘	ー
生薑	ショウガ	**芋類**		辛菜	カラシナ
蜀椒	サンショウ	芋	サトイモ	蘆	ダイコン
山葵	ワサビ	山芋	ヤマノイモ	蘘荷	ミョウガ
蘭蕘	ー*	零餘子	ムカゴ	薑	ショウガ
胡荽	コエンドロ	蕛	トコロ	蒟蒻	コンニャク
芥	カラシ	澤瀉	オモダカ	苣	チシャ
蓼	タデ	烏芋	ー	薊	アザミ
豆類		**葷菜類**		蕗	フキ
大角豆	ササゲ	蒜	ー	葵	フユアオイ
野豆	エンドウ	大蒜	ー	**野菜類**	
藊豆	フジマメ	小蒜	ー	大薊	ー
鳥豆	ー	獨子蒜	ー	兎葵	ー
鷧豆	ー	澤蒜	ー	龍葵	イヌホウズキ
珂孚豆	ー	島蒜	アサツキ	莧	ヒユ
麻類		葱	ネギ	馬莧	スベリヒユ
胡麻	ゴマ	冬葱	ー	菫菜	スミレ
荏	エゴマ	薤	ー	芸薹	アブラナ
蘇	シソ	韭	ニラ	薇蕨	ワラビ
蓏（瓜）類		**水菜類**		茶	ノゲシ
青瓜	マクワウリ	芹	セリ	苜蓿	ウマゴヤシ
斑瓜	マクワウリ	水葱	ミズアオイ	牛蒡	ゴボウ
白瓜	シロウリ	茨	オニバス	薺	ナズナ
熟瓜	マクワウリ	蓴	ジュンサイ	薺蒿	ー
黄瓝	ー	蕺	ドクダミ	繁縷	ハコベ
寒瓜	マクワウリ	**園菜類**		羊蹄	ギシギシ
冬瓜	トウガン	蔓菁	アオナ	藜	アカザ

この他、第20巻草類に、獨活（ウド）、防風（ハマボウフウ）、蓬（ヨモギ）、百合（ユリ）、蓮類に藕（蓮根）、竹具類に笋（タケノコ）などがある。第17巻蓏類に覆盆子が挙げられているが、覆盆子はクサイチゴ（キイチゴ類）のことと思われるので、表には載せていない。

＊ ーは、標準的和名を特定できないもの、あるいは、いくつかの種の総称で特定の難しいものを示す。

1697)。さらに、貝原篤信（益軒）(1714) によって書かれた『菜譜』は 136 種の「菜」を園菜（ダイコン、カブなど 43 種類）、蔬菜（ナス、瓜類など 11 種類）、用根菜類（ゴボウ、サトイモなど 9 種類）、穀菜（ササゲ、ソラマメなど菜として利用するもの 10 種類）、野菜（ヤマノイモ、ウド、ツクシなど 12 種類）、水菜（クワイ、ジュンサイなど 10 種類）、海菜（海藻類 18 種類）、菌類（キノコ類など 15 種類）、木類（サンショウ、タラノキなど菜として利用するもの 8 種類）に分類している。これらの著作からも明らかなように、キノコ類や藻類がかつては「菜」類として認識されており、現在でも『園芸学用語集・作物名編』では野菜名の部にキノコ類が収録されている（園芸学会, 2005）。そこで、本書では、「加工の程度の低いままで副食に用いる調理用草本性植物（curinary herb）(ママ) あるいはその一部」（清水, 1977）という一般的な野菜の定義よりも範囲を少し広げ、キノコ類も野菜に含めることにした。マメ類については穀物か、野菜か、判然としないことも多いが、ダイズとアズキを除き、その他のマメは野菜類に含めた。

第 2 節 『和名類聚抄』における野菜名の万葉仮名表記

　古い文献史料に現れる野菜がどのような野菜を指しているのかを知る上で重要な手がかりを与えてくれるのは、『和名抄』に記された漢名と万葉仮名による和名（大和言葉の名前）である。本節ではまず万葉仮名そのものについて説明した後、漢名、大和言葉の名前による種の推定を試みた。

　わが国で文字（漢字）の使用が認められるようになるのは 5 世紀のことで、古墳から発掘された刀剣や鏡の中に系譜や功績顕彰の句、吉祥句などが刻まれたもののあることが知られている。しかし、その数は少なく、文字（漢字）使用が日常化するのは 7 世紀になってからのこととされる（東野, 2005；犬飼, 2011）。わが国では、知識や伝承など自らの文化遺産を後代に伝える手段として自ら文字を創り出すのではなく、漢字を借用した。このため、中国語にない助詞、助動詞、敬語、わが国固有の事物や名前（大和言葉）を漢字で表すことが必要となり、漢字の持つ表意性を捨てて字音、字訓などを利用することになった（山口, 2006）。これが万葉仮名である。一字一音を基本とする

ため、すべてを万葉仮名で記すと文章が長くなってしまうので、音読、訓読した漢字と万葉仮名を組合わせて表記する場合もあった。

　万葉仮名として用いられた漢字は、おそらく 1,000 以上あるのではないかと考えられており、例えば「こ」に当たる仮名には「古」のグループ（故、固、枯、孤、庫）と「許」のグループ（己、去、巨、拠、居）があり、「子」を表す場合には「古」のグループの漢字を用いるという法則性がある（橋本, 1980）。コ以外にも、現在のエ、キ、ケ、ソ、ト、ヌ、ヒ、ヘ、ミ、メ、ヨ、ロについては、二つのグループ（甲類、乙類）の万葉仮名を使い分けて表記されており（濁音がある場合には、濁音も二つに分かれる）、発音上にも区別があったと考えられている（橋本, 1980）。しかし、甲類、乙類の使い分けは、平安時代になると乱れてきて、醍醐天皇、村上天皇の時代になると、その痕跡も見えなくなる（橋本, 1980）。

　『和名抄』は、漢語の名詞を天地部から草木部まで 32 部に分類して、それぞれに出典、音注、説明、万葉仮名による和名を注記した、百科全書的な性格を持つ漢和辞書で、承平年間（931～938）に源順が醍醐天皇の皇女に奉ったものである。『和名抄』に取り上げられた野菜について、漢名と万葉仮名で表記された大和言葉の名前（和名）を比較してみると、そこで取り上げられた野菜は次の 5 つのグループに分類される。

① 漢名が現在の漢字表記と同じで（山田ら, 2020）、大和言葉の呼称も現在の呼称に似ているもの（蓼、山葵、大角豆、白瓜、胡瓜、冬瓜、茄子、山芋、零余子、烏芋、葱、芹、苣、薊、蕗、葵、莧、薺、襄荷、繁蔞、藜、独活、防風、蓬、百合）（なお、フリガナを付けたものは常用漢字表外の文字を含む語、または常用漢字表にない読みをする語）

② 漢名は現在広く用いられている漢字表記とは異なるが、明治時代の園芸書（福羽, 1893；喜田, 1911）などに用いられている漢字表記と同じで、大和言葉も現在の呼称に似ているもの（蕪菁〈蔓菁の一名として挙げられている〉、薤）

③ 漢名は現在の野菜名の表記と同じか、近似しているが、大和言葉の呼称が現在の呼称とは異なっているもの（生薑、蘇、蓴 など）

④ 漢名、大和言葉の呼称とも現在の野菜名の漢字表記や呼称と異なってい

るもの（蜀椒、胡荽、【艹偏】豆、薤、茶）

⑤ いくつかの種、あるいは品種群の総称であるため、種あるいは群の特定
が難しい野菜（瓜、蒜、山芋）

　①、②、③の野菜については、『和名抄』によって、飛鳥・奈良時代の木
簡や『万葉集』に記された野菜名から現在の野菜名をほぼ正確に特定するこ
とができ、また、その野菜の大和言葉を知ることが出来る。これに対して、
④の野菜の特定は、江戸時代以降の本草書や農書などの記述に頼るしかない。
例えば、蜀椒（しょくしょう）について『本草綱目啓蒙』巻之二十八に「唐山ニテハ蜀ノ國
ノ山椒ヲ上品トス．故ニ蜀椒ト云フ．本邦ニテハ，アサクラザンシヤウヲ上
品トス．蜀ノ國ノ種ニハ非ザレトモ蜀椒ノ名ヲ借リ用ユ（中国では蜀の国の
サンショウの品質がよいので、サンショウを蜀椒と言う。わが国では朝倉山椒の
品質がよいので、蜀の国のものとは種類が異なるけれど、蜀椒の名を借用してい
る）」との記述があるので（小野, 1805）、『和名抄』の蜀椒もサンショウのこ
とを指していると考えられる。また、胡荽（こずい）について『農業全書』巻四に「南
蠻の語にこゑんとろと云ふ。食物等の悪臭をよく去るものなり。（南蛮語で
コエンドロという。［肉や魚などの］食べ物の臭みをよく取るものである。）」との
記述があることから、胡荽はコリアンダー、別名コエンドロの漢名と考えら
れる（宮崎, 1936）。【艹偏】豆（藊豆（まめ））は『和名抄』に「〈和名阿知萬女〉籬
上豆也（和名アヂマメ、竹や柴を編んだ垣根をよじ登る豆である）」とあり、19
世紀に成立した『箋注倭名類聚抄（せんちゅう）』巻第九では『和名抄』【艹偏】豆の注釈
として、「今俗呼藤豆以其花似藤也（花がフジに似ているので、今俗に
藤豆と呼ぶ）」と記している（狩谷, 1883）。牧野（1940）は、藊豆にインゲ
ンマメという和名を与え、現在、インゲンマメと呼ばれている植物にはゴガ
ツササゲという和名を与えている。これは、江戸時代にはインゲンマメとフ
ジマメはしばしば混同され（杉山, 1995）、多くの本草学者がフジマメをイン
ゲンマメと呼んだことによると思われる。詳しくは付録 1 で説明したい。

　薤について、『農業全書』では「薤（らっきょう）」をラッキョウのこととしているが（宮
崎, 1936）、『本朝食鑑』巻之三の華和異同では「薤本邦之大韭也．世未多
種之．俗混稱羅津岐與．然薤根有臭，羅津岐與者不臭．此水晶葱也（薤

はわが国のオオニラのことで、世間では未だあまり栽培されていない。俗に誤ってラッキョウと呼ばれる。しかし、薤の鱗茎は臭いが強いが、ラッキョウはあまり臭いがしない。ラッキョウは［『本草綱目』にいう］水晶葱である。）」と、ラッキョウではないとしている（人見, 1697）。16世紀に成立した『本草綱目』二十六巻の薤の項には、「韮葉中實而扁，有劍脊．薤葉中空，似細葱葉而有稜，氣亦如葱（ニラの葉は内部に空洞はなく、扁平で、中肋がある。薤の葉は中空で、細ネギの葉に似て稜があり、臭いもネギに似ている。）」、「一種水晶葱（その一種に水晶葱がある）」との記載がある（李, 1590）。ラッキョウの特徴の一つとして葉は中空、花茎に空洞がないことが挙げられているが（van der Meer とAgustina, 1994）、この特徴は『本草綱目』およびそれを引用したと思われる『本朝食鑑』の記述（薤葉中空）とも一致している。これらの点からすると、薤はニラの類で、それとは別にラッキョウがあるとするよりは、『農業全書』のように薤をラッキョウと考えるのがよいであろう。

　茶 について、『和名抄』では「爾雅注云茶〈音途和名於保都知〉苦菜之可食也（『爾雅注』に言う茶のこと。茶は途と同じ音で、和名はオホッチ。苦菜で食べることができる。）」と記されており、平安時代に成立した本草書（『本草和名』）でも苦菜の別名として、茶草、茶が挙げられている（深江, 1796）。『爾雅』とは秦から前漢の時代に作られた辞書であるが、その注釈書である『爾雅注疏』巻第八の「茶苦菜」の項には「葉似苦苣而細，斷之有白汁，花黄似菊（葉は苦苣に似て細く、切断すると白い汁が出、花は黄色でキクに似ている）」という説明があり（郭璞, 室町末期 - 江戸初期）、茶苦菜が茎葉の切り口から乳汁が出るというタンポポ亜科の植物の特徴を持っていることが示されている。11世紀に成立した『埤雅』巻十七でも、茶の説明の中で『顔氏家訓』からの引用として、この文章が引用されている（陸佃, 出版年不明）。そこで、加納と野口（2005）は『埤雅』では茶をノゲシ（*Sonchus oleraceus* L.）などのキク科タンポポ亜科の植物と見なしているのではないかと述べているが、あわせて『本草綱目』では貝母（アミガサユリ）、敗醤（オミナエシ）、龍葵（イヌホウズキ）の別名として苦菜を挙げていることを紹介し、茶を必ずしもノゲシと特定できないとしている。『本草和名』でも「竜葵 一名苦菜」とされ、敗醤の和名として『和名抄』の茶の和名と同じ「於保都知」が挙げら

れている（深江, 1796）。これらの点から考えると、茶の別名である苦菜や和名の「於保都知」はノゲシをはじめ、いくつかの植物の名前として混用されたと考えた方がよさそうである。しかし、『和名抄』では、野菜類に茶と龍葵が別項として取り上げられており、また、オミナエシは草類の項に説明があるので、本書では特に断らない限り、茶はノゲシのことであると考えた。

薺蒿は『和名抄』に「七巻食經云薺菜一名莪蒿〈莪音鵝和名於八木〉，崔禹錫食経云状似艾草而香作羮食之（薺蒿は『七巻食経』でいう薺菜、一名莪蒿で莪の音は鵝、和名於八木で、『崔禹錫食経』では形や性質はヨモギに似ており、香があって 羮^{あつもの} にして食べる）」と記されている（源, 1617）。また、『本草和名』では「薺蒿菜、一名莪蒿，一名稟蒿」とあり、薺蒿、莪蒿、【艹稟】蒿は同じものとされる。関根（1969）は「莪は今日のヨメナに比定されている」と記している。確かに、『大和本草』巻之五、【艹稟】蒿の項には「時珍カ説ヲ考ルニ小薊ニ似テ宿根ヨリ生ス，百草ニ先生-漸洳處-二月生レ茎，葉可レ食又可レ蒸，香美頗似_蔞蒿_，但味帯レ蔴トイヘリ．是ヨメカハキナリ（ノアザミに似た宿根性の植物で、種々の草に先だってやや湿った所に生える。二月に茎を生じ、葉は［生でも］蒸しても食べることができる。香味はセイタカヨモギによく似ているが、少しえぐみを帯びている。このように［『本草綱目』で］李時珍が述べていることを考えてみると、【艹稟】蒿はヨメガハギのことである。）」とあり（貝原, 1709）、『万葉代匠記』巻十でも「うはき」を「よめか萩」（ヨメナ）のこととしている（契沖, 1926）。また、江戸時代の方言集である『物類称呼^{しょうこ}』巻之三の【艹稟】蒿の項には「京江戸共に。よめなといふ．畿内の女言に。おはぎといふ．近江にて。はげといふ（京江戸共にヨメナという。畿内の女性言葉ではオハギ、近江ではハゲという）」と記されており、オハギという語が江戸時代になっても一部で使われていることを紹介している（越谷, 1775）。しかし、曽槃（写年未詳）は『国史艸木昆虫攷^{そうもくこんちゅうこう}』において、「伊豫国吉田にてウバキといひて食料になせし草あり．越後国にて同名同種の草を食せしよし．其草を見るに今ここの俗にゴキヤウまたヲトコヨモギなといへるものにて本草載たる牡蒿一名薺頭蒿なり．これいにしへのウハキは今のヲトコヨモキなるにや．或書に此ウハキをヨメカハキといへるは否（伊勢の吉田ではウバキという草があり、食料にしている。越後にも同名同種の草があり、

食用にしているとのことである。その草をよく見ると、今、俗にゴギョウあるは
オトコヨモギと言っているもので、『本草綱目』に掲載されている牡蒿、一名薺頭
蒿に当たる。これは昔、オハギと言ったもののことで、今のオトコヨモギのこと
である。或書でウハギをヨメガハギとしているが、間違いである。)」と、ハハコ
グサあるいはオトコヨモギをウハギと呼ぶ地域があることを記している。また、下河辺長流（1925）は、江戸時代初め、寛文年間（1661〜1673）に上梓
された『万葉集管見』の中で、「おはきは、はぎの若たち也。菟のこのみて
くふものナレハ、うばき共いへり（おはぎは萩の新芽や若枝で、ウサギが好ん
で食べるのでウバギともいう）。」とした上で、別に「おはき」という植物があ
るという説について言及している。このように、和名でウハギあるいはオハ
ギと呼ばれる植物についてはヨメナ以外にも、いくつかの植物が比定されて
いる。ヨメナに相当する漢名についても、貝原好古（1694）は『和爾雅』で
雞兒腸を、人見必大（1697）は『本朝食鑑』で雞腸草をヨメガハギあるいは
ヨメナのこととしている。雞腸草は、『本草綱目』第二十七巻では「開五出
小紫花（五弁の青い小さな花をつける）」と記載されており（李, 1590）、頭状
花をつけるヨメナとは別種である。一方、雞兒腸は、『牧野植物図鑑』でヨ
メナ（漢名、馬蘭）の慣用漢名とされており（牧野、1940）、『中国植物志』(https://
www.iplant.cn/frps) では馬蘭を *Kalimeris indica* (L.) Sch.-Bip.（和名、コヨメナ）
に比定している（ヨメナは *Kalimeris yomena* Kitamura で、中国にはない）。
コヨメナの漢名が馬蘭だとすると、薺蒿はどのような植物に比定されるのだ
ろうか。小野（1805）は『本草綱目啓蒙』巻之十一でキツネアザミを当てて
いるが、北村（1985）はこれを誤りであるとし、【艹廩】蒿が何かは不明で
あるとしている。加納と野口（2005）は、「抱娘蒿に注目したためか、『詩経
植物図鑑』では莪をアブラナ科のクジラグサ（播娘蒿, *Descurainia Sophia*）
に同定し、播娘蒿はまた抱娘蒿と称すという」と記している。播娘蒿は拂娘
蒿のことで、牧野はクジラグサの漢名（慣用）としている。以上、述べたこ
とから、本書では「薺蒿、和名オハギ或はウハギ」をヨメナとはせず、和名
は不明であると考えた。

　以上のようにして、『和名抄』に現れる野菜のうち、標準的な和名の比定
を試みた結果を第1表に示した。なお、上記⑤に属する瓜と蒜はいくつかの

種あるいは群（Group）の野菜の総称で、種類の特定が難しい（詳しくは山芋を含め、付録 2 を参照してほしい）。そこで、瓜についてはマクワウリとシロウリに区別できるものを除き、また蒜については、蒜〜澤蒜まで表の標準的和名欄には―と記し、本文中では漢名をそのまま用いた。また、山芋に関しては、ヤマイモ（*Dioscorea polystachya* Turcz.）とジネンジョ（*D. japonica* Thunb.）は古くから混同されてきたので（杉山、1995）、これらの総称として本書ではヤマノイモを用いた。さらに、烏芋は江戸時代の本草書や農書ではクログワイのこととされるが、烏芋の和名は『和名抄』ではクワイ、『本草和名』ではオモダカ、クログワイになっていて『和名抄』の時代には烏芋がクワイ、クログワイのどちらを指すのかは明瞭ではない。したがって、烏芋も⑤に属するものとして表では―と記し、本文中では両者の区別が明瞭な場合以外は漢字表記にした。なお、クワイ、クログワイの呼び名をめぐる混乱ついては、付録 3 を参照してほしい。

　ところで、上述③、④の野菜は、『和名抄』における大和言葉での呼称と現在の呼称とが異なっている。それら野菜の呼称が何時頃、どのように変化して現在のものになったのかについては、付録 4 で検討したい。

第 3 節　「重要野菜」の推定方法

　次に、食品の重要度（利用頻度の高いもの）の推定を行っている幾つかの先行研究を取り上げ、どのような方法を採用しているのかを見てみよう。

（1）日記などで野菜の出現頻度を調べる

　山口（1947）は、中世における重要な水産物を明らかにするため、『蔭涼軒日録』、『実隆公記』、『御湯殿上日記』、『多聞院日記』に記載されている魚について、出現頻度を調べ、中世ではまだ海藻類や淡水魚類の比重が高く、淡水魚ではサケ、コイ、フナ、アユの出現頻度が圧倒的に多いとし、漁獲高もこれら 4 種が多くを占めていたのであろうと考察している。依田ら（2013）は、『路女日記』の嘉永 2 年（1849）〜5 年に取り上げられた食材について、食品群（穀類、魚介類、野菜類、菓子類）、また生鮮品と加工品に分け、個々の食材別に月別の出現回数を調査している。その結果、野菜について言えば、

ダイコンの利用が多いこと、また、春にはレンコン、タケノコ、セリ、クワイ、フキなど、夏はナスやキュウリ、冬にはダイコンというように出現頻度には季節性が見られることを明らかにしている。

(2) 料理本を選び、材料として使われている野菜の出現頻度を調べる

施山（2013）は、多くの料理に利用された野菜ほど料理書における出現数も多くなると考え、江戸時代を前・中・後期に区分し、各時代の料理書5〜7冊を選んで料理に使われた野菜を集計している。その結果、① 江戸時代を通じて最も多く用いられたのはダイコンで、以下、ゴボウ、ヤマノイモ、クワイ、サトイモ、ニンジンなどの根菜類の割合が多いこと、② 果菜類ではナスがダイコン、サトイモ、ゴボウと並ぶ重要な野菜であること、③ ツケナ類の利用が少ないことなどを明らかにしている。

(3) 歌謡や物語などに取り上げられた野菜を調べる

広瀬（1998）は、『古事記』、『日本書紀』から 1518 年に成立した『閑吟集』まで、計 36 の作品に取り上げられている野菜 58 種類について出現回数を調べ、野菜別に一覧にしている。それによると、セリが 23 で最も多く、次いでワラビ（22）、ヤマノイモ（19）、ジュンサイ（16）、マクワウリ（15）、タケノコ（14）、ユウガオ（9）、ミズアオイ（9）、シロウリ（8）、ダイコン（8）の順であった。歌謡や物語に取り上げられるということは多くの人々に知られている野菜であることを示している。しかし、『古今和歌集』巻第十の物名歌（新編国歌大観 453 番〈松下と渡辺, 1918〉）「煙立ち，もゆとも見えぬ草の葉を，たれかわらびと名づけそめけむ（煙が立ち、燃えているとも見えない草の葉を誰が初めにワラビと名付けたのであろう）」はワラビと薪火の掛詞の面白さを詠ったもので、ワラビを食べることとは無縁の歌である（高田, 2009）。セリについても、「芹つみしむかしの人も我ごとや心に物はかなはざりけむ（セリ摘みをした昔の人も、私のように思いが通じなかったのだろうか）」という平安時代によく知られた和歌を解説した『俊頼髄脳』の影響で、思い通りにならないことを示す歌語としてセリを読み込んだ歌が数多く詠まれている（岡崎、2005）。これらのことを考えると、歌謡や物語に取り上げられることの多い野菜の中には、あまり利用されないものが含まれている可能性がある。

（4）日記、農書、本草書などの記述から、品種や栽培法が分化した野菜、加工される割合の高い野菜を調べる

　長期間にわたって収穫できる野菜は、特定の時期に生産が集中している野菜に比べると、利用頻度が高くなる傾向がある。依田（2013）は前記（1）の方法で、また施山（2013）は（2）の方法で、いずれも江戸時代にダイコンの利用が多いことを明らかにしているが、その理由として考えられるのは、「栽培が全国的にさかんで、各地の風土の中で多くの品種が成立し、利用も煮食、生食、各種の漬物など多面にわたっていた」（杉山, 1995）ことである。本来、多くの野菜には旬が認められるが、季節性の強い野菜でも早生品種や晩生品種が育成され、また栽培技術が発達して早出し栽培が可能になれば、利用できる期間が拡大し、史料における出現頻度は高くなる。また、貯蔵・加工によっても、利用期間が広がり、出現頻度が高くなる可能性がある。換言すれば、需要の高い（重要度の高い）野菜は、育種が盛んに行われ、また栽培技術や貯蔵技術を発達させようという力が働きやすいと思われる。

　さて、以上の史料から「重要野菜」を推定するため、本書では次の方法を採用した。（1）日記類のように野菜の出現数が多い史料については、個々の野菜の出現回数（多くの場合、食事に用いられた各野菜の出現回数）を数えた。そして、その最大値を N とし、出現回数が 0.2 N 以上の野菜を「重要野菜」と見なした。なお、0.2 という数字は、これより大きいと検出できる野菜数が少なくなり過ぎてしまうために任意に選んだもので、根拠がある数字ではない。また、N が 10 未満の場合には、この方法を適用しなかった。以下、この方法を A と呼ぶ。

　（2）方法 A によって「重要野菜」を決定できる場合はそれほど多くはなかった。そこで、鎌倉時代については『厨事類記』と『世俗立要集』、室町時代については『大草家料理書』、『大草殿より相伝聞書』、『四條流庖丁書』、『庖丁聞書』、『武家調味故実』、江戸時代については『翻刻江戸時代料理本集成』に収録された 50 種類の料理書を取り上げ、半数以上の史料で記載が見られた場合（ただし、鎌倉時代については、二種類の料理書しか用いることができなかったので、いずれかに記載が見られた場合）に「重要野菜」であると

見なした。この方法をBとした。

　(3) 方法Aで用いた史料は上流階級に属する人によって書かれたもので、一般庶民の食事で用いられる野菜についての言及はほとんどない。しかし、江戸時代の地誌の中には、「村方明細帳」のように農民の食生活について言及した記録がある。本書では第28表で関東7か国の「村方明細帳」、第29表では江戸に野菜を出荷している村の「村方明細帳」を示したが、それぞれの表で取り上げた村の半数以上で記載が見られた野菜については「重要野菜」であるとみなした。以下、この方法をCと呼ぶ。

　(4)『万葉集』の東歌、『催馬楽』、『梁塵秘抄』のように一般庶民が口ずさんだ歌の中には野菜を題材としたものが含まれ、また「往来物」のように幅広い階層の人々を対象とした書籍がある。そこで、野菜の出現回数が少ない史料（地誌、歴史書、物語、詩歌など）についても、野菜名の出現の有無を調べ、半数以上の史料で記載のある野菜を「重要野菜」とした。この場合、野菜の種類数が10未満の史料は用いなかった。この方法をDとした。なお、方法B～Dで、「半数以上」という基準はいずれも任意に決めたものである。

　方法B、Cで用いた史料については既に述べたが、方法A、Dで用いた史料は以下の通りである。

方法A

飛鳥・奈良：平城宮発掘調査出土木簡概報四～四十四、正倉院文書
平安：延喜式大膳式、執政所抄、小右記
鎌倉：日蓮書簡集、嘉元記（鎌倉時代から南北朝時代にかけての日記であるが、便宜的に鎌倉時代のものとして扱った）
室町：蔭涼軒日録、鹿苑日録、多聞院日記、言継卿記、長楽寺日記
江戸：鸚鵡籠中記、西松日記、関川村佐藤家年中行事覚帳、酒井伴四郎日記、石城日記、桑名日記、柏崎日記、路女日記

方法D

飛鳥・奈良：日本書紀、古事記、出雲国風土記、万葉集
平安：延喜式内膳式、類聚雑要抄、梁塵秘抄、今昔物語集、枕草子

鎌倉：—（野菜の種類数 10 以上のものがなかった）

室町：庭訓往来、尺素往来、常盤の姥、東勝寺鼠物語

江戸：—（調査対象が多すぎて絞り切れず、調査していない）

第2章　中国の歴史書、記紀歌謡にみる弥生、古墳時代の野菜

　弥生時代には各地に小国が分立し、それぞれが邪馬台国を中心に緩やかな連合体を作っていたことは、西晋の陳寿（233 - 297）が撰した『三国志』の一つ、『魏志』東夷伝倭人の条からも窺える（石原, 1985）。倭人の生活についても簡単な記述があるが、野菜に関する記述は「倭地温暖冬夏食生菜（倭の地は温暖で、一年中生菜を食べる）」、「有薑橘椒蘘荷不知以爲滋味（ショウガ、タチバナ、サンショウ、ミョウガがあるが、それを使って美味しい料理をこしらえることを知らない）」だけである。ここで言う椒は中国原産の蜀 椒（しょくしょう）のことではないが、ショウガ、ミョウガ、サンショウなどの香辛野菜が自生していたと考えられる。利用していなかったという記述が正しいか、どうかについては、神武紀のハジカミについての説明のところで再度、考えてみたい。

　中国南朝の宋の歴史を記した『宋書』倭国伝には、倭王讃が高祖武帝の永初2年（421）、太祖の元嘉2年（425）に貢物を納め、讃の死後には弟の珍が貢納し、その後も済が元嘉20年と28年（それぞれ443と451年）に、次いで興が世祖の大明6年（462）、興の弟の武が順帝の昇明2年（478）に貢納したとの記録がある（石原, 1985）。讃、珍、済、興、武は倭の五王として知られ、応神から雄略の時代の天皇に比定されている（石原, 1985）。奈良時代に成立した『古事記』と『日本書紀』の記述は、後世になって朝廷に都合よく作られた部分を多く含んでいると考えられている。岡田（1977）は、『日本書紀』の仁徳天皇紀に載っている話は、「そのほとんどが氏族、部族の起源説話か、後世の宮廷で演ぜられた歌謡や舞踊がもとになって作られた物語」で、「特定の倭王の名前は入っていなかったもの」を「『日本書紀』の編纂のときに材料として取り入れて、適当な天皇に割り付けたに過ぎない。」としている。そうだとすると、『古事記』や『日本書紀』に収載された歌謡（記紀歌謡）の作者を記述通りに受け入れることはできない。しかし、記紀歌謡は万葉集に先立つ歌謡で、万葉集の成立年代と比較すると、記紀歌謡の時代

の後部が一部、万葉集の時代の前部に重なるものの、『古事記』で最後の歌謡が見られる顕宗天皇記以前の万葉集の歌はわずか7首に過ぎない（武田，1956）。そこで、雄略天皇までの記紀歌謡（武田，1933）には、7世紀前半以前における野菜利用に関する手がかりがあるのではないかと考え、調べてみた。

　712年に成立した『古事記』は神代から推古天皇までの皇室の系譜、神話、伝承などを太安万侶がまとめたものであるが、その仁徳記には吉備黒日賣が菘菜を摘んでいるところに（採_其地之菘菜_時）来た天皇が「山縣に，蒔ける菘菜も，吉備人と，共にし採めば，樂しくもあるか（山の畠に蒔いた青菜を吉備の人たちと一緒に摘むのは楽しいものだなあ）」という歌を詠んだとの記述がある。この歌の部分は本文とは異なり、「夜麻賀多邇，麻祁流阿袁那母，岐備比登登，等母邇斯都米婆，多怒斯久母阿流迦」と万葉仮名によって書かれている（倉野，1963）。既述のように、この歌が4世紀後半から5世紀初め頃に仁徳天皇自身が作った歌であるか、どうかは疑わしいが、かなり古い時代から菘の大和言葉は阿袁那であったこと、また既に菘の栽培が始まっていたものと考えられる。さて、大和言葉の阿袁那であるが、『和名抄』園菜類には「蔓菁，蘇敬本草注云，蕪菁〈武青二音〉北人名之蔓菁〈上音蠻，和名阿乎奈〉（蔓菁は蘇敬本草注にいう蕪菁で、武青の二音からなる。北方の人は蔓菁と呼ぶ。蔓の音は蠻で、和名はアオナである）」、「蔓菁根，毛詩云，采葑采菲〈音斐〉，無以下體〈和名加布良〉注云，下體根莖也，此二菜者蔓菁與蕾之類也（蔓菁根は『詩経』に采葑采菲、無以下體と歌われており、和名カブラ、注に下體は根茎で、この二つの菜［葑と菲］はカブとダイコンの類である）」とあり、少なくとも10世紀にはカブの茎葉を阿乎奈、肥大根を加布良と呼んで、ともに食用にしたことが記されている（源，1617）。なお、「采葑采菲，無以下體」は『毛詩（詩経）』の一節で、カブ（葑）やダイコン（菲）の根は時に美悪があるが、悪いところ（下體）も捨ててはいけないという意味で、夫に捨てられた妻の悲怨の情を詠ったものとされる（朱熹，1724；国民文庫刊行会，1956）。この詩に詠われたようにカブは肥大根だけでなく茎葉を菜として利用できるが、カブの中にはカブナといって、根もある程度肥大するが、茎葉がよく発達するものがある。長野の野沢菜、稲扱菜、山梨の鳴沢菜、長禅寺

菜はカブナの代表的な品種である。松村（1977）は、わが国のカブ品種の分化・発達過程を考察し、天王寺、近江、聖護院などの品種が関西地方で古くから栽培され、その後、類似の品種が各地で分化したが、酸茎菜が原始型に近い形で京都に残り、また長野や山梨などに原始型に近い形でカブナが残存したと述べている。したがって、「阿乎奈」は酸茎菜やカブナなど、根に比べて葉がよく発達する原始型に近い品種だったのではないかと思われる。『古事記』では、菘と阿袁那を同一のものとしているが、『和名抄』よりも前に作られた漢和辞書『新撰字鏡』では菘を太加奈、本草書『本草和名』では多加奈と読んでいる（深江，1796；昌住，1916）。また、鎌倉時代の辞書『字鏡集』の国会図書館 7 冊本では菘の説明に「蕪菁也、菜名、カラシ、タカナ」とあること（菅原，写年未詳）、平安末期に成立したとされる『色葉字類抄』加の項では菘にショウとカラシのフリガナがつけられていること（橘，1926）などからすると、菘はカブだけではなく、その類縁種を含んだ呼び名だった可能性も考えられる。菘は中国語であるが、当時の中国人の言う菘がどのような野菜のことだったのかについては付録 5 で説明したい。

　『古事記』の仁徳記には菘以外に、「つぎねふ，山代女の，木鍬持ち，打ちし大根（都藝泥布，夜麻斯呂賣能，許久波母知，宇知斯淤 [一首目は淤、二首目は意] 富泥）」で始まる歌二首が記されている。これらは、嫉妬の炎を燃やす石之日賣命（磐之媛）をなだめようと仁徳天皇がダイコンにことよせて詠んだ歌である（『日本書紀』にもこの二首がある）。ここで、「つぎねふ」は山代の枕詞、打ちは土を耕す、あるいは掘り返すことなので、「木鍬持ち，打ちし大根」は「山代の女性たちが木鍬を持って耕した畑で栽培したダイコン」の意である。しかし、古島（1975）はこれを木鍬で土寄せしたダイコンの意に解し、この歌が詠まれた時代に土寄せ作業が行われた証拠としている。

　『魏志』東夷伝倭人の条には、倭国にショウガ、サンショウ、ミョウガはあるが、倭の人たちはそれらを調味料として料理に使うことを知らないとの記述があることは既に述べた。しかし、『古事記』、『日本書紀』の神武記（紀）には天皇が長髄彦を撃つにあたって「みつみつし，来米の子等が，垣下に，植ゑし椒，口ひひく，吾は忘れじ，撃ちてし止まむ（来目部の兵士の家の垣の下に植えたハジカミは口に入れると、ひりひりするが、ハジカミを口にした

時のような敵の攻撃の苛烈さは忘れられない。今度こそ打ち破ってやるぞ。)」という歌を詠んだとの記述がある。ここで、「みつみつし」は来米（来目）の枕詞で、はじかみは『古事記』では波士加美、『日本書紀』では破餌介瀰と表記されている。『和名抄』では、薑の和名を久禮乃波之加三、蜀椒（サンショウ）の和名を奈留波之加美としている。新井白石（1903）は、『東雅』巻之十三の薑の項で「古にハジカミといひし物、皆其味辛辣の物を云ひしなり（昔は、辛いものを全てハジカミと呼んでいた）」と記した上でハジカミの前に付く「クレノ」は呉国から導入されたことを示す語、「ナル」は木に生じることを示す語、「フサ」は実が集まって生じることを示す語と述べている。『類聚名義抄』法中の「塊」の字にはツチクレの字訓が付いており（菅原，1937）、関根（1969）はクレノハジカミのクレは呉ではなく、塊の意であるとしている。本居宣長（1930）は『古事記伝』巻之十九においてハジカミを薑（ショウガ）としているが、倉野（1963）は岩波文庫版『古事記』のハジカミの脚注で「山椒。ショウガと見る説もある。」と記している。廣瀬（1998）は垣の下に植えると表現されていることからショウガとするのが適当かもしれないとした上で、この時代にショウガがわが国に渡来していたかは疑問であり、また熊沢は薑をクレノハジカミとしてサンショウとショウガの古名を区別していると述べて、サンショウ説を支持している。しかし、熊沢（1965）はショウガとサンショウの両方をハジカミと呼んだことを否定しているわけではなく、また『魏志』倭人伝の記述からみて薑（ショウガ）は「古代に南方より渡来したものであろうと想像される」と述べているので、廣瀬説の根拠は薄弱である。いずれにしろ、『魏志』東夷伝の記述とは異なり、わが国では古くからサンショウあるいはショウガを香辛料として利用していたと思われる。また、この歌の直前には「みつみつし，久米の子等が，粟生には，韮一莖，そねが莖，そね芽繋ぎて，撃ちてし止まむ（来目部の兵たちが粟畑に生えた一本の〈臭い〉ニラを芽から根まで抜き取るように敵の軍勢を打ち破るぞ）」という歌が記載されている。『古事記伝』巻之十九によれば「賀美良比登母登」の美良とはニラのことで、『和名抄』では韮の和名は古美良とされ、賀美良と云う語句はないので、ニラとは別の種を指すか、臭いニラ（臭韮）の意ではないかとされている（本居，1930）。

応神天皇は、髪長媛を妃にしたいと望んだ大鷦鷯尊（後の仁徳天皇）に「いざ吾君、野に蒜摘みに、蒜摘みに、我が行く道に、香ぐはし、花橘、下枝らは人皆取り、上枝は、鳥居枯らし、三栗の、中枝の、ふほごもり、赤れる嬢女、いささかばえな（さあ一緒に、野に蒜を摘みに行こう。蒜摘みに行く道の途中によい香りの橘の花が咲いていて、下枝は皆に取られ、上枝は鳥によって枯れてしまったが、中枝の赤みを帯びた美しい花のような娘さんがいます。花が咲くといいですね。）」と詠んで承認したことが『日本書紀』応神天皇十三年九月の条に記されている（坂本ら, 1994 - 1995）。なお、この歌は、『日本書紀』では「伊奘阿藝, 怒珥比蘆菟湄珥（いざあぎ、野に蒜摘みに）」で始まるが、『古事記』では「伊邪古杼母, 怒毘流都美邇（いざ子ども、野蒜摘みに）」となっている。廣瀬（1998）は『古事記』の歌を取り上げ、ノビルのことを指すと述べている。確かに、野に自生している蒜を摘むとの記述からは、ノビルとするのが妥当なように思われる。しかし、『本草和名』では蒜の一名として蘭葱を挙げている。江戸時代の本草学者である人見必大（1697）は『本朝食鑑』巻之三の胡葱の項で、これを『和名抄』でいう島蒜（和名アサツキ）、『令義解』でいう蘭葱のことと比定している（清野, 1650）。また、『牧野植物図鑑』によれば、ノビル、アサツキともにわが国の山野に自生していたとされる（牧野, 1940）。したがって、この歌で詠われている比蘆（ヒル）あるいは怒毘流（ヌビル）はアサツキである可能性も考えられる。なお、平安時代に作られた『延喜式』主計寮上の「諸国貢調（諸国から納めるべき調）」の隠岐国の調には次のように島蒜の記載がある（藤原ら, 1688）。

隠岐國〈行程上卅五日、下十八日〉

調, 御取鰒, 短鰒, 烏賊, 熬海鼠, 鮹醋, 雜醋, 紫菜, 海藻, 嶋蒜

　（隠岐国、行程は上京に 35 日、空荷の帰りは 18 日。調として熨斗アワビ、短鰒、イカ、煎ナマコ、タコ酢、雑醋、ムラサキノリ、ワカメ、アサツキ；短鰒、雑醋は不詳）

　また、「凡諸国輸調（諸国いずれもが納めるべき〈運送すべき〉調）」として澤蒜、島蒜各七十二斤という記載があり、ノビルやアサツキは税として納められる産物の一つであった。恐らく、奈良〜平安時代初期には、山野に自生するノビルやアサツキが採集、利用されており、調としても京へ運ばれたの

ではなかろうか。

　以上、『記紀歌謡』を手掛かりに 7 世紀前半以前にどのような野菜が利用されていたかの推定を試みたが、ダイコン、アオナ（カブナ）は既にこの時代から重要な野菜で栽培が行われていた。また、ショウガ、サンショウ、ニラ、蒜などの香辛野菜も調味のために広く使われていたと考えられる。

第3章　飛鳥、奈良時代の史料にみる野菜

　7世紀（飛鳥時代）の東アジア情勢をみると、朝鮮半島では660年に百済が新羅、唐の連合軍に滅ぼされ、663年には再興を目指した百済の遺臣と倭の連合軍も白村江で大敗を喫した。白村江の敗戦、さらに668年に新羅が高句麗を滅ぼし、朝鮮半島を統一したことはわが国にも大きな衝撃を与え、唐、新羅の侵攻に備えて防衛施設の整備が図られた。その後、673年に即位した天武天皇の代になると、中央官制の整備、中央集権的な地方制度の確立が進められ、最初の律令法とされる浄御原令の制定が命じられ、唐の都城にならった藤原京の建設も計画された。その後、天武の遺志を継いだ持統天皇によって689年に浄御原令が施行され、694年には藤原京遷都、さらに孫の文武天皇の時（701年）に大宝律令が施行され、律令国家が完成した（森, 1997）。

第1節　木簡にみる野菜

　7世紀中頃（640年代）になって新たに認められるようになった文字使用遺物の一つに墨書きされた木片（木簡）がある。発掘される木簡数は、壬申の乱（672年）以降、8世紀になると飛躍的に増加したが、これは壬申の乱以降、律令国家の成立とともに紙と木簡を利用した政治運営が8世紀末まで続いたことを示している。なお、これらの木簡に書かれた文章は、正規の漢文ではなく、例えば、ある木簡の裏面には、「御薗作人功事急々受給（御薗で働く人の労賃を早く支給して下さい）」と日本語の語順で漢字が並べられている（犬飼, 2005）。このように自国語の語順で漢字を配列した文章は、新羅の古都である韓国の慶州で発掘された「壬申誓記石」の碑文にちなんで「誓記体」と言われているが、わが国の漢文風の和文も新羅の「誓記体」の影響を強く受けていると考えられている（犬飼, 2005）。

　木簡は飛鳥・藤原地域で約 4 万点、平城宮・京跡で約 20 万点が発掘、保管されているが（https://www.nabunken.go.jp/org/tojo/woods.html, 2023 年 6 月 6 日閲覧）、これらの木簡のうち釈読（書かれている内容を解釈して文字を推定し、読み取ること）されたものについては、『平城宮発掘調査出土木簡概報四〜四十四』や『飛鳥・藤原宮発掘調査出土木簡概報一〜二十二』に紹介されている。それらによると、飛鳥・藤原京から発掘され、釈読された木簡の中、野菜と思われる語句が記載された木簡は、瓜 4、菁奈 1（同じ木簡に菁夢〈蔓カ〉という語が見られる）、大根 1 の 6 点で、大豆 4、小豆 4 を含めても 14 点に過ぎない（木簡庫データベースでは、釈読の結果、大根 1、大豆 1 が加わるので、16 点）。これに対して、平城京左京三条二坊の長屋王邸跡および長屋王邸に隣接する二条大路跡からは、それぞれ約 3 万 5 千点と 5 万点以上に上る木簡が発掘されており、その中には野菜と思われる語句が記載された木簡がかなりの数含まれている。なお、長屋王は天武天皇の長子、高市皇子の子で、右大臣、さらに左大臣として藤原不比等没後の時期に政界を主導した人物である。その邸宅跡から発掘された木簡は、長屋王が従三位式部卿であった和銅 4 年（711）から霊亀 2 年（716）の間に作られた木簡である。一方、二条大路木簡は、形状や内容は平城宮内から発掘された木簡に近いとされ、また、作られた年代も長屋王木簡より新しく、天平 7 年（735）と 8 年の年紀を持つ木簡が多いとされる（渡邉, 1991）。

　ところで、木簡は、大きく分けて「文書木簡」、「付札木簡」、その他に大別され、「文書木簡」はさらに差出から宛先への伝達事項を伝える「狭義の文書木簡」（以下、文書木簡とする）と帳簿伝票に相当する「記録木簡」に分けられる（市, 2012）。長屋王木簡を例にとると、「記録木簡」とはコメの支給に関する帳簿木簡、出勤日数や考課などを記した木簡であるのに対し、「文書木簡」は移、符の書き出しがあり、長屋王家令所（皇族、貴族などの家の事務や会計を管理する機関）などの宛先を示す木簡や、差出（片岡、御田、御薗などの所領）を明記し宛先を省略した進、進上という語句のある木簡が多い（奈良国立文化財研究所, 1991）。例えば、次の文書木簡は瓜をできるだけ速やかに進上せよと命じる木簡で、「移」という書き出しで始まっている。

（表）移，進上瓜一隻□（欠カ）又継而進□

（裏）賜故速不怠進，附 [　　] 人甥，七月五日□

　また、次の文書木簡は、「片岡（大和国葛下郡片岡、現在の奈良県王寺町・香芝市周辺）の所領から菁という野菜 6 斛（1 斛は 10 斗に相当）2 斗、十尺のひもで束ねた分量を馬 6 頭に分けて運ぶ。運搬雑役に従事する者の名は木部足人、十月十八日、報告者は真人（片岡司の道守真人のこと）」という内容の送り状である。

（表）　片岡進上菁六斛二斗束在

（裏）　十尺束駄六匹，持丁木部足人，十月十八日真人

　片岡以外の差出として、大庭（木簡庫による推定では、河内国茨田郡大庭里）、山背（河内国石川郡山代郷）の御薗、耳梨（大和国十市郡耳梨）の御田、山代三宅が挙げられており、二条大路から発掘、調査された木簡では奄智（大和国十市郡奄智）御薗、従意保御田（大和国十市郡飯富郷）、岡本宅（大和国平群郡岡本もしくは高市郡岡本）、櫟本三宅（大和国添上郡櫟本）、南宅、山代三宅が挙げられている。これらの御薗や御田からは、第 2 表に示すような野菜が生産され、進上されたと考えられ、例えば、櫟本三宅の木簡には水葱（ミズアオイ）が一束二文で購入されて進上されたことが記載されている。一方、「付札木簡」は物品の整理、保管のための木簡（「狭義の付札木簡」）と地方から運ぶ税に付けた「荷札木簡」に分けられる。□□□□生薑二百根や丹波国味田郡蔓椒油三斗という木簡は地方からの貢進物（税）につけられた荷札木簡ではないかと思われる。

　第 3 表は『平城宮発掘調査出土木簡概報四〜四十四』に見られる野菜を長屋王木簡、二条大路木簡、その他の平城宮木簡に分け、種類ごとにまとめたものである。なお、一つの木簡の表と裏に同じ野菜名が重複して出現した場合には 1 と数え、習書した文字も出現数に加えた。第 2、3 表には、菁、蓮葉、芹、茄子、薑、瓜、水葱、大角豆、蓼など漢名で表記されたものと、奴奈波、阿射（佐）美、智（知）佐、布々支（伎）、久々多知のように大和言葉で表記されたものが混在している。布々支、布々伎は、『本草和名』款冬の説明

第 2 表　差出と野菜名の記述のある木簡

差出	木簡	野菜の種類（木簡数）
片岡	長屋王	菁 (7)，蓮葉 (2)，奴奈波 (1)，阿射美 (1)
大庭御薗		菁菜 (1)
耳梨御田		芹 (1)，智佐 (1)，古自 (1)，阿夫毘 (1)
山背薗司*		大根 (2)，知佐 (1)，古自 (1)，菁 (1)，比由 (1)，茄子 (1)，交菜 (1)，布々支 (1)，阿佐美 (1)，阿夫比 (1)
山代三宅*		芹 (1)，久々多知 (1)
奄智御薗	二条大路	薑 (2)
従意保御田**		瓜 (8)
岡本宅		瓜 (3)
櫟本三宅		水葱 (1)
南宅		蒸莢角豆 (1)，瓜 (1)，大豆 (1)
山代三宅*		茄子 (1)
東薗	その他	瓜 (1)，木瓜 (1)，大角豆 (1)，茄子 (1)，大根 (1)，知佐 (1)，芹 (1)，蓼 (1)

＊ 山代三宅が山背（御）薗同様、河内国石川郡山代郷に存在するのか、不明。
＊＊ 木簡データベースでは 8 木簡のうち 6 は従意保、2 は意保御田としている。

に「和名也末布々岐」、『和名抄』に「蕗、和名布々木」、「款冬…和名夜末不々木」とある。支、伎、岐、木は、いずれも「き」を表す万葉仮名で、支、伎、岐は甲類、木は乙類に属し、奈良時代には両者は明確に使い分けられていたとされる。しかし、『和名抄』が成立した平安時代には甲類、乙類の区別は曖昧になっていたと考えられるので（橋本, 1980）、布々支、布々伎は『和名抄』の布々木と同じものとしてよいであろう。なお、大和言葉のフフキの漢名が蕗なのか、款冬なのかについては古くから議論があって混乱している。牧野（2008 a）は、フキ（*Petasites japonicus* Maxim.）と欵冬（*Tussilago farfara* L.）は共にキク科の植物であるが、フキは日本特産で中国の名はなく、一方款冬は中国にはあるが、わが国にないので、フキに款冬はもちろん、蕗の字を当てることも正しくないと述べている。

　トウガンは、『和名抄』の冬瓜の項に「和名、加毛宇利」との記述があり、また、江戸時代の語源字書である『日本釈名』巻之下、十六（草）の冬瓜の項には「かもは氈也．順和名にかもと訓ず．毛むしろ也．冬瓜に毛あり，

第3表　野菜の記載がある平城宮木簡数

種類	長屋王木簡	二条大路木簡	その他の木簡	計
瓜	3（瓜）	29（瓜, 22；大醬瓜・熟瓜・和瓜・和気瓜・漬瓜・菓司瓜清・瓜入醬, 各1）	7（瓜, 3；瓜ヵ・醬漬瓜・漬瓜・干瓜, 各1）	39
ナス	4（韓奈須比, 2；茄子・加須津韓奈須比, 各1）	9（茄子, 7；茄子缶・柑茄子, 各1）	7（茄子, 5；茄, 2）	20
アオナ	12（菁, 11；青菜, 1）	4（菁, 3；蔓菁, 1）	3（蔓菁, 2；青奈, 1）	19
菜	6（交菜, 4；菜, 2）	3（菜・御菜・雑交菜, 各1）	5（交菜, 4；菜, 1）	14
ショウガ	2（生薑）	8（薑, 6；薑球漬・種薑, 各1）	2（薑・干薑, 各1）	12
ササゲ		6（大角豆, 3；生角豆・青角豆・蒸夾角豆, 各1）	3（大角豆, 2；夾角豆, 1）	9
ダイコン	5（大根, 4；大根ヵ, 1）	1（蘿蔔）	2（大根）	8
ハス	5（蓮葉, 3；蓮根・蓮子, 各1）	3（蓮葉, 2；蓮子, 1）		8
チシャ	2（知佐・智佐, 各1）	2（知佐・智佐, 各1）	2（知佐・萵苣, 各1）	6
アザミ	4（阿射美・阿ヵ射ヵ美・薊・阿佐美, 各1）		2（薊・葉薊, 各1）	6
フキ	3（布々伎・布々支・蕗, 各1）	1（葛蕗ヵ）	2（蕗, ともに習書）	6
ミズアオイ	1（奈木）		4（水葱, 3；水葱擇, 1）	5
キュウリ		2（黄瓜）	2（木瓜・木ヵ瓜, 各1）	4
トウガン	2（加須津毛瓜・醬津毛瓜, 各1）	2（毛瓜・毛付瓜, 各1）		4
セリ	2（芹）	1（芹）	1（芹）	4
蒜		2（蒜）	2（蒜, うち1は習書）	4

他に、出現数3の野菜はネギ、フユアオイ、コエンドロ、タケノコ；出
現数2の野菜はサンショウ、ヒユ、イヌホウズキ；出現数1の野菜はク
クタチ、ミョウガ、ノゲシ（荼）、タデ、ニラ、ウド、トコロ、澤蒜。
肩付文字ヵは木簡庫データベースの編者が加えた注で釈読に疑問が残る
とされたものを示す。

氈のことし．故に名つく（かもとは氈のことである。源順の『和名抄』ではかもと訓読されている。毛のむしろのことである。トウガンには毛があり、毛織の敷物のようなので、この名がある）。」（貝原、1700）との記述があるので、毛瓜はトウガンのことを指すと考えられる。なお、池添（1992）は加須津毛瓜あるいは醤津毛瓜を粕漬瓜、醤漬瓜と解している。しかし、犬飼（2011）によれば、加須津韓奈須比（糟つ韓なすび）、醤津名我（醤つ茗荷）という語があることから、津は体言と体言を結ぶ連帯助詞で、加須津毛瓜、醤津毛瓜は毛瓜の粕漬、醤漬とすべきであるとされる。また、古自について、『本草和名』第十八巻には「葫荽，一名香綏（中略）和名古之」とある（深江,1796）。「之」は「し」を表す万葉仮名である。一方、「自」は清濁両用仮名であるが、清音「し」として用いられることは少なく、通例は濁音「じ」として用いられる（大野, 1962）。このため、奈良時代には古之と古自とは別物を指す言葉であった可能性もあるが、平安時代に成立した『続日本紀』になると、清濁の区別はそれほど強く意識されなくなったと考えられている（橋本, 1980）。したがって、『本草和名』では古自を古之と書いた可能性があり、古自はコエンドロのことを指しているのではないかと思われる。

　大角豆は『和名抄』に和名、散々介との記述があり、ササゲのことである。ササゲは『本朝食鑑』巻之一、大角豆の項に「莢有_紅白紫赤緑斑駮雑色_，長者至_二尺許_，嫩時作_茹，上下愛_之作_和物_，或交_飯煮食，此稱_角豆飯_（莢は紅、白、紫赤、緑まだら、雑色があり、長いものは60cm位になるが、若い時には茹でて、身分の上下に関わらず好んで和え物にする。［豆になったものは］飯にまぜて煮食する。これをササゲ飯という）」、「其最佳者號_十六角豆_，莢長肥，両端微紅色而，一莢有_十六子_（中でも優れてよいものが十六ササゲというもので、莢は長く太く、両端が微紅色、莢に十六粒の豆が入る）」という記述がある（人見, 1697）。このように、ササゲ（*Vigna unguiculata* (L.) Walp. var. *unguiculata*）の一変種、ナガササゲ（ジュウロクササゲともいう、*Vigna unguiculata* (L.) Walp. var. *sesquipedalis*）は少なくとも江戸時代になると野菜として利用されたが、木簡に記載された大角豆が野菜として利用されたか、どうかは定かではない。

　長屋王木簡と二条大路木簡とでは記載された野菜の種類の点でも差があり、

長屋王木簡ではアオナ（カブナ）、ダイコンが多く、二条大路木簡では瓜、ショウガ（薑）、ササゲ（大角豆）が多い。この違いに意味があるか、どうかは明らかでないが、平城宮木簡を全体として見ると、瓜、ナス、アオナ（菁、蔓菁、青菜、青奈）、ショウガは 10 以上の木簡で記載が見られ、ササゲ、ダイコン（大根、蘿蔔）、ハスは 8 以上の木簡で記載が見られた。これらは当時、ごく一般的な野菜であったと考えられる。アザミ、ミズアオイ、セリは次節に述べる『正倉院文書』では「重要野菜」に分類されるが、木簡数では「重要野菜」の基準値（7.8）以下であった。なお、ハスのうち半分以上は葉の利用であった。時代は下るが、『本朝食鑑』巻之一、穀部之一の飯の項では「荷葉飯者，用＿新荷葉＿裹╭飯，蒸熟而食（蓮の葉飯は蓮の新葉で飯を包み、よく蒸して食べる）」とあり（人見, 1697）、『和訓栞』巻之九、古之部の「こはいひ」の項には「蓮の強飯は七月十四日に用ゐさせらるゝ事内々行事に見ゆ（7 月 14 日［盂蘭盆会］に蓮の葉で包んだ強飯を食べることが内々の行事で見られる）」との記述があるので（谷川, 1830）、蓮飯としての利用だったと思われる。

　ところで、木簡の差出をみると、南宅、東薗の所在地は不明であるが、残りはすべて大和、河内など平城京周辺地帯の御薗や御田であり（第 2 表）、また、漬瓜、醤（漬）瓜、加須津毛瓜、醤津毛瓜、加須津韓奈須比、醤津名我のような漬物類、干瓜などの乾燥品について記載した木簡も多く出土している（第 3 表）。これらの事実は、輸送技術が未発達だった奈良時代には遠国から野菜を運ぶことが難しかったため、近郊から輸送されたこと、また多くの野菜は周年生産できなかったため、漬物や乾燥野菜としても利用されたことを示唆している。

第 2 節　正倉院文書にみる野菜

　奈良時代、紙は貴重品であったが、戸籍・計帳や正税帳などの公文書は紙に記載された。これらの公文書は一定期間が過ぎると不要とされたが、写経所政所（事務局）や造石山寺所などでは、写経所自身の古い帳簿類を含む公文書の背面（何も書かれていない面）を利用して「写経所文書」と言われる帳簿を作成した（栄原, 2011）。写経事業に必要な用度の見積書兼請求書の正

文は上級官庁（造東大寺司の場合、光明皇后の皇后宮職など）に提出されたが、写経所に残っているということから「写経所文書」は文書の下書き（案あるいは控）ではないかと考えられている。用度には写経のための紙、筆、墨などの他に、写経所で働く人々に提供された食事があり、帳簿には食料購入に必要な金額・量が生菜料として記載されたものも残っているので、当時の人々の食事を推定する上で有用な文書である。しかし、幕末から明治にかけて実施された「整理」作業で、「写経所文書」の背面に散在している公文書類が着目され、それらを取り出すために、紙の継ぎ目で剥がされて断簡とされ、戸籍の場合には国別、里別に分類された。こうした作業によって正倉院中倉に保管された文書は 188 巻に纏められるとともに、多数の断簡が残された。そして、写経所文書は元とは異なった形にされてしまった。これらの文書は他の奈良時代の古文書とともに活字で翻刻され、全 25 巻の『大日本古文書（編年文書）』（以下、『正倉院文書』と略す）として出版されており、現在、東京大学史料編纂所（2011）の奈良時代古文書フルテキストデータベースで見ることができる。そこで、この『正倉院文書』における出現回数から、奈良時代に広く利用された野菜を明らかにしようとした。なお、各野菜の出現数は、次の基準にしたがって数えた。

① 明治 34 年に刊行された『正倉院文書』1～6 巻では原本の謄写、校合作業が間に合わず、一部は他の写本を利用したが、写本に基づいて収録されたものには不十分な点や誤りがある。このため、7 巻以降を刊行する際に再掲載された断簡があるが、これらの断簡については再掲載されたものを利用した。

② 各断簡は断簡に記載された最初の日付のところに掲載されたため、同一帳簿を構成する断簡が「正倉院文書」の様々な巻に収録されることになった。そこで、断簡の接続等が調べられ、「整理」以前の状態に戻す作業（「復原」）が行われているが、ここでは、その成果を考慮していない。

③ 同一文書の中の異なる個所に同一野菜の購入代金（直、料）の請求額と購入量が記載されている場合があるが、その場合の出現数は 1 とした。また、漬物用に購入した塩などの量とともに対象とする野菜名が記載されていることがあるが、この場合の野菜も数に入れなかった。

④ 日付別に野菜の購入代金と購入量が記載されている場合には、出現した日数分を出現数とした。

⑤ 漬瓜、漬茄子などの記載がある場合には、加工済みのものを調達した可能性があると考え、同一日に瓜、茄子などと記したものがあっても、それとは別物として数えた。

⑥ 野菜と思われる語については、第1表、第3表を基に現在の標準的な和名を特定した。

なお、瓜はいずれも【艹低】と翻刻されているが、瓜の字を用いた。

第4表は、『正倉院文書』において出現数の多い順に野菜を並べたものである。内訳欄には記載されている野菜名を別々に集計し、また、茄子漬や漬瓜のように漬物が含まれる場合には「；」で区切って茄子と茄子漬、瓜と漬瓜とを区別した。なお、山蘭については、16世紀に成立した中国の本草書である『本草綱目』には蘭の一種で、水辺に生える蘭草が澤蘭、山中に生える蘭草が山蘭であると記されている（李,1590）。牧野（2008b）は、蘭草とはキク科のフジバカマのこととしているが、12世紀頃成立した字書である『類聚名義抄』の蘭の字にはフチハカマ、アララキ、ネヒルの仮名が振ってあり（菅原,1937）、『和名抄』では和名アララギに対応する漢語として蘭蕽が挙げられている。蘭蕽について、江戸時代後期の考証学者である狩谷掖齋（1937）は『箋注倭名類聚抄』巻第四の飲食部で「按蘭蕽草、蒜之生-於山-者、今俗呼-野蒜-者是也（考えるに、蘭蕽草は山に生える蒜のことで、今俗にノビルと呼ぶものである）」と記している。一方、山蘭について、関根（1969）は、『正倉院文書』において「欟［蜀］椒と併記される例が多く、その事からも香辛類と推定できる」と述べた上で、『和名抄』で薑蒜類の辛夷の和名がヤマアララギであることから山蘭はコブシのことではないかとしている。辛夷は『箋注倭名類聚抄』で「其花未∟發似-人拳-、味辛如∟椒、故名-古不之波之加美-（その花の蕾は拳に似ており、味は辛く、サンショウのようなので、コブシハジカミの名がある）」とされる。このように、山蘭は香辛野菜として利用されたと思われるが、それが何かを特定することが難しいので、第4表では漢字表記のままとした。

　さて、第 4 表をみると、最も出現数の多い野菜はアオナ（カブナ）で、以下ナス、シロウリ、ショウガ、カラシ、ノゲシ（茶）、アザミ、サトイモ、ミズアオイ、セリ（ここまでが出現数 0.2 N= 34 以上）、ダイコン、ササゲ、ワラビ、サンショウと続く。なお、菁奈根（カブの肥大根）が 1 例あったが、これはアオナ（カブナ）に含めていない。アオナの用途であるが、奉寫一切經用度文案（『正倉院文書』18 巻 15 頁）には、

「菁伍斛参升

　　四斛葅料

　　八斗四升羹料用盡經師裝潢并二百八十人料〈人別三合〉

　　四斗六升茹料用盡經師裝潢并一百五十三人料〈人別三合〉

（アオナ 5 石 3 升、このうち 4 石は葅用、また 8 斗 4 升は羹用で写経を行う經師と表装を行う裝潢師合わせて 280 人分、一人当たり 3 合として使い切った。また、4 斗 6 升は茹で物用で、經師と裝潢師 153 人分、一人当たり 3 合として使い切った）」

との記述があり、菁（アオナ）の多くは菁葅、羹（吸物）、茹でて利用されたと思われる。葅とは、『和名抄』によれば、『楊氏漢語抄』に言う楡末菜で、菜鮓のことであると説明されているが、ニレ（楡）の樹皮末入りの塩に漬けた菜のことである。羹については、江戸時代後期に書かれた随筆『玉勝間』十四の巻の饌の項に「さて昔はすべて、あつものといひしを、近き世には、始の一つを、汁といひ、次に出すを、二の汁といひて、その餘をば、汁とはいはず、吸物といひて、しるとすひ物とは、別なる如し（さて昔はすべてを羹と言ったが、近年では［饗饌〈もてなしの食事〉の］始めの汁物を汁、次に出す汁物を二の汁と言い、それ以後出す汁物を吸物と言い、汁と吸物は別物のように扱われている）」との記述があり（本居, 1934）、現在の汁あるいは吸物に相当するものと思われる。第 4 表において、アオナ 170 例、うち 11 例に用途の記載がある。その内訳は茹 5、羹 3、漬 5、葅 4、須々保理 1 で（重複して用途を記載しているので 11 より多い）、漬物（漬、葅、須々保理）だけでなく、茹でて食べるか、吸物として利用する野菜として重要な地位を占めていたと思われる。上述の引用文の菁の前に「茶捌升茹料用（茶八升を茹でて用いる）」との記述があり、ノゲシも茹でて利用されたと思われる。なお、

須々保理とは、ダイズやコメを加えた漬物と考えられている（関根, 1969）。

　ナスはアオナに次いで出現数の多い野菜であるが、163 例中 31 例は漬物で、その中では（塩）漬茄子が 26 例で最も多かった。また、茄子、生茄子としたものの中にも、その用途を示す文書がある。例えば、神護景雲 4 年 9 月 29 日の日付を持つ奉寫一切經用度文案（18 巻 15 頁）には

　「茄子壹拾肆斛玖斗壹升

　　　用

　　　一十三斛四斗六升漬料

　　　一斛一斗五升生料用盡經師裝潢并五百七十五人料〈人別二合〉

　　　三斗干茄子〈不動〉

　　（ナス 14 石 9 斗 1 升、用途、13 石 4 斗 6 升を漬物に、1 石 1 斗 5 升を生食用に使用、経師と装潢師合わせて 575 人分、一人 2 合、残り 3 斗は干ナスにした）」

とあって、大部分は漬物にされている。第 4 表の生食用のナス（茄子、生茄子、子茄）131 のうち、用例を示すものは 13 例しかないが、その内訳を見ると漬用 13、生茄子 6、干用 3（重複があるため合計は 13 を超える）で、やはり漬用とされたものが多い。前述のように、ナスは漬茄子や醬茄子としても調達されていたので、奈良時代にナスは漬物野菜の原料として重要な野菜の一つであったと考えられる。

　ナスやアオナと並んで出現数の多い野菜はシロウリである。『正倉院文書』には、瓜類として、瓜、青瓜、生瓜、菜瓜、黄瓜、鴨瓜、冬瓜、熟瓜、保蘇治瓜、漬瓜、醬瓜、末醬瓜、糟瓜、甘漬瓜が挙げられている。冬瓜は現在でもトウガンの漢字表記として使用されており、カモウリとも呼ばれるので、鴨瓜、冬瓜はトウガンのことである。また、漬瓜、醬瓜、末醬瓜、糟瓜、甘漬瓜はシロウリの漬物のことである。これら以外の瓜について、杉山（1995）は「奈良時代の正倉院文書に、菜瓜、青瓜、生瓜とあるのもシロウリのことであろう」と述べている。これに対して、関根（1969）は菜瓜については未詳、また、生瓜については生の瓜のことではないかとした上で、① 果実の大きさに大中小の別があるので生瓜という種類があったかもしれない、② 1962 年刊行の『平城京発掘調査報告 2』に平城宮跡からキュウリ種子が 66 点出土しているという報告（奈良国立文化財研究所, 1962）があることから

第4表　『大日本古文書（編年）』で取り上げられた野菜

種類	数	内訳
アオナ	170	菁 (113), 菁菜 (31), 青菜 (21), 蔓菁 (2), 蔓菜 (1)；青菜菹 (1), 青菜漬 (1)
ナス	163	茄子 (109), 生茄子 (21), 子茄 (1), 茗 (茄カ) 子 (1)；茄子漬/漬茄 (26), 醤茄子 (3), 甘漬茄子 (1), 末醤茄子 (1)
シロウリ	134	青瓜 (36), 生瓜 (14), 菜瓜 (3)；漬瓜 (58), 醤瓜 (20), 未醤瓜その他漬瓜 (3)
マクワウリ	17	熟瓜 (10), 黄瓜 (6), 保蘇治瓜 (1)
瓜	53	瓜 (53)
ショウガ	111	薑 (51), 生薑 (25)；漬薑/薑漬 (35)
カラシ	104	芥子/芥 (100), 春芥子 (4)
ノゲシ	51	茶 (51)
アザミ	50	薊 (【艹勷】) (33), 葉薊 (4), 薊羽 (2), 莇 (1)；漬薊/薊漬 (10)
サトイモ	48	芋 (36), 芌 (5), 家芋 (4), 芌柄 (2), 干芌茎 (1)
ミズアオイ	43	水葱 (35)；水葱漬/漬水葱 (8)
セリ	41	芹 (19), 茎芹/芹茎 (12), 葉芹 (8), 芹種 (2)
ダイコン	30	大根 (29), 蘆菔 (1)
ササゲ	26	大角豆 (13), 生 (大) 角豆 (10), 佐々氣 (2), 青大角豆 (1)
ワラビ	24	蕨 (19), 和良比 (4)；蕨漬 (1)
トウガン	24	鴨瓜 (7), 冬瓜 (5), 生冬瓜 (1), 賀茂瓜 (1)；酢漬冬瓜 (4), 鴨瓜漬 (3), 醤漬鴨瓜 (2), 漬冬瓜 (1)
サンショウ	23	蜀 (【木蜀】) 椒 (13), 椒枡/椒 (6), 椒子 (3), 波自加美 (1)
フキ	22	蕗 (6)；蕗漬/漬蕗 (16)
タデ	22	蓼 (22)
ミョウガ	14	蘘荷 (11), 賣我 (3)
山蘭	13	山蘭 (9)；漬山蘭 (4)
ジュンサイ	10	根蓴/蓴根 (4), 蓴 (4), 奴縄 (1), 根縄 (1)
莪 *	8	莪 (8)
チシャ	7	蒿苣 (6), 苣 (1)

*『和名類聚抄』の薺蒿、和名オハギに当たる野菜。

この他、出現数6の野菜としてタラノキ、龍子（イヌホウズキの実）、出現数5の野菜としてハス、トコロ（【艹宅】）、4の野菜としてヤマノイモ、タケノコ、蘭、ニラ、3の野菜として羊蹄、1の野菜として蘇良自、茎立などがある。

キュウリの可能性もあると指摘している。しかし、2015 年に刊行された報告書（芝, 2015）では 1962 年の報告書に記載された、大膳職土坑出土のキュウリ 66、アオウリ 19、マクワウリ 4 の計 89 点のすべてが「メロン仲間種子（*Cucumis melo* Linn.）」と記載されている。瓜とキュウリの種子の形態の違いはごく僅かで（Cervantes と Gómez, 2018）、識別は難しいと思われること、また『延喜式』内膳寮の供奉雑菜の項に「日別一斗薑料三舛生瓜卅顆〈准三舛、自五月迄八月所進〉（一日当たり 1 斗［雑菜を供する］、和え物 3 升、5 月から 8 月まで生瓜 30 果 3 升相当）」、「雑菓子五舛…【熟火】（熟）苽八顆〈六七八月〉」とあり（藤原ら, 1688）、生瓜、熟瓜はそれぞれシロウリとマクワウリに相当すると考えられることから、生瓜はキュウリではなく、シロウリと考えるのが妥当であろう。関根（1969）、青葉（2000 a）は熟瓜、保蘇治、黄瓜をマクワウリ（*C. melo* L. Makuwa Group）のこととしている。関根（1969）は、黄瓜は他の瓜に比べて価格が高く、また上層者の節日の料として給されていることを指摘し、黄色いマクワウリのような瓜ではないかと考えている。第4 表におけるシロウリ（青瓜、生瓜、菜瓜）の出現数は 53 と多いが、そのうち用途が明示されているものは漬用 5 に過ぎない。しかし、この外に漬物として調達されたシロウリは漬 58、醤瓜 20、末醤瓜 1、糟瓜 1、甘漬瓜 1の計 81 あり、シロウリは漬物用としてナスとともに重要な位置を占めていたと考えられる。シロウリ、ナスの他、ショウガ、アザミ、ミズアオイ、ワラビ、フキなども漬物の原料として用いられている。なお、漬茄子、漬瓜と記載されたものが塩漬に限定されたものなのか、醤茄子、醤瓜や粕漬などを含むかは不明である。

　また、第 4 表をみると、ショウガ、カラシ、サンショウ、タデなど香辛野菜の多いことに気づく。『和名抄』巻第十六、飲食部の薑蒜類の齏（阿部毛乃）の注に「擣薑蒜以醋和之（薑や蒜をつぶして酢で混ぜ合わせる）」とあり、蒜（擣蒜）、ショウガ（薑）、サンショウ（蜀椒）、カラシ（芥）の用途として齏を作ることがあったと思われる。肉や魚を使った齏が膾であり、肉や魚の味付けにこれら香辛野菜が使われたことは、鯛の膾を詠んだ万葉集16 巻の 3829 番の歌からも窺える（第 3 節参照）。

　廣野（1998）は、『食の万葉集』で、天平宝字 6 年 12 月［16 日の「奉寫

大般若經用度解案」］の経師（装潢、校生も同じ）と雑使一人一日当たりの支給量のリストに、芥子一日二夕（夕は十分の一合）、胡麻油四夕とあることから、カラシナは油炒めとして食べられたのであろうと述べている。しかし、漬菜の支給量が二合であるのと比べ、芥子の二夕は菜として利用する量としては、あまりにも少ない。また、第4表の芥子104点のうち4点は舂芥子（臼で搗いた芥子）と記載されており、残りも菜（カラシナ）ではなく、種子の可能性がある。さらに油炒めについても、当時一般的に行われた調理法とは考えにくい。すなわち、石毛（2015）は、「九世紀頃にはすでに、現代に継承される伝統的日本料理の基本的調理法、すなわち、直火焼きの「焼き物」、「煮物」、「蒸し物」、「汁物」、「煮こごり」、刺身の前身である「ナマス（膾）」、「和え物」、「漬物」などが、一般的な料理技術として確立」していたとした上で、「油脂を利用する料理法は、ほとんどおこなわれなかった」と述べている。篠田（1959）は、古代中国の料理法として炒や炸（揚）が少ないとし、その理由として漢代になるまで鉄が農具や兵器に使われ、台所用具として利用されることが少なく、炒めたり、揚げたりすることができなかったと考えている。『和名抄』飲食部、菜羹類には生菜に次いで、蒸、茹、葅、黄菜（ダイコンのモヤシ）、虀（蔓菁苗、アオナの芽生え）、菌耳（キノコ）、羹の項があり、菜類の調理法として、蒸す、茹でる、楡皮粉を混ぜた塩に漬ける、スープにするという方法が挙げられていて、炒める、揚げるという言葉がない。わが国の場合、平安時代になると大和や河内を中心に各地で鉄製の鍋が作られるようになったとされるが（窪田, 1966）、それ以前は炒める、揚げるという料理は一般的でなく、胡麻油が野菜炒めに利用されたとは考えにくい。これらの点から考え、芥子は調味料のカラシのことと思われる。

　関根（1969）はまた、各野菜の食用時期を一覧表にしており（『奈良朝食生活の研究』、84 - 85 頁）、菁は一年を通じて食用にされ、蔓菜は 5、12 月、青菜は 7〜12 月に食用にされることなどを明らかにしている。『正倉院文書』の断簡には年月日を特定ないし推定できるものと、記載された期間の幅が広くて年月日の特定ないし推定が難しいものが混在しているが、関根（1969）は月の特定が難しい断簡も利用しているようである。そこで、月が特定あるいは推定できるものだけを用いて、各野菜が記述されている時期を一覧にし

た（第5表）。この表によると、アオナ（菁、蔓菁、青菜）は9、10月が最盛期で、3、4月は端境期となり、関根（1969）とは異なる結果となった。一方、早春に出回る野菜としてはセリ（2〜3月）、ワラビ（3〜4月）がある。サトイモは3、9、12月に利用が多かったが、平安時代に作られた『延喜式』内膳寮の耕種園圃によれば、種芋の植え付けは3月とされているので、3月の利用は貯蔵イモの利用であろう。ナスと瓜類の利用は6〜10月に見られ、7〜9月が盛期であった。シロウリと思われる青瓜、生瓜の利用は6月から、マクワウリと思われる熟瓜、黄瓜の利用は7月から見られたが、これは一般にシロウリの方がマクワウリよりも早い時期から利用できるとされることと一致する。

　関根（1969）は、奈良時代の野菜には栽培品と野生のものの採集品とがあり、園地から進上されたものは栽培品と考えてよいとしている。しかし、栽培と言ってもかなり粗放的なもので、特殊なものを除いて栽培品と野生のものに差はなかったのではないかとも述べた上で、栽培品と野生のものの採集品が半々位だったのではないかと推論している。写経所で働く人としては写経生（経師、装潢、校正を行う校生）、案主（記録係）の外、写経生の世話をする仕丁、優婆塞、優婆夷、自進、雇女などがいた。これら雇夫、役夫などの下層者に対する給付例は少ないが、アオナ、アザミ（葉薊、薊羽）、チシャ、セリ（芹、茎芹）、ミズアオイ、ワラビ、ノゲシ、オハギ（莪）などを給付した例がある。関根（1969）は、写経生に比べると、給付の例が少ないことから、下層者は野生種を摘んで食用としていたのではないかと推論している。

　ところで、『正倉院文書』「奉寫一切經所解」（6巻151頁）には、「菁一石九斗、一石五斗〈買〉、四斗自西薗請〈二斗正月廿八日、二斗三月四日〉、用盡、校經僧并經師装潢六百卅三人料羹茹等料〈人別三合〉（アオナ1石9斗、うち1石5斗は購入、残り4斗は西園から1月28日に2斗、3月4日に2斗運ばれた。すべて使い切った。校経僧と経師装潢633人に羹、茹で物などとして一人3合あて提供した）」との記載があり、平城京附属の西園で栽培したものだけではアオナ（菁）の需要の1/4程度しか賄うことができず、残りは左京と右京、それぞれに設置された東西二つの市場から調達した。市場で販売されたもの

第 5 表　『大日本古文書（編年）』における月別の野菜出現数

種類	1	2	3	4	5	6	7	8	9	10	11	12
アオナ計	3	2			3	1	5	17	30	47	11	15
*菁*****	*3*	*2*			*2*		*5*	*15*	*28*	*23*	*5*	*7*
蔓菁					*1*				*1*	*1*		
青菜						*1*		*2*	*1*	*23*	*6*	*8*
ナス						8	37	32	22	9		
瓜類計						8	23	27	13	2		
瓜						*1*		*9*	*9*	*2*		
青瓜						*2*	*12*	*14*	*3*			
生瓜						*5*	*4*	*2*	*1*			
熟瓜							*6*	*2*				
黄瓜							*1*					
ショウガ			2				3	21	10	26	5	
ノゲシ			1	1	2	3	12	10	6			
アザミ						1		9	9	2		
サトイモ			7				1*		9		4	7
ミズアオイ					1	2	4	6	1	4		
セリ計	1	9	17	2	2		1					
芹		*1*	*10*	*2*	*2*		*1*					
葉芹			*3*	*3*								
茎芹			*6*	*4*								
ダイコン	1							2		9	3	7
生ササゲ						5						
ワラビ			15	3								
サンショウ			2	3	1	1	3					
タデ									19	3		
トウガン								1	7	5		
ミョウガ							1	11				
ジュンサイ			2	1								4

＊芋茎（サトイモの茎）
＊＊斜体は内数を示す。

が栽培品か、採集したものかは明らかでないが、同文書によれば、他にアザミの葉（葉薊）、セリ茎（茎芹）の一部、蘇荍奈（不詳）、ギシギシ（羊蹄）、タラノキ（太羅）、ワラビ（蕨）、ノゲシ（荼）、莪のすべてを購入している。市川（2017）は、写経所に対しては銭または絹が下賜され、絹の場合にはこれを現金化して、市場で写経に必要な物や野菜類をはじめとする食料を購入したと記している。

第3節　万葉集にみる野菜

　詩歌などで自らの感情を表現しようとすると、漢語では思うように表現できない。そこで、漢字の音や訓を借りて一字一音で表記する方法（万葉仮名）が工夫され、これを使って詠まれた4,500余の歌を集めて編纂されたのが『万葉集』である。『万葉集』は後続の歌集とは異なり、食材、食料生産、狩猟・採集などを表現した歌も収められており、和歌史の中で独自の位置を占めるとされる（寺川, 2015）。例えば、野菜の調理法をうかがい知ることのできる歌として、次の4首（①は作者不明、②、③は長忌寸意吉麻呂の歌、④は東歌）がある。なお、訓み下し文は岩波文庫本『万葉集』によった（佐竹ら, 2013 - 2015）。括弧内は『国歌大観』の歌番号である（松下と渡辺, 1918）。

① 春日野に 煙 立つ見ゆ娘子らし春野のうはぎ摘みて煮らしも （1879）
　　（春日野に煙が立ち上っているのが見える。きっと娘たちが「うはぎ」を摘んで煮ているのであろう）

② 醤 酢に蒜搗き合へて鯛願ふ我にな見えそ水葱の 羹 （3829）
　　（醤、酢、蒜を搗いたもので作った鯛の膾を食べたいと思っている私にミズアオイの羹など見せないでほしいものだ）

③ 食薦敷き蔓菁煮て来む 梁 に行縢懸けて休めこの君 （3825）
　　（食机の下にコモを敷き、アオナを煮たものを持ってきなさい。むかばきを梁に懸けて休んでいる御君に。）

④ 上野佐野の茎立折りはやし我は待たむゑ今年来ずとも （3406）
　　（あの人がたとえ今年帰ってこなくても、茎立を折って料理し、待っていよう）

　第一の歌で詠われている「うはぎ」（原文では菟芽子）は第 1 章第 2 節で説明したように、ヨメナなど幾つかの野菜に比定されているが、いずれであるにせよ、羹（吸物）として利用されていたと思われる。第二の歌で水葱は「なぎ」、和名ミズアオイのことであるが、寺川（2015）は、『万葉集』巻第三の「春霞 春日の里の植ゑ小水葱苗なりと言ひし柄はさしにけむ（春霞がたつ春日の里に植えたコナギは、まだ苗だと言っていましたが、もう葉柄は伸びたでしょうか。）」（国歌大観の歌番号 407）という歌や『続日本後紀』承和 5 年（838）7 月丙辰の「丙辰勅如聞，諸家京中，好營_水田_，自今以後一切禁斷，但元来旱湿之地，聽レ殖_水葱芹蓮之類_（丙辰の日に次のような勅が下された。京において好んで水田作を営むものが多いが、今後は一切禁止せよ。ただし、湿った地でミズアオイ、セリ、ハスの類を植えることは認めよ；国史大系第 3 巻〈DOI, 10 . 11501 / 991093〉では旱湿は卑湿になっている)」という記述（藤原, 1668）から、「芹・蓮根などと同じく湿地で栽培し食べていた」と述べている。ミズアオイ（*Monochoria korsakowii* Regel et Maack）は、北半球の亜寒帯から温帯にかけて分布する一年生の水田雑草であり、わが国では奈良県宇陀市で万葉集に詠まれている羹（吸物）を再現するために栽培されているに過ぎないが（奈良の食文化研究会, 2017）、ミズアオイの近縁種であるコナギ（*M. vaginalis* (Burm. f.) C. Presl）は、現在でも東南アジアでは茎葉を野菜として利用している（古原ら、2011）。青葉（2000 a）は奈良・平安時代にはミズアオイとコナギは明確に区別されておらず、両方をナギと呼んだ可能性を指摘している。第二の歌から醬と酢に蒜（ニンニク、あるいは、その近縁種）を搗きあわせたものを調味料として使っていたこと、また第三の歌から蔓菁を煮て食べていたことが明らかである。以上のように、飛鳥、奈良時代には多くの野菜は煮るか、吸物にして食べられており、また魚を調味するために香辛野菜が利用されていたと考えられる。

　第四の歌の「折りはやし」とは、荷田春満（1932）によれば、「折りて料理」するの意であるとされる。料理の内容については言及していないが、佐竹ら（2013 - 2015）は「はやす」とは「野菜などを勢いよく切り刻む意」であるとしている。ククタチとは『和名抄』巻第十六の菜羹類の【艹豊】に「〈和名，久々太知俗用茎立〉蔓菁苗也（和名、ククタチ、俗に茎立と書く，アオナの苗の

ことである）」と記されているものである。17 世紀末に成立した『本朝食鑑』巻之三の菜部、蕪菁の項には、① 春になると花茎が伸び出す（これを抽苔(ちゅうたい)という）が、この花茎を蕾のうちに折りとって利用するものを茎立、② 春の初めに播種して葉が 2、3 枚展開したものを採って野菜にするものを貝割菜と呼ぶとの説明があるが（人見, 1697）、この歌に詠まれたククタチは花茎を折り取って利用するもののことである。江戸時代後期に成立した『本草綱目啓蒙』巻二十二、菜之一の蕓薹（アブラナ）の項には「秋分ニ栽ヘ春ニ至テ茎ヲ抽テ二三月黄花ヲ開ク、四辨未ダ花ヲ開カザル巳前ニ中心ヲ摘ミ食用トス，時珍冬春採 薹心 為 茹ト云フ是ナリ，薹心ヲ菜氽〈餘姚縣志〉ト云，古名クヽダチ，一名クキダチ〈南部〉ツヂ〈備前〉（秋分に植えると春になって抽苔し 2、3 月に黄色い花が咲く。4 弁の花が開く前に中心部を摘んで食用にする。『本草綱目』には冬から春にかけて花茎を摘んで茹〈菜茹、野菜のこと〉にするとの記述がある。花茎を『餘姚縣志』では菜氽と呼んでいる。古名はくくだち、南部ではくきだち、備前ではつぢと呼ぶ）」との記述がある（小野, 1805）。万葉集 3406 番で詠われたククタチがアブラナ、アオナのどちらを指しているのかは不明である（これについては付録 6 を参照してほしい）。

　高橋と池添（1990）は、栽培品と野生の採集品が半々位であると考えた関根（1969）とは異なり、飛鳥時代以降も「穀物以外の蔬菜類は、それほど広く畠で栽培されず、多くは山野に出て、必要な野草、山菜を採取した。そのため、万葉集にも、「菜摘」に関する歌が数多く詠まれている。」と述べている。そうした歌の一つ、「明日よりは春菜採まむと標(し)めし野に昨日も今日も雪は降りつつ（1427）」という山部赤人の歌は、時にまだ雪が降る早春の時期から野に出て若菜を摘むことが当時、一般的に行われていたことを示している。標をつけるというのは、当時の慣習で、若菜摘みの時には「ここはわたくしが数日以内に若菜を摘みますから他の人は摘まないで下さいということを示すために」杭を打ったり、柵を巡らしたりすることとされる（上野, 2002）。

　若菜について、鎌倉時代に成立したとされる『年中行事秘抄』には「上子日内藏司供若菜事〈内膳司同供之〉（略）〈十二種、若菜、薺、苣、芹、蕨、薺、葵、芝、蓬、水蓼、水雲、松〉（正月子日に内藏司が若菜を供すること、内膳司がこれ

を供する（略）、十二種の若菜は、若菜、トコロ、チシャ、セリ、ワラビ、ナズナ、フユアオイ、マンネンタケ、ヨモギ、ヤナギタデ、モズク、松）」と記されている（著者未詳, 1551）。これに対して、享保14年（1729）の写本では蘿が薊、芝が茭（オニバス）、松が菘になっている。また、「七種, 薺, 蘩蔞, 芹, 菁, 御形, 須々代, 佛座, 金谷曰正月七日以七種菜作羹食之令人無万病（七種の菜とは、ナズナ、ハコベ、セリ、アオナ、ハハコグサ、別名ゴギョウ、スズシロ、コオニタビラコ、別名ホトケノザ。『金谷園記』によれば、正月七日に七種の菜で羹を作って食べると万病を予防できる）」との記述が加わっている（著者不詳, 1729）。屋代弘賢（1883）は『古今要覧稿』で「おほよそ若菜とは皆人食ふへき春草の若苗をさしていひし名なれとも，その食ふへき春草の中にて初春の頃に生出るものは，薺，をはき，芹なとのたくひにて，今いふつまみな，或はうくひすなの類にてはあるへからす．その若菜をつむには，人々野邊に出て子日するとて 小松を引けるよすかに，此菜をもつめはなり（一般に若菜というのは人々が食べる春の草の幼植物を指して言う言葉で、中でも初春の頃に芽生えてくるものにナズナ、オハギ、セリなどがある。今の人が利用する間引き菜やウグイスナなどではない。若菜を摘むのに、人々は子の日の遊びをすると言って野辺に出て、小松引きとの関連で、これらの菜を摘むのだから）」と述べている。これからすると、『古今要覧稿』でいう若菜は広義には春に芽生えはじめた食用となる植物であるが、狭義には間引き菜やウグイスナのような野菜は含まないという意に取れる。しかし、『年中行事秘抄』の十二種若菜には、苣、水蓼、菘など明らかに栽培された野菜と思われるものが含まれており、また芹などは自生のものと栽培したもの、どちらの可能性も考えられるので、明確に定義することは難しい。そこで、ここでは若菜を広義の意にとって、万葉集の歌を見てみると、春菜（若菜）摘の他にも、次に示すように、スミレ摘、ゑぐ摘、タデ摘、ククタチ摘、セリ摘などの歌がある。

　春の野にすみれ摘みにと来し我そ野をなつかしみ一夜寝にける（1424）

　（春の野にスミレを摘みにやって来た私ですが、野を去りがたく、一晩そこに泊まりました）

　君がため山田の沢にゑぐ摘むと雪消の水に裳の裾濡れぬ（1839）

　（山田の沢であなたのためにゑぐを摘もうとしたら、雪解け水で服の裾を濡らし

てしまいました）

あしひきの山沢ゑぐを摘みに行かむ日だにも逢はせ母は責むとも（2760）

（母に叱られるかもしれませんが、せめて山の沢に生えているゑぐを摘みに行く
日だけでも会うことにしましょう；写本によって、「逢はせ」を「逢はむ」とし
たものがあるので、逢はむとして訳した）

わがやどの穂蓼古幹摘み生ほし実になるまでに君をし待たむ（2759）

（私の屋敷内に生えた穂蓼の乾燥した茎を刈り取り、再び種子を蒔いて、実にな
るまで君を待っていましょう）

伎波都久の岡のくくみら我摘めど籠にものたなふ背なと摘まさね（3444）

（久君美良〈くくみら〉をなかなか籠一杯摘むことができないので、あなたも手
伝って下さいのね；岩波文庫本では、のたなうの語義不詳とされているが、荷
田春満〈1932〉は「籠にも溜らねば，せな［背な、夫のこと］と摘まんと也」
の意としている）

あかねさす昼は田賜びて，ぬばたまの夜の暇に摘める芹これ（4455）

（昼間は班田を下賜する仕事が忙しいので、夜、暇になってから摘んだ芹です。
この芹は。）

ますらをと思へるものを太刀佩きて可尓波の田居に芹そ摘みける（4456）

（強く勇ましい男と思っていたあなたが、大刀を帯びたまま、可尓波の田でセリ
をつんでいる）

　万葉集に詠まれているスミレは、スミレ、コスミレ、ツボスミレ、タチツ
ボスミレ、ナガバノタチツボスミレなど数種のスミレ類のことと考えられて
いる（廣瀬, 1998）。しかし、17世紀の本草書である『本朝食鑑』巻之三の
セリの項には「菫菜亦芹属（スミレも又セリの仲間である）」とあり、附録に「菫
菜〈訓須美禮，今之計牟介也.　一名一夜草或日一葉草、倶歌人今古詠_賞之_〉（菫
菜はスミレと読む。現在のレンゲのことで、一名一夜草あるいは一葉草という。
今も昔も歌人はこれを詠み、称賛している。）」、「古人采食レ之，近人未レ食（昔
の人は採取して食べたが、今の人はこれを食べない）」と記されている（人見,
1697）。セリとの関連でいうと、牧野（2008 b）は中国で菫菜とはセロリの
ことであるとしているが、セロリは加藤清正が朝鮮から持ち帰ったと言われ

ており、この時代には、まだわが国にはなかったと思われる。また、牧野（2008b）は、万葉集（歌番号 1338）に詠われた土針がゲンゲであるという説について「この万葉歌の出来た時代に果してゲンゲすなわちレンゲソウが既に我邦に渡来していたかどうかが一つの問題である」と述べているので、万葉集に詠われたスミレはスミレ類の植物を指すと考えてよさそうである。スミレの用途について、廣野（1998）は「浸しものや吸ものに浮かべ春の香を味わった」としている。また、越谷（1775）によれば、スミレは一名、「すまふとりぐさ」とも呼ばれるが、『料理物語』青物之部には「すまふ取の花, さしみ（スモウトリグサの花は刺身［のつま］に用いる）」と花を利用することが記されている（著者未詳, 1643）。

　ゑぐ、タデ、セリのうち、少なくともタデについては種子を取って蒔くことが示唆されており、野生のものというよりは、栽培されたものであろう。ミズアオイについては、4首中2首（407、3415）が移植栽培を示唆した歌であることは既述した。また、セリについて、安藤（1988）は、野菜として利用するだけでなく、水田の雑草として当時の人々を悩ませるものであったので、後に「芹摘む」という歌語が思い通りにならないことの意で使われるようになったと考えている。1839、2760 の歌に詠まれている「ゑぐ」はセリ、あるいはクログワイと考えられているが、クログワイも野菜として利用されるだけでなく、水田雑草である。なお、「ゑぐ」がどのような植物であるかについては古くから議論があるが、これについては付録7で詳しく説明したい。最後に、くくみら（久君美良）は、『古事記伝』十九之巻によれば茎韮のことである（本居, 1930）。鹿持（1891）は、これを「常の韮の茎立をいへるか、又は韮の一種の名なりしが、後に古名を失ひたるか、今辨へがたし（通常のニラのククタチのことか、それともニラの一種の名であったけれども、後にそれが何かが分からなくなってしまったのか、今となっては［どちらが正しいか］分からない）」と記しているが、ニラのククタチならば、花ニラと呼ばれているもの（鑑賞用のハナニラとは異なる）のことであろう。『斉民要術』種韮第二十二にも「七月蔵韮菁〈菁韮耙出〉（七月にニラの花を漬ける。菁はニラの花のことである；西山と熊代によれば、菁韮耙出は菁韮花也の誤りとされる）」と、ニラの花茎の利用についての記述が見られる（賈；1744, 1957）。これに対し

て、契沖（1926）は『万葉代匠記』巻十四で茎韮の韮を薤（ラッキョウ）の
こと、また下川辺（1925）も『万葉集管見』で「茎だてる薤（抽苔したラッ
キョウ）」のこととしている。牧野（1940）によれば、ニラは「山野ニ自生
アレドモ多クハ栽培スル多年性草本」であり、ラッキョウは中国原産とされ
るので、野生のものを摘んでいたという歌ならばニラのことであろう。以上
のように、万葉集で詠われた若菜は栽培されたもの、また栽培とまではいか
ないまでも、ある程度人によって管理されていたものを含んでいたことは間
違いない。

第4節　風土記にみる野菜

『風土記』は和同6年（713）の官命によって諸国に対し、郡や郷に漢字の
名前を付けさせるとともに、「その産物、地味の良否から、地名の起源、古
老の傳承等までを報告せしめた」（武田, 1937）もので、一部の省略や欠損が
あるものも含めてほぼ全容のわかる出雲、常陸、播磨、豊後、肥前風土記と、
後世の文献に引用されて散逸をまぬかれた逸文と呼ばれる文章が残っている
（三浦, 2016）。これらの風土記を手掛かりとして、当時、どのような植物が
利用されていたのかを知ることができる。例えば、ほぼ完本の形で残ってい
るとされる『出雲国風土記』の意宇郡の条には、「凡、諸山野所在。草木，
麥門冬，独活，石斛，前胡，高良薑，連翹，黄精，百部根，貫衆，白朮，
薯蕷，苦參，細辛，商陸，藁本，玄參，五味子，黄芩，葛根，牡丹，
藍，漆，蕨，藤，李，檜〈字或作梧〉，杉〈字或作椙〉，赤桐，白梧，楠，椎，
海石榴〈字或作椿〉，楊梅，松，柏〈字或作榧〉，藥，槻（凡そ、諸方の山野に
ある草木としては、ジャノヒゲ*、ウド*、セッコク*、ノダケ*、ナンキョウ*、レ
ンギョウ*、ナルコユリ*、ビャクブ*、オニワラビ*、ハクジュツ*、ヤマノイモ*、
クララ*、ウスバサイシン*、ヤマゴボウ*、ササハソラシ*、ゴマノハグサ*、サ
ネカヅラ*、コガネバナ*、クズ*、ボタン*、藍漆*、ワラビ、フジ、スモモ、ヒ
ノキ、スギ、赤桐、アオギリ、クスノキ、シイ、ツバキ、ヤマモモ、マツ、カヤ*、
キハダ、ケヤキ；『神農本草経』で取り上げられている薬剤には訳文中に*を付した。
また、訳文で漢字表記のものは和名不詳。藍漆は藍と漆の二字になっているが、

岩波文庫本では一字。藍漆は『延喜式』典薬寮にも諸国から貢納されている。なお、字或作梧とは他の版では檜の字の代りに梧を用いているという意)」との記述がある（神宅臣全太理と出雲臣廣嶋,1806）。また、同郡津開抜池にセリ＊（芹菜）、羽島に比佐木（和名抄、楸、アカメガシワの古名か）、多年木（岩波文庫版ではマサキとしている）、ワラビ、薺頭蒿、塩楯島にタデ＊（蓼）が存在するとした記述がある。他の郡についても同様な記述があり、意宇郡で挙げられた草木以外に、菜、イモ（芋）、フキ（蕗）、トコロ＊（卑解）、オモダカ＊（澤瀉）、サンショウ＊（蜀椒・秦椒）、ユリ＊（百合）、クリなどが挙げられている。これから明らかなように、風土記で取り上げられた植物の多くは、有用な材木や漢方薬の原料となる植物である。しかし、中にはウド、ヤマノイモ、サンショウ、ハス、タデのように漢方薬としてだけでなく、野菜として利用されたと考えられる植物も入っている（神宅臣金太理と出雲臣広嶋,1806;武田,1937）。これらの自生「野菜」は当然のことながら人々によって採取され、利用されたと考えられる（関根,1969）。なお、嶋根郡和多々島、楯縫郡の彌豆島（国会図書館の写本〈神宅臣金太理と出雲臣広嶋,1728〉では於豆椎）には芋と菜があるとの記述があるが、仮にこの芋と菜が一般に比定されているサトイモとアオナであるとすると、これは栽培されたものかも知れない。

　『出雲国風土記』以外の現存する風土記では、『出雲国風土記』のような体系だった産物の記載はほとんどない。例えば、『常陸国風土記』は古老の伝承（古老相伝旧聞）が中心で、地誌的な性格の強い記事が後世になって省略された可能性が指摘されている（三浦,2016）。しかし、香島の郡の項には香島の社の南、郡衙の北にある沼尾の池は「古老曰。神世自∟天流来水沼。所∟生蓮根。味氣太異。甘美絶二他所一之。有∟病者食二此沼蓮一。早差験之（古老によれば、神代に天から流れきた水で出来た沼で、そこに自生するハスの根は他のハスとは比べ物にならない位、美味しく、病人がそれを食べると、社の御利益によって早く治癒する。）」と、自生したハスを採取して利用したことを窺わせる記述がある（西野,1839）。また、『播磨国風土記』には、各地の田の生産力を上上から下下まで9段階に分類した記載があるが、イネ以外の産物の記述は少ない。その中で、宍禾郡雲箇里の条、波加村の説明に「其山生柂粉檀黒葛山薑等」とあり、山にヒノキ（柂）、スギ（粉）、マユミ（檀）、

クロカズラとともにワサビ（山薑）が自生すると記載されている（著者未詳，1852）。また、「三重里〈土中中〉，所_三以云_二三重_一者，昔在_二一　女_一，抜_レ【竹均】（筍）以_レ布　裹_二三重_一食，居不_二能起立_一，故曰_二三重_一（三重の里、土壌は中の中。三重という名の由来は、昔この地に住む女がタケノコを抜いて、海藻で三重に包んだものを食べたところ、座ったままで立てなかったことによる）」との記述があり、当時既にタケノコの利用も一般的であったと思われる。

　以上、木簡類、『正倉院文書』、『万葉集』、『風土記』をみてきたが、奈良時代には味付けを目的としてショウガ、カラシ、サンショウ、タデなどの香辛野菜が広く利用された他、アオナ、ダイコン、ノゲシ（荼）、アザミ、ミズアオイなどの葉根菜類が羹や煮物として、またナス、シロウリなどが漬物などとして広く利用されていたのではないかと思われる。また、単に瓜と記載されたものの中にはマクワウリが多く含まれていると思われるが、詳しいことは不明である。

第4章　平安時代の史料にみる野菜

　わが国が模範とした唐の法典は律（刑法）と令（行政法、訴訟法、民法）と、それらの規定を時勢に合わせて改廃・補充する格と律令格の規定の細則を定めた式から構成されていたが、わが国の場合には7世紀後半から8世紀初めにかけて、まず律と令が編纂され、格と式が編纂されたのは9世紀から10世紀にかけてのことであった（虎尾, 1964）。弘仁式、貞観式、それらを改正増補する形で編纂された延喜式は、各官司が律令や格にしたがって任務を遂行するために必要な細則を集大成したものである。弘仁式、貞観式は現在、大部分が散逸してしまったのに対し、延喜式はほぼ完全な形で残っており、その内容は多方面、かつ微細な事柄までに及んでいて、当時の文化、生活を知る上で貴重な情報源の一つとなっている。

　『延喜式』が計画され、完成したのは醍醐天皇の治世（897～930年）で、905年に編纂が始まり、927年に完成した。この時代は政治的に安定し、文化的にも『古今和歌集』が作られるなど、最も輝きを放った時代である。わが国最初の本草書である『本草和名』が成立したのも、この時代のことである（『和名抄』が成立したのはやや遅れて承平年間〈931～938年〉）。また、この頃から仮名で書かれた物語が作られるようになり、「平仮名を常用し始めた後宮の女性たちのなかからも文学作品の生まれる機運があらわれ」始めた（網野, 1997）。

　律令国家の基底となる重要な制度である班田収受法についてみると、「班田制はしだいに困難になり、九世紀には全く行われなくなったが、それに対応して国の人民に対する収取の体制も変えられていった。すなわち公田（国衙の領有する土地）を名という課税の単位に編成してその名（名田）の面積に対して租・調・庸・雑徭を取り立てる体制が作られ」たのである（豊津町町史編纂委員会, 1998）。さらに、12世紀の半ばになると、国衙に官物（税）、土地所有者に収益の一部を払う代わりに周辺の農民に耕作・経営させ

て一定の収益を確保することを目的に、在地領主や大名田堵（国衙領や荘園で大規模に耕作を請け負った農民）などによって大規模な荒地開発が進められた結果、周囲を境界で囲まれた大きな「領域型荘園」が数多く成立した（木村, 2000）。

第1節　『延喜式』の野菜

1. 大膳式（巻 32, 33）にみる野菜の利用

　『延喜式』は神祇官関係（巻 1～10）、太政官関係（巻 11～40）、それ以外（巻 41～49）の式、雑式（巻 50）からなっており、各官司別に儀式や年中行事に関する規定、数量的規定、一覧表的規定などの記載がある（虎尾, 1964）。この中で、食事に関係する規定は宮内省関係の式のうち、大膳式や内膳式に見られる。大膳寮とは官において給される食事の調達をつかさどるのが役目で、式では諸祭祀、法会、節会などの際の給食の材料、数量、年間に使用する調理具や薪などの数量的規定が定められた。そこで、この式に現れる野菜の種類や頻度を調べ、当時の貴族の食事内容の推定を試みた（第 6 表）。なお、神事に参加した貴族に提供された食事の内容、量は地位によって差がみられるが、同じ野菜が提供される場合には 1 回と数え、また神饌として供した野菜も 1 回と数えた。

　この表をみると、『和名抄』で葷菜類（ネギ科野菜類）と薑蒜類（ショウガ、サンショウ、カラシなどネギ科以外の香辛野菜）に分類された野菜の出現回数が多く、平安時代初期には、これらの野菜が風味づけに盛んに用いられたと思われる。『箋注倭名類聚抄』巻第九の蒜の項には「蒜顆〈比流佐岐、今按顆、小頭也〉（中略）〈内膳司、大膳職式、所 ⌐ 謂蒜房、即是〉（蒜顆、和名はヒルサキ、思うに、顆とは小さな頭状のものである。（中略）内膳式、大膳式でいう蒜房のことである）」とある（狩谷, 1883）。ニンニクには花茎を形成する品種とほとんど形成しない品種があり、花茎を作る品種でも花をほとんど着けないか、花は咲いても結実せず、代りに珠芽を形成する（青葉, 1982）。したがって、蒜房とはニンニク、あるいはその近縁種の花茎の先につく珠芽を指す言葉であろう。貝塚ら（1959）によれば、英には花、花房の意味があるので、

蒜英は蕾を付けた花茎あるいは花房のことで、蒜花とは花だけを指すのではないかと思われる。

　以上のように、蒜は鱗茎や葉だけでなく、花房あるいは花も漬物として利

第6表　『延喜式』大膳職にみられる野菜

種類	数	内訳	漬物*
蒜	16	蒜英6，蒜2，蒜房1；漬蒜房6，漬蒜花1	7/16
アオナ	14	蔓菁2，青菜1，生菜1；漬菜5，蔓菁菹2，楡皮蔓菁1，菁菹1，菁須須保利漬1	10/14
瓜	10	熟瓜2，瓜1，青瓜1；醤瓜4，糟漬瓜1，荏裹1	6/10
ショウガ	10	生薑3，干薑3，有莖生薑1；漬薑2，漬生薑1	3/10
ナス	8	茄子2，干茄子1；醤（漬）茄子2，糟漬茄子1，未醤漬茄子1，荏裹1	5/8
ニラ	7	韮搗6，韮菹1	7/7
カラシ	6	芥子6	
トウガン	5	冬瓜1；未醤（漬）冬瓜2，糟漬冬瓜2，	4/5
ダイコン	4	蘿蔔2，蘿蔔2	
チシャ	4	萵苣4	
タケノコ	4	笋子3；笋菹1	1/4
ヤマノイモ	4	暑預2，薯蕷1，暑預子1	
サンショウ	4	蜀椒子1；漬蜀椒（子）2，漬椒子1	3/4
ササゲ	4	大角豆4	
フユアオイ	4	葵3；葵菹1	1/4
カブ	3	蔓菁根1；蔓菁根漬1，菁根漬1	2/3
ミョウガ	3	蘘荷1；蘘荷漬2	2/3
セリ	3	芹2；芹菹1	1/3
アブラナ	3	蕓薹3	
ハス	3	荷葉2，荷藕1	
ミズアオイ	3	水葱2，干水葱實1	
コエンドロ	3	胡荽3	
蘭	3	蘭2，干蘭1	

この他にサトイモ、ネギ、ジュンサイ、山蘭が各2、タデ、アザミ、トコロ、龍葵が各1
* 漬物／全体数を示す。なお、内訳で；の後に記述したものが漬物である。

用されたが、第3章第2節で述べたように搗き砕いた蒜を使って 醢 ^{あへもの} も作ったと考えられる。『箋注倭名類聚抄』巻第四、飲食部、塩梅類の搗蒜の説明として「食療經云、蒜搗醢（中略）〈按内膳司式漬﹈雑菜﹈料、有﹈蒜搗﹈、即是物〉（『食療經』の言う蒜搗醢で（中略）、思うに内膳式の雑菜漬料に蒜搗とあるのは、これのことである）」とあるので、蒜搗とは突き崩した蒜を用いた和え物（醢）のことと考えられる。第6表に示すように、ニラ（韮）は韮搗として利用されることが多いが、『延喜式』内膳司の供奉雑菜の記述「韮二把〈准二舛，自二月迄九月〉（中略）蒜一百根〈准二舛，正，二，三，四，十一，十二月青進，五，六，七，八，九月干進〉（ニラ2把、2升相当、2〜9月（中略）蒜100根、2升相当、1〜4、11、12月は生物、5〜9月は乾燥品）からすると（藤原ら、1688）、生の蒜が入手できない時期（5〜9月）に蒜の代用として韮が和え物に使われたのであろう。

　蒜類に続いて利用が多いのはアオナで、漬菜（塩漬か）、菹 ^{にらぎ} （楡粉入りの塩漬）、須々保利漬 ^{すずほり} （塩の他、玄米や大豆、粟やヒエなどを混ぜたものに漬けたもの）などとして利用された。次いで、瓜、ショウガ、ナス、ニラ、カラシ、トウガンと続き、ダイコン、チシャ、タケノコ、ヤマノイモ、サンショウ、ササゲ、フユアオイまでが「重要野菜」の基準値（0.2 N = 3.2）以上となった。しかし、大膳式には『正倉院文書』で多く見られた荼の記載はなかった。後述するように、『本草和名』には「苦菜，一名荼草…一名荼」、『和名抄』には「荼…苦菜之可食也（荼は苦菜のことで、食べることができる）」との記述は見られるが、平安時代には実際に利用したという記録はみられない。しかし、江戸時代初期の代表的な農書である『農業全書』巻之五、山野菜之類に「苦菜 ^{にがな} 、一名は荼 ^ど 」として、悪瘡（腫物）などに効能があるので菜園の端々に少々植えるべきものであると記されていることから、わずかではあるが、奈良時代以降も利用は続いていたのであろう。なお、第6表の右欄には漬物に用いられた野菜の割合を示したが、蒜、アオナ、瓜、ショウガ、ナス、ニラ、トウガンなど多くの野菜が漬物として利用されている。ダイコンは漬物として利用されることはなかったが、その理由については「3.　漬物として利用された野菜」の項で考えてみたい。

2. 内膳式（巻 39）にみる野菜の栽培方法

　内膳司は、天皇の食事を調達し、毒見をする官司である。内膳式も大膳式同様、ほとんどが数量規定であり、「供奉雑菜」の項に一日当たりの各野菜の供給量と供給月についての記載、「漬年料雑菜」の項に年間の漬物作成に必要な野菜、塩、醤、糠、楡などの量の記載がある。また、『延喜式』内膳司の「耕種園圃」の項には、内膳司直轄の京北園、奈良園、山科園、奈葵園、羽束志園などの園圃で栽培された作物について一段（360 歩、およそ 1,200 m² に相当する）当たりの播種量や耕起から収穫までの各作業における所用労力が記載されている。それぞれの作業を示す用語をみてみると、「耕地」（犂耕）、「料理平和」（砕土整地）、「糞運」（厩肥運搬）、「畦上作・堀畦溝・分畦」（畦立）、「踏位」（鞍つき、播種のために土を盛り上げて小円丘にしたもの）、「壅」（培土）、「下子」（播種）、「殖・播殖」（苗植付）、「採苗」（苗の採取）、「芸」（除草）、「払虫」（除虫）、「採・打・掘」（収穫、打は豆、掘はイモの収穫）などがある。第 7 表は耕種園圃に取り上げられている野菜について、所用労力を作業別に纏めたものである。ただし、スペースの関係もあり、「踏位」は「畦立」に、「壅」は除草に含めた。また、慶安元年（1648）本には数か所、数字に明らかな間違いがあるので、文政 11 年（1828）の桑原文庫本の数字を用いて作表した。

　犂耕は、犂を使う人と牛の口取の 2 名で行ったとされるが（古島, 1975）、「耕地」の労力は、例えば「営蔓菁一段，種子八合，惣單功三十一（ママ）人半。耕地五遍，把犂十（ママ）二人半，馭牛二人半，牛二頭半，料理平和一人，糞土百二十擔〈擔別准重六斤〉運功二十人〈人別日六度，従左右馬寮運北園，下皆准此〉下子半人〈七, 八月〉採功六人（アオナ 1 段の栽培を行うのに必要な播種量は 8 合、総労力 31.5 人。[内訳は，] 犂耕 5 回に犂を操作する者 12.5 人、牛を操る者 2.5 人、牛 2.5 頭を要する。砕土整地 1 人、糞 120 擔〈擔は重 6 斤に相当〉の運搬は 20 人で行い、1 人 1 日に 6 度左右馬寮から京北園に運ぶ。以下これに準ずる。播種は 7, 8 月に行い、所用労力 0.5 人、収穫は 6 人で行う；1828 年刊の桑原文庫本では惣単功卅二人半、把犂二人半になっている。)」とあるように、1 回の耕起に犂を持つ人と牛を操る人、各一人で半日を要したと考えられる（藤原時平ら, 1648）。しかし、犂耕の効率に関しては、作物の種類によって差があり、例えば「営

第7表　耕種園圃に記載された野菜の所用労力（人日）、種子量、厩肥施用量*

野菜	犂耕	砕土整地	厩肥運搬	畦立	播種	採苗	植付	防虫	除草・培土	収穫・調整	労力計	種子（斗）	糞（擔）
アオナ	5	1	20		0.5					6	32.5	0.8	120
蒜	7	2	35	3			6		25	15	93	30	210
ニラ	3	2	35	2		6	6		21		75	50	210
ネギ	3	1	35	2	0.5		20		26		87.5	0.4	210
ショウガ	5	1	35	4			4		22	6	78	40	210
フキ	2	2	20				2		4	4	34	20	120
アザミ	2	2	20				2		6	12	44	35	120
早瓜	2	3	12.5	4	0.5			12	12		46	0.45	75
晩瓜	2	3		4	0.5				26		35.5	0.45	
ナス	2	3			0.5	1.5	10		24		41	0.2	
ダイコン	3	1			0.5					14	18.5	3	
チシャ	2	2	22	2	0.5	2	6		3		39.5	0.3	132
フユアオイ	2	2	22	2	0.5				3		31.5	0.2	132
コエンドロ	2	2	22	2	0.5						28**	2.5	132
アブラナ	2	2	22	2	0.5						28**	0.1	132
蘇良自	2	2	22	2			3		2	2	35	35	132
ミョウガ	2	2	22	2			3		2	2	35	30	132
サトイモ	2	4					3		12	14	35	20	
ミズアオイ	2	1	20				15			15	53	***	120
セリ	2	1	20			10	6			5	44	50	120
ササゲ	2	1		2			2		3	3	13	0.8	
ダイズ	2	1		2			2		2	4	13	0.8	
アズキ	2	1		2	0.5				4	4	13.5	0.55	

* 桑原文庫本『延喜式』の数字を用いた（慶安元年版、貞享5年版には数か所、数字に明らかな間違いがあるが、桑原文庫本ではこれが訂正されている。訂正箇所については『延喜式考異』参照）。

** 正しくは、28.5人日と思うが、桑原文庫本でも訂正されていない。

*** 苗20圃、なお、ミズアオイの収穫調整15人は、「殖功十五人、五月、播殖三度十五人、度別五人」の播殖十五人は殖功十五人の注であるという『延喜式考異』の説に従ったことによる。

大豆一段，種子八升，惣單功十三人，耕地一遍，把犂一人，馭牛一人，牛一頭，料理平和一人，畦上作二人，殖功二人〈三月〉，芸一遍二人，採功二人，打功二人（ダイズ作 1 段、播種量 8 升、総労力 13 人、耕起 1 回に犂を取る者 1 人、牛を操る者 1 人。砕土整地 1 人、畦立 2 人、3 月に苗植付 2 人、除草 1 回 2 人、収穫 2 人、脱莢 2 人）」とあって、ダイズでは犂を持つ人と牛を操る人、各一人で一段分の犂耕を済ますのに一日かかったと考えられる（杉山，1991）。オオムギ、アズキ、ササゲもダイズと同様であった。穀物と野菜類とで犂耕の効率に差が生じた原因については不明であるが、ムギ・マメ類と野菜とでは耕起する深さに違いがあったのかも知れない。また、第 7 表には種子（種苗）量と施用した厩肥の量を記載したが、晩瓜、ナス、ダイコン、サトイモなどは厩肥を施用していない。厩肥は左右馬寮で飼育された牛馬からでた糞を京北園に運んで利用したことが記されているが、古島（1975）は厩肥施用の記載がない作物については、左右馬寮からの厩肥を施すことができなかった京北園以外の園で栽培されていたものと推察している。

　『延喜式』内膳式で取り上げられている野菜の中、「蘇良自」はセリ科の野菜と思われる。カサモチの他、いくつかの野菜に比定されているが、それについては付録 8 で紹介する。内膳式に栽培方法が記載されている野菜は、貢租の形では調達できない生鮮野菜を供給するため、官園で栽培されたものと考えられている（古島，1975）。しかし、蘇良自は『正倉院文書』にもみられるが、出現数は少なく、また『延喜式』では「耕種園圃」と「漬年料雑菜」（蘓羅自と記載されている）に 1 か所ずつみられるだけで、『漬年料雑菜』に示された量も少ないことから、両時代を通じ、それほど重要な野菜だったとは考えられない。蕓薹の『和名抄』における見出し語は芸薹で、「〈和名平知〉味辛温無毒七巻食經云蕓薹宜煮噉之（和名はオチ、性は辛温、無毒で、『七巻食経』によれば煮て食べるとよい）」との説明がある。『本草綱目』第二十六巻では「開小黄花，四瓣，如芥花．結莢收子，亦如芥子，灰赤色．炒過榨油黄色，燃燈甚明（小さな黄色い花で四弁、カラシの花に似ている。莢にカラシに似た種子が入っており、炒って絞った油は黄色で、燃やすと甚だ明るい）」と記述されており、アブラナのことであろう。したがって、蕓薹は開花前のアブラナの花茎を折り取り、茹でて食用にするククタチのことと思われる。恐らく、供

61

奉雑菜の項に「茎立四把〈准四升，二，三月〉」とあるククタチの一部は内膳司直轄の園圃で生産されたものが充てられたのであろう。

　第 7 表をみると、蒜、ニラ、ネギ、ショウガなど『和名抄』で葷菜類に分類される野菜の所用労力は 75～93 人日と他の野菜に比べて多いが、これは厩肥運搬に多くの労力を要したためである。しかし、それだけでなく、犂耕回数（3～7）や除草回数（いずれも 3 回で、他に 3 回行うのはナス、瓜、サトイモのみ）も多く、きめ細かな管理が行われていることが指摘されている（古島, 1975）。また、瓜は早瓜と晩瓜とに分けて説明されているが、古島（1975）は「管理労働の最も複雑なのは早瓜である。鞍築を作って播種し、除虫・培土・除草等が行われている。」と述べている。鞍築とは、播種や苗を定植する場所を作る作業のこととされ、肥料や堆肥を入れて畝の上に丸い盛土を作ることである。鞍築の目的は、雨水の排水をよくし、土壌の通気性を高めることにあるとされる（神田武, 1949）。早瓜と晩瓜を比較すると、鞍築を作るという点は同じなので、両者の差は早瓜では厩肥運搬と除虫（払虫）を行うことにある。17 世紀に出版された『農業全書』には、瓜類の害虫防除に関して「瓜の蠅を追ひはらふ事ははゝき、又手板を以てうちはらひうち殺し、又は鳥もちに付けてとるもよし。つばなの穂を多くたばね、是にてはらへば取り付きてとびさる事ならざるを殺すもよし。又葉に蟲の付く事あり。朝露に灰を多く用ひて片手にては瓜づるを上げ、かた手にて灰をふりかくべし。（ウリハムシを追い払うには箒か、小さな木片で打ち払い、鳥もちにくっ付けて取ってもよい。チガヤの花穂を束ねたもので払い、これに付いて飛び去ることができないものを殺してもよい。葉に虫が付くことがあるが、朝露に濡れた蔓を片手で持ち上げ、葉に灰を振りかけてもよい）」との記述がある（宮崎, 1936）。杉山（1998）は、前者はウリバエ（ウリハムシの俗称）、後者はアブラムシの類であろうと推察している。喜田（1911）は、ウリ科野菜の害虫であるウリハムシ（瓜守）は年に 2 回発生するが、第 1 期の成虫発生時期には餌となる食物が少なく、ちょうど発育を始めたウリ科植物は大きな被害を受けることになると述べている。このため、『延喜式』の時代においても、早瓜の栽培ではウリハムシの防除が必須だったのであろう。また、早瓜は二月に播種するとの記述があるが、江戸時代の農書『農業全書』には「又瓜だねのわきに

大豆を二三粒蒔きてをくべし。瓜の性はよはき物にて生じかぬるを、わきより大豆の性つよき物が生ひ出づるにつれて生ふる故に、かくはする事也。但瓜生じて三四葉の時大豆をばつみさるべし（また、瓜の種子の脇にダイズを 2、3 粒播いておくとよい。瓜は性質が弱いので発芽しにくいが、性質の強いダイズが発芽すると、その影響で瓜の発芽が促進されるので、そのようにするのである。ただし、瓜の葉が 3、4 枚展開したらダイズを摘み取る）」など、発芽を促進するための方法が記されている。二月播種のためには、発芽を促進し、また晩霜を防ぐなどの作業が必要と思われるが、『延喜式』の早瓜にはそうした記述がなく、10 世紀初めに内膳司直轄の園地で、どのような栽培が行われていたのかは不明である。

　青葉（1982）は、早瓜栽培について、蒔坪（播種や苗の植え付けのために土を盛り上げたもので、それを作ることを『延喜式』では踏位と記している）を作って二月に播種する他、耕起、畦立、播種、防虫、除草などの「諸作業の合計で四［十］六人を要している。『延喜式』に見られる内膳司の園の中で周密な管理作業をしていたのは野菜であるが、その中でも最も複雑なのは早瓜で、当時マクワウリが重要な作物になっていたことを示している。」と記している。早瓜がマクワウリであることは、『成形図説』巻之二十七の保曽知の項にも「拾芥鈔日五月四日内膳司供┐早瓜┌山城國御園之所レ供也．早瓜は甜瓜をいふなり（『拾芥鈔』によると、5 月 4 日に山城の御園産の早瓜が内膳司から供される。早瓜とはマクワウリのことである。）」と記されている。しかし、同じ巻之二十七の白瓜の項には、「角瓜〈本草和名〉早瓜〈延喜式〉, 安佐宇利〈蓋早瓜の轉れる語 そ、朝は晩に對て早きなり〉（『本草和名』の角瓜、『延喜式』の早瓜のこと。アサウリは、思うに早瓜から転じた語で、朝は晩よりも早いからである）」との記述があり、延喜式に記された早瓜をシロウリのこととしている（曽槃ら, 文化年間）。さらに、青瓜の項には「班瓜〈同上〉黒瓜〈類聚雑要〉晩瓜〈延喜式〉菜瓜…（『和名抄』の班瓜、『類聚雑要抄』の黒瓜、『延喜式』の晩瓜、菜瓜…）」との記述があり、晩瓜はアオウリであるとしている。このように、『成形図説』の記述からは『延喜式』の早瓜がマクワウリ、シロウリのどちらを指したものかは分からない。しかし、『拾芥抄』年中行事部第十四には五月四日に続いて五日の条にも「供┐菖蒲并早瓜藥玉┌御節供

（ショウブ、早瓜、くす玉、お供えの料理を供する）」とあり、早瓜は五月五日の節句のために献上されたものであった（洞院, 1656）。ただ、内膳式「供奉雑菜」には「五月五日, 山科園進早瓜一捧〈若不┐實者, 献┌花根┘〉（5 月 5 日に山科園から早瓜一捧を進上、実がなければ花を献上する；なお、捧は三保（1993）によれば、延喜式に現れる助数詞である。花根は花と根ではなく、花の付いた子房〈既に瓜の形をしている〉のことと思われる）」との記載があるように（藤原ら, 1648）、5 月初旬にはまだ「早瓜」を収穫できない場合があった。さらに、「供奉雑菜」には生瓜は 5〜8 月、熟瓜は 6〜8 月に利用されると記載されているので、早瓜はシロウリのことと考えた方がよいと思われる。松本（1993）も 5 月の節句に献上されたのはシロウリ（越瓜）であると考えている。ところで、江戸時代の農書では、シロウリ（広義）は狭義のシロウリとアオウリに分けられることが多い（杉山, 1995）。シロウリ（狭義）とアオウリは、どちらも分類学上は同じ *Cucumis melo* L. Conomon group に属している（詳しくは付録 2 を参照してほしい）。どちらも漬物に利用されることが多いが、シロウリの方がアオウリより早生であり、またシロウリはアオウリと異なり、生食や煮食もできるという点が異なっている。『延喜式』の早瓜がシロウリのことだとすると、用途の広い、早生のシロウリ（狭義）を早瓜、漬物用のアオウリを晩瓜と呼んで区別したと考えることができる。以上の点からみて、耕種園圃の早瓜、晩瓜をマクワウリと特定しない方がよい。

3. 漬物として利用された野菜 （巻 39）

　第 8 表は、『延喜式』内膳式の「漬年雑菜」で取り上げられている野菜について、漬け方、野菜以外の材料、漬けられた野菜の種類を春菜と秋菜について纏めたものである。関根（1969）は、漬け方によって奈良時代の漬物を塩漬・葅（楡末菜）・須々保利漬・醤漬・末醤漬・酢漬・酢糟漬・糟漬・甘漬の 9 種類に分類している（末醤は未醤と表記するのが一般的であるが、関根は厳密には末醤で、『正倉院文書』も大部分は末醤と書かれているとして末醤を用いている）。一方、土山ら（2021）は、塩漬・糟漬・醤漬・須々保利漬・葅・その他（荏褁など）の 6 種類に分類しているが、これは末醤漬、甘漬など出現数の少ないものを除外したためである。ここでは、（1）塩だけ

を使った漬物を塩漬、（2）塩に醬や淬醬を使った漬物を醬漬、（3）塩と汁糟を使った漬物を糟漬、（4）塩に穀物を加えて漬けた漬物を須々保利、（5）塩に楡末を加えた漬物を葅、（6）瓜類、ナス、カブなどをエゴマの葉で包み、塩、醬などで漬けたものを荏裹とし、これに（7）搗、（8）甘漬を加えて 8 つに分類した。搗は搗韲のことで、材料としては塩だけを使うが、塩漬とは方法が異なるので別のものとした。関根（1969）は、甘漬は「塩の量を少なくして漬けたものか、芳醇な酒分を多分に含んだ酒淬で漬けたか、麴漬の類」のいずれかであろうとしているが、詳細は不明である。なお、他に汁醬と醬の両方を使用したものがあるが、「漬年料雑菜」の記述（糟漬瓜、醬茄子）を尊重して、糟漬、醬漬に分類した。

　次に材料となった醬、汁糟などについてみてみよう。醬とは、『古事類苑』飲食部十二によれば、「大豆ニ、糯米、小麥、酒、鹽等ヲ和シテ、製シタルモノナリ（ダイズにもち米、コムギ、酒、塩などを混ぜ合せて作ったものである）」と定義されている（神宮司庁，1914）。関根（1969）は、『正倉院文書』6 巻 182 頁には「醬四斗二舛〈新造、以醬大豆五斗淂作汁〉（醬 4 斗 2 升を新造する［ために］醬大豆 5 斗から汁を作る必要がある、という意味か；淂は得の異体字）」とあることから、醬は醬大豆、米、塩などから作られる液体状の調味料で、現在の生だまりのようなものであったと推察している。大膳式下の造雑物法には「供御醬料，大豆三石。米一斗五升。蘗料，糯米四升三合三勺二撮。小麥。酒。各一斗五升。鹽一石五斗，得一石五斗。（1 石 5 斗の醬を作るためにダイズ 3 石、麴用の米 1 斗 5 升、糯米 4 升 3 合 3 勺 2 撮、小麦、酒各 1 斗 5 升、塩 1 石 5 斗を用いる」、「未醬料，醬大豆一石。米五升四合〈蘗料〉小麥五升四合。酒八升。鹽四斗，得一石（1 石の末醬を作るために醬大豆 1 石、麴用の米 5 升 4 合、小麦 5 升 4 合、酒 8 升、塩 4 斗を用いる」と醬には糯米が使われるなど、原料にもわずかな違いが見られる（藤原ら，1648）。小谷（2019）は未醬を固体とし、現在の味噌につながるものであるとしている。淬醬について、関根（1969）は糟の多少混じった醬のことではないかと推察している。

　内膳司の供御月料に搗糟、酢、未醬、醬、淬醬、塩などの調味料と並んで汁糟が挙げられている。『延喜式』造酒司の供奉料には「凡汁糟，従二九月一日一迄二五月三十日一，日別四升行二御厨子所一，二升行二進物所一，従二六月一

65

日_迄_八月三十日_，以_搗糟_代_之．（通常、汁糟は9月1日から5月30日まで日に4升を［内膳司の調理をつかさどる］御厨子所、2升を進物所に送る。6月1日から8月30日までは搗糟に代える」とあって、汁糟と搗糟は代替可能なものであった。造酒司の造酒雑器には「篩料絹五尺」、「篩料薄絁五尺」とあるので、酒を絹または薄い絁（『言海』によれば、太い糸で織った絹）の篩で濾し、糟を採取したと考えられる。

　第8表に挙げた野菜のうち、標準的な和名が特定できないものについては漢字で表記した。また、これまで説明していないもののうち、虎杖は『和名抄』草類に「和名伊太止里」とあり、龍葵は『和名抄』野菜類に「和名古奈須比」、『大和本草』巻之九、雑草類に「コナスビ一名イヌホウヅキ」とあるので、前者はイタドリ、後者はイヌホウズキ（*Solanum nigrum* L.）のことと考えられる。茨は『和名抄』水菜類に「和名三豆布々木」、『箋注倭名類聚抄』巻九には「今俗呼_於爾波須_（今俗にオニバスと呼ぶ）」とあり（狩谷, 1883）、オニバスのことである。多々良比賣については、『新撰字鏡』の莘の説明に「太々良女」（昌住, 1916）とある。『源氏物語』末摘花の条に「ただうめの花の色のごと…」とある歌は、久松と志田（1967）によれば、衛門府風俗歌の「たたらめの花の色のごと…」を本歌としたもので、タタラメは古くからある細辛（ウスバサイシン）のことであろうとしている。これに対して、前川（1968）は、花色が初めは濃い赤で、やがて白く色あせるフタバアオイと考えている。

　第8表において、漬け方と個別の野菜の組合わせを一つと数えてみると、春菜として14種類、秋菜27種類になり、秋の方が漬物の利用が多い。青葉（2000 a）は、比較的野菜が豊富になる夏前にも多くの野菜が漬物として利用されたことは、漬物が野菜を貯蔵する手段としてだけでなく、風味の優れた食品を作る方法だったのではないかと推論している。ところで、「漬年料雑菜」で漬物にされた野菜は旧暦の1〜3月頃と7〜9月頃に収穫されたものと思われる。しかし、内膳司の「供奉雑菜」の項には、シロウリ（生瓜）とフキ（蕗）は旧暦5〜8月に供え奉られたという記述があり、1〜3月に収穫されたものを「漬年料雑菜」漬春菜料の蕗（塩一斗と米六升を用いているので須々保利漬か）と瓜味漬の原料にしたと考えると矛盾が生じる。ただ、江

第8表 『延喜式』内膳司の漬年料雑菜の野菜

漬物種類	材料	春菜	秋菜
塩漬	塩	ワラビ, 薺蒿, アザミ, セリ, 蘇良自, イタドリ, 蒜珠芽・花茎, 蒜英	シロウリ, ナス, イヌホウズキ, ミズアオイ, 山蘭, サンショウの実
搗	塩	多多良比賣花, ニラ	カブ (肥大根)
甘漬	塩	シロウリ	
粕漬	塩, 汁, 滓, 醬		シロウリ
	塩, 汁		トウガン, カブ(肥大根), ナス, ミズアオイ, ミョウガ, ショウガ
醬漬	塩, 醬, 滓		シロウリ
	塩, 汁糟, 滓, 味醬*		ナス
	塩, 醬, 滓, 未		トウガン
	塩, 滓		カブ (肥大根)
須々保利	塩, 米	フキ	カブ (肥大根), オニバス
	塩, 大豆		カブ (肥大根)
	塩, 粟	アオナ (蔓菁黄菜)	
菹	塩, 楡	イヌホウズキ (味菹)	アオナ (蔓菁菹/切菹, 菘菹**), カブ (肥大根), イヌホウズキ、蘭, タデ
荏裹	塩, 醬, 未, 滓		シロウリ・トウガン・ナス・カブ (肥大根)

材料の略記は以下の通り；汁 (汁糟)、滓 (滓醬)、未 (未醬)
* 未醬のことか？
** 桑原文庫版 (1828年) には蔓菁にアヲナ、菘にタカナのフリガナがある。

戸時代に成立した『親民鑑月集（しんみんかんげつしゅう）』には水蕗、山蕗の説明に「十二月末正月初にはたう［薹］を用，三月末より八月迄はから［柄］を用る也（12月末、正月の始めには‘ふきのとう’を用いる。3月末から8月までは葉柄を用いる）」とあり（松浦，成立年未詳）、『菜譜』ではフキの「花は臘月より生す．生にてすりて，みそに加へあたためて食す．味よし．塩つけ，みそつけもよし（フ

キノトウは2月から利用できる。生のものをすって味噌に加え、温めて食べる）」、「ふき初て生し，葉小なるを銭ふきとて，葉ともに食す．二月より四月まで，茎を食す（やがて、フキの葉が地上に現れるが、初めに展開する葉は小さく、この頃のフキをゼニフキと言って葉と一緒に食べる。2月から4月まで葉柄を食べる）」とある（貝原，1714）。したがって、春菜が3月、秋菜が9月に漬けられたものが供奉されたとすれば，フキについては説明可能である。しかし、「供奉雑菜」には既述したように「五月五日，山科園進早瓜一捧〈若不實者，献花根〉」との記述があり、旧暦3月にシロウリが収獲できたとは考えられない。ところで、秋菜の瓜塩漬ではシロウリ8石に塩は4斗8升しか使われていないのに対し、春菜の瓜味漬（あまづけ）ではシロウリ1石に塩3斗が使われており、貯蔵性が高かったと思われる。これから考えると、「漬年料雑菜」には、原料となった生鮮野菜だけではなく、製品としての漬物も記載されている可能性がある。

　第8表で意外なのはダイコンの漬物が見当たらないことである。朝倉（2016）は、ダイコンの漬物は中世末になるまでみられないと記しており、内膳式の諸節供御料正月三日の「蘿蔔味醬漬苽」を例外として挙げている。しかし、『古事類苑』歳時部第十二では、この部分を「蘿蔔、味醬漬苽、糟漬苽、鹿宍、豬宍、…」と読んでいる（神宮司庁，1914）。原文には句読点がないので、蘿蔔味醬漬瓜と読むことも可能であるが、醬（漬）瓜、粕漬瓜という語との関連で言うと蘿蔔と味醬漬瓜に別けて考えた方がよいと思われる。表から明らかなように、カブの肥大根は漬物として盛んに利用されたのに、何故、ダイコンは漬物として利用されなかったのであろうか。その理由は明らかではないが、当時、漬物容器としては広口浅型の須恵器製の甕を使ったとされるので、ダイコンよりも小型のカブの方が利用しやすかったのであろうか。それとも、ダイコンの漬物は当時の日本人の嗜好には合わなかったのだろうか。

第2節　『本草和名』で取り上げられた野菜

　中国では古くから薬の原料となる動植物や鉱物の薬効を調べる本草学が発

達し、500 年には陶弘景が『神農本草経』を底本に『神農本草経集注』を、さらに 659 年には蘇敬が『神農本草経集注』を増補、加注して『新修本草』を編纂した。これらの書はわが国にも伝えられ、典薬寮での医生の教育などに広く利用されたことが知られている。しかし、漢語で書かれた本草書は、取り上げられている薬物の和名が分からなければ利用価値は低い（杉本，2011）。そのため、深江 輔仁（深根輔仁ともいう）は延喜年間（901〜923）に唐の『新修本草』を中心に、他の漢籍に取り上げられた薬物に和名を付け、鉱物については日本での産出の有無と産地を記した本草書（『本草和名』）を編纂した。これが、わが国初の本草書とされる。

　ダイコンを例にとると、『本草和名』には次のように記載されている（深江，1796）。

「来蕧〈仁諝音来又作蘆又蘿〉一名蔚一名蓯〈音聳巳上二名出兼名苑〉和名，於保祢」。

　ここで、仁諝とは逸書である仁諝の『新修本草音義』のことで、兼名苑とは同じく逸書である釋遠年の語彙集、『兼名苑』のことであり、これらの書を利用して音や別名などが記述されている。「音来又作蘆又蘿」とは字音は来、あるいは蘆、蘿と同じ音であることを示す。「一名蔚一名蓯〈音聳巳上二名出兼名苑〉」の一名とは別名のことで、ダイコンの場合、蔚や蓯とも呼ばれたこと、また、蔚と蓯は聳と同じ音で、兼名苑に記載されているという意味であろう。説明文の最後には、万葉仮名で和名が於保祢と記載されている。菜類として 62 種類、果類（芋を含む）として 35 種が挙げられているが、産地名の記載はない。

　『本草和名』には『新修本草』に示された計 37 種類の野菜がほぼその順に記載されているが、『新修本草』に記載がない越瓜、胡瓜、熟瓜、茄子、山葵（ワサビ）、蘇良自（セリ科の野菜）、椙茎菜（フキ）、蕨菜（ワラビ）、薺蒿菜（和名、於波岐）、蘭蕮草（フジバカマあるいはノビル）など 25 種類も見出し語になっており、このうち越瓜、胡瓜、熟瓜を除く 22 種類の野菜は『新修本草』に出てくる 37 種類の野菜の後にまとめて記載されている。『本草和名』における、これら野菜の説明を見ると、「出崔禹」、「出七巻食経」と記載されているものが多く、逸書である『崔禹錫食経』四巻や

『新撰食経』七巻を参考に、当時野菜として利用されていた25種類を追加したのではないかと思われる。なお、『新修本草』は6〜14巻が逸失しており、『本草和名』の草部に掲載されている暑蕷（ヤマノイモ）、獨活（ウド）、悪實（ゴボウ）、蘚菜（ミズアオイ）などが『新修本草』の草部にあるか、どうかは確認できない。

『本草和名』の菜類と果類で見出し語とされている野菜類は、概ね『和名抄』で取り上げられたものと重複するが、『本草和名』に見出し語があり、『和名抄』にない野菜を第9表に纏めた。見出し語にはないが、説明文中の一名、別名や和名が『和名抄』と『本草和名』で一致するものには漢名に＊を付け、「関連した記述」中の漢名あるいは万葉仮名に下線を引いた。例えば、牧野（1940）がシソに特定している蘇は『和名抄』の見出し語には見当たらないが、麻類の荏（エゴマ）の説明文中に種皮の色が黒色のものを蘇と言うとの記述がある。蘇の和名、乃良衣（のらえ）は野の荏の意と考えられるが、これも『和名抄』と一致している。また、牧野（1940）がイヌゴマと特定している水蘇は『和名抄』香薬の説明に「〈和名以沼衣〉一云，水蘇〈今案所出不詳〉（和名イヌエ、別名で水蘇ともいうが、今では出典は明らかでない）」とある。一方、『本草和名』では水蘇とは別に香薷の項があり、『本草綱目』巻十四で香薷は釈名、香菜とされている。和名に衣（エ）という音をもっているものの中で假蘇、和名「乃々衣，一名以奴衣（ノノエ、別名イヌエ）」だけは『和名抄』にその名がない。李（1590）は『本草綱目』巻十四の假蘇の項で「（士良曰）荊芥，本草呼爲假蘇．假蘇又別是一物，葉銳，多野生，以香氣似蘇，故呼爲蘇（陳士良が言うには、ケイガイは［新修］本草では假蘇と呼ばれるが、假蘇とは別物である。假蘇の葉は細く、多くは野生である。香りがシソに似ているので、［蘇を付けて］このように呼ばれる。）」と記した上で、「去別録時未遠，其言當不謬，故唐人蘇恭祖其説，而陳士良，蘇頌復敔爲兩物之疑，亦臆説爾（『［名医］別録』ができて間がないため、蘇教は［『新修本草』で］その言説を正しいとして、ケイガイ＝假蘇説を採用している。陳士良や［『本草圖經』の著者，］蘇頌は荊芥と假蘇が別物であるという疑いを述べているが、臆説である。）」と退けている。なお、ケイガイ（一名アリタソウ）は、中国原産のシソ科植物で、香辛料的に用いられたかも知れないとされる（杉山, 1988）。

秦荻藜、苳耳、邪蒿には和名が示されていない（表には示していないが薄

荷にも和名が示されていない）。これらの野菜はまだ渡来していなかったか、渡来していたとしても当時の人々には馴染みのない野菜であったと思われる（青葉, 2000 a）。また、青葉（2000 a）は、恭菜の和名、布都久佐はフダンソウの古名なので、フダンソウの渡来年代はこれまで言われている17世紀ではなく、『本草和名』に初出と改めるべきであろうと述べている。しかし、

第9表『本草和名』には見出し語があり、『和名類聚抄』にはない野菜

漢名	和名	『和名類聚抄』の関連した記述
瓜蔕	尔加宇利乃保曽（ニガウリノホゾ）	
越瓜	都乃宇利（ツノウリ）	白瓜の一名（女臂, 羊角）は本草和名の越瓜にも見られる
蕪菁*	阿乎奈（アオナ）, 蔓菁, 大芥, 辛芥	蔓菁, 蘇敬本草注云蕪菁, 北人名之蔓菁, 和名阿乎奈
菘*	多加奈（タカナ）	辛芥, 方言云趙魏之間, 謂蕪菁為大芥, 小者謂之辛芥, 和名多加奈
恭菜	布都久佐〈フツクサ〉	
秦荻藜	なし	
蘇*	以奴衣, 乃良衣（イヌエ, ノラエ）	其實黒者曰蘇（乃良衣, 奴加衣）
水蘇*	知比佐岐衣（チヒサキエ）	香菜一云, 水蘇
假蘇	乃々衣（ノノエ）, 以奴衣	
香薷*	以奴衣, 以奴阿良々岐（イヌアラヽギ）	香菜（和名以沼衣, 一云水蘇）
苦瓠	尔加比佐古（ニガヒサゴ）	木器類杓瓠附に「和名比佐古, 瓠也」
馬芹*	宇末世利（ウマセリ）	當歸（宇萬世利）
落葵	加良阿布比（カラアフヒ）	
苓耳	和名なし	オナモミのことか
邪蒿	和名なし	
楊蕨草	之保天〈シホデ〉	
蜀葵	加良阿布比（カラアフヒ）	

括弧内は万葉仮名の読み、右欄の下線を引いた漢名、万葉仮名は『本草和名』と一致することを示す。また、＊の付いた野菜は別名や和名が『和名抄』と『本草和名』で一致することを示す。

付録 9 で示すように、『本草和名』の恭菜をフダンソウとすることには疑問がある。

　一方、『和名抄』にあり、『本草和名』にない野菜を第 10 表に示す。ここに挙げた瓜類のうち、『和名抄』で「至寒熟也（寒くなってから熟す）」と記されている寒瓜について、『本草和名』では熟瓜の項に「又寒瓜有」とある。冬に熟すという記述からすると違和感があるが、『本草和名』の記載が正しければ、マクワウリの一品種である。黄瓝も 16 世紀の中国の本草書、『本草綱目』では多数あるマクワウリの中の一品種として挙げられている（李，1590）。䶈胞は『和名抄』に「小瓜名也（小瓜の名前である）」との説明がある。また、『本草和名』の熟瓜に【失瓜】瓜の記載があり、この語の直前に「䶈瓜〈大如橘柚甘香〉（䶈瓜の大きさはタチバナやユズと同程度で、甘い香りがする）」、直後に割注で「気味相似（性質や作用は似ている）」と記されている。これらのことからすると、䶈胞は香のよい小瓜で、マクワウリの類に入る瓜と思われる。さらに本草和名ではネギ類として葱實、薤、韭、葫、蒜の 5 種を取り上げているが、『和名抄』では、小蒜、獨子蒜、澤蒜、島蒜、冬葱など、よ

第 10 表　『和名類聚抄』には見出し語があり、『本草和名』にはない野菜

漢名	和名	『本草和名』の類似した記述
斑瓜*	末太良宇利	熟瓜，一名斑瓜
黄瓝	木宇利	
寒瓜*	加豆宇利（カツウリ）	熟瓜，和名保蘇治，又寒瓜有
䶈胞*	多知布宇里（タチフウリ）	熟瓜，一名【失瓜】瓜
蒜	比流（ヒル）	
大蒜*	於保比流（オホヒル）	葫，蒜，獨子葫，和名於保比留
小蒜*	古比流，米比流（コヒル，メヒル）	蒜，一名蘭葱〈小蒜〉，和名古比留
獨子蒜	比止豆比流（ヒトツヒル）	葫，蒜，獨子葫，和名於保比留
澤蒜	襧比流（ネヒル）	
島蒜	阿佐豆木（アサツキ）	
冬葱	布由木（フユキ）	
馬莧*	宇萬比由	莧實，一名馬莧

　括弧内は万葉仮名の読み。また、* の付いた野菜は別名や和名が『和名抄』と『本草和名』で一致することを示す。

り多くの種を取り上げている。このように『和名抄』では瓜類やネギ類については、同一種類のものでも果皮の色や形によって異なる種類にし、一方、『本草和名』では『新修本草』の分類項目を重視するあまり、わが国になじみのない野菜を細かく分類するなどの違いが見られるが、取り上げられている野菜の種類に基本的には大きな違いはないと考えてよい。

第 3 節　『類聚雑要抄』、『執政所抄』にみる野菜

『類聚雑要抄』は宮中の公事における供御（くご）（天皇の食膳）、室礼（しつらい）（宴の時に場所にふさわしい飾りや設備を設けること）、指図（絵図面）などを示したもので、巻一には臨時の客饗（きゃくきょう）や大饗（だいきょう）の際の献立、食卓における料理の配置や宴席の配置図などが示されている（著者未詳，写年未詳；江原ら，2009）。その中、永元（元永の誤り）元年（1118）9 月 24 日の宇治平等院御幸の際の御膳について次のような記述がある。

盛物〈平盛〉

三寸五分様器（ヤウキ）（口径 10.5 cm の皿に平盛した物）

干物五坏〈海松・青苔・牛房（カハホネ）・川骨（カハホネ）・蓮根（ハスノネ）〉（干物五種、ミル、アオノリ、ゴボウ、コウホネ、レンコン）

生物五坏〈古布・白瓜・黒瓜・白根（シロネ）・蕪（カフラ）〉（生物五種、コンブ、シロウリ、クロウリ、白根、カブ）

窪坏物二杯〈唐青（タウサウ）・荏裹〉（柏の葉で作った皿に盛ったもの二種、唐菁、えづつみ）

御菓子十種〈様器盛之、時美菓子用之（ヨキ）〉（菓子十種、皿に盛る。季節の菓子を用いる）

御汁物二度〈寒汁松茸（ヒヤケシル）、熱汁志女知（ニシルシメチ）〉（汁物二種、マツタケ冷汁、シメジ熱汁）

追物八種〈様器春日〉（追加の料理 8 種、様器春日は不詳）

御酒坏〈例深草土器居中盤〉（盃、例えば、深草焼の土器を中盤に置く）

御酒〈入銚子〉（酒、銚子入り）

御湯津ケ（ケ）〈様器、和布（ワカメ）、干【艹低】、居中盤〉（湯漬、食器をワカメ、干瓜と中盤に置く）

御湯〈入銚子〉已上酒坏様器也（御湯、銚子入り、以上酒坏の容器）

　ここに現れる料理に用いられている食材や器について、小泉（2011）の説明を参考に見てみよう。まず、様器とは規格の定まった儀式用の食器（焼物）のことで、三寸五分の皿は小皿である。次に、干物は楚割（魚を細かく切って干したもの）、干鳥、干蛸など魚鳥を乾燥した物のことであるが、精進料理の場合には野菜や海藻の乾燥品を用いており、上述の干物の内容とも合致する。生物とは『岩波古語辞典』によれば、「とりたての加工していない食料品」のことであるが（大野ら，1990）、そのうちの黒瓜は『本草綱目啓蒙』巻之二十四、越瓜の項に「讃州ニハ，クロウリト呼ブアリ．皮色深ク肉白シ（讃岐にはクロウリという瓜がある。この瓜は深緑色の果皮を持ち、果肉は白い）」との記述があるので、果皮色が濃緑色のシロウリのことと思われる（小野，1805）。白根は、シソ科のシロネ（漢名は地笋）のこととされる（牧野，1940）。『本草綱目啓蒙』巻之十の澤蘭の項では、「古来澤蘭ヲシロネト訓ズルハ穩ナラズ（古くから澤蘭をシロネと訓読してきたが、誤りである）」とし、シロネについて「ソノ巨ナル根ヲ取リ 糀 鹽ニ 蔵 テ香ノ物トス．又煮テ食ヒ或ハ 湯 トナシ食フベシ．地笋ノ名ニ合ニ似タレトモ此草根ノ色白シ．故ニシロネト名ク（その大きな根［地下茎］を掘り取って糠塩に漬けて香物とする。また煮て食べるか、吸物にして食べる。［その形状、用途は］地笋の名に相応しいが、根が白いのでシロネと名付けられた）」と、香物、煮食、吸物の具などに使われると述べている（小野，1805）。なお、ゴボウやハスが干物に分類されているが、どのようにして食べたのかは不明である。

　窪坏は口径三寸の坏である。谷口（1969）によれば、古代には神前に供える物を入れる目的で、柏の葉を重ね合わせ、竹針で綴って中央が窪んだ盤を作り、これを窪坏と言った。平安時代には神前に供えるものを盛る容器の総称となり、これに盛ったものを窪坏物と言うようになった。窪坏物に挙げられている唐青は、『古今要覧稿』に「すずしろ」の別名として唐薔が挙げられているのでダイコンのことと思われる（屋代，写年未詳）。荏裹は延喜式にも記載があるエゴマの葉で包んだ漬物のことである。菓子は干菓子、木菓子、唐菓子に分けられる。木菓子とは果物のことで、時菓子とも言われた。

追物とは追加の料理というべきもので、焼物が多かったが、汁、菜なども用いられた（谷口, 1969）。

　『類聚雑要抄』に取り上げられた野菜の中で最も多いのは瓜（5、うちシロウリが2）、次いで、ダイコン、カブ、ナス、茄裏が各2、ゴボウ、ヤマノイモ、トコロ、マツタケ、シメジなどが各1であった。ゴボウの初出は『新撰字鏡』巻第七、小學篇字及本草木異名第六十九に「悪實〈支太支須乃美〉」と悪實に万葉仮名でキタキスノミと読みが書いてある（昌住, 1916）。『和名抄』では牛蒡の説明に、「本草云悪實（本草和名にいう悪實のこと）」、「和名岐太岐須（和名キタキス）」とあり、平安中期までゴボウは根ではなく種実を薬用に利用していたと考えられる（冨岡, 2015）。

　野菜としてのゴボウについては、『執政所抄』にも記述がある。この書は摂関家が関与する祭祀・仏事などの年中行事について、行事ごとに整えるべき施設・調度、装束・用度などを挙げて摂関家の家政機関である政所・侍所・蔵人所などが行わなければならないことを列記した史料で、平安末期に成立したとされる（塙, 1926）。その正月15日の粥御節句事には

　　御粥七前。〈白小豆。大豆。栗（粟歟）。黍。栗。皀子。〉

　　盛飯。塗彼色物。折敷一枚。居一坏。

　　御菜二前。

　　　一折敷。〈海松。青苔。牛房。河骨。〉

　　　一折敷。〈瓜。昆布。蓮根。蕪。〉

（七種の御粥、シロアズキ、ダイズ、クリ（アワか）、キビ、クリ、サイカチ／高盛飯、塗彼色物、折敷一枚、高坏一つを置く／菜二折、一折敷はミル、アオノリ、ゴボウ、コウホネ、今一つは瓜、コンブ、レンコン、カブ；なお、塗彼色物の意味不明。七種粥の内容として栗が2回出るが、内一つに粟歟との注がある。また、粥の内容が六種しか挙がっていないが、米が省略されていると思われる。／は改行を示す。）

との記述がある。上述の折敷は『和訓栞』前編巻之五（衣乎）に「東鑑に折敷と書り．所 レ謂方盆也（『吾妻鏡』にをしきは折敷と書いてある。四角形の盆のことである）」と説明されている（谷川, 1830）。坏は「飲食物を盛る容器」のことであるが（久松と佐藤, 1973）、折敷との関連で膳に相当する高坏のこ

とではないかと思われる。『執政所抄』で取り上げられた野菜全体について
みてみると、最も多く取り上げられているのは瓜（10、うち白瓜、漬瓜、吉
田瓜が各1）で、次いでカブ（5、うち1は蔓）、ゴボウ（4）、セリ（4）、フ
キ（4、ただし2例は若芹かとの注記がある）、菜（3、うち菁が1）、ハス（3）、
ササゲ（3、うち大角豆2、小角豆1）、ダイコン（2）、ナス（2）ヨモギ（2）、
ハコベ（2）、ナズナ（2）、ヤマノイモ（1）、タケノコ（1）であった。

第4節　日記に記された野菜

　9世紀末以降、上流貴族の間で日記を書くことが盛んになった（尾上,
2003）。これらの日記の中でも、10〜11世紀に記された『小右記』や『権記』
などは、朝廷で行われた儀式や政務（公事）について記録されていたため、
儀式や政務の執行に先例が重んじられるようになると、勉強熱心な貴族たち
によって繰り返し書写され、参考にされた。そのように書写されたものが今
日まで伝えられており、現代語訳も出版されている。

　『小右記』は藤原実資が貞元2年（977）3月から長久元年（1040）11月
までの63年間、書き綴った日記である。『小右記』長和3年10月5日条には、
禅林寺参詣の折に実資が同伴者のために「予儲食事〈大檜破子、瓶、破子二筥、
破子其外酒二瓶、松茸二、折櫃、平茸一折櫃、奈女須禾、苦茸、筌［虫食い部分］
海等云々〉（私が食事を準備した。檜でできた破子、瓶破子二つ、箱破子、その他
酒二瓶、マツタケ折櫃二つ、ヒラタケ折櫃一つ、ナメススキ、ニガタケ折櫃一つ、
茎立［　　］海などなどである；倉本は虫食い部分を「茎立一折櫃、塩と梅酢」
としているが、国会図書館35冊本〈藤原，写年未詳〉でも筌と翻刻されており、
また虫食いもあって茎立としてよいかは疑問が残る）」との記述がある（笹川,
1935 - 1936；倉本, 2015 - 2023）。なお、ここで、破子とは『角川古語辞典』
によれば、食物を入れる蓋つきの白木製の折箱で、内部に仕切りがあるもの
のことである（久松と佐藤, 1973）。ここでは様々な種類の破子が記されてい
るが、その違いは明らかでない。

　キノコ類とククタチ以外に『小右記』で取り上げられている野菜は、マク
ワウリ、ヤマノイモ、セリの3種のみである（第11表）。マクワウリは熟瓜、

甘瓜と記述され、多くは 7 月の相撲節に相撲人（相撲節に出場する人）や儀式に参加する王卿に供されている（表で相撲節に関連したものには＊を付けてある）。なお、長徳 2 年 7 月 29 日の条には「相撲此間公卿下居簀子敷給苽、於公卿先例加氷、而不見左右（相撲の間、公卿たちは簀子敷に下りて座った。瓜が［公卿に］下給された。先例では氷も一緒に下給されるが、氷はなかった）」との記載があることから、マクワウリと氷（削り氷か）が一緒に給されるのが通例であったと思われる。ただ、寛仁 3 年 7 月 28 日条には「臨欄賜甘依（瓜カ）、無氷（紫宸殿の欄干のところで甘瓜を下賜された。氷はなかった。）」、寛弘 2 年 7 月 29 日条にも「今日有瓜無氷（今日瓜は下賜されたが、氷はなかった）」との記述があり（笹川, 1935 - 1936）、氷が供されないことも多かったのかもしれない。ヤマノイモの記載があるのは 11 日（薯蕷 9、薯蕷粥 3、薯蕷巻 1、ただし重複あり）あるが、このうち芋粥として利用されたという記述があるのは 3 日である。平安末期から鎌倉時代の食についての旧儀故実の書である『厨事類記』によれば、「薯蕷粥ハ。ヨキイモヲ皮ムキテ。ウスクヘギ切天。ミセンヲワカシテイモヲイルベシ。イタクニルベカラズ。又ヨキ甘葛煎ニテニルトキハ。アマヅラ一合ニハ水二合バカリイレテニル也（薯蕷粥は芋の皮を剥いて薄く切り、味煎を沸かした中に芋を入れる。煮過ぎないようにし、甘葛を煮詰めた物で煮るときには、甘葛一合に水二合を入れて煮る）」とある（塙, 1951 b）。『今昔物語集』の「利仁将軍若時従京敦賀将行五位語」という話には、味煎を加えた芋粥を作る情景が描かれており、食事の終わりの甘い食べ物（デザート）として芋粥が食べられていたことが窺える（池上, 2001）。『小右記』に単に薯蕷と記述のある 9 日のうち、6 日は味煎（未煎）と一緒に記載されており、これを含めると、薯蕷の記載のあった 11 日中 8 日は芋粥としての利用だったと考えられる。

　『権記』は蔵人頭を務め、その後権大納言に昇進した藤原行成の日記で、正暦 2 年（991）から寛弘 8 年（1011）までのものが伝存し、その後万寿 3 年（1026）までのものが逸文として残っている。野菜の出現数は 8 例と少ないが、寛弘 5 年 1 月 25 日の左大臣家大饗の説明には一献、二献、三献、飯、汁物、四献に続いて、「次茎立」とあり、料理法は不明であるが、ククタチが供されている（笹川, 1939）。瓜については、相撲節との関連で下賜された

第 11 表　『小右記』、『権記』に記載された野菜

野菜の種類	漢名	記載月日（年）
		小右記
マクワウリ	甘瓜	7/28* (正暦4), 7/28* (寛仁3), 7/28* (治安3), 7/30* (万寿元), 8/16 (長元4)
	熟瓜	7/1 (長保元), 7/9 (長徳3), 7/14 (長保元), 7/22* (寛仁3), 7/23* (長和2), 7/25* (長和2), 7/25 (寛仁3), 7//26* (寛仁3), 7/26* (万寿2), 7/29* (治安3), 7/30* (万寿元), 8/1* (長和2), 8/2* (長和2), 8/7* (万寿3), 8/9 (長和2), 8/9* (万寿4), 8/9* (長元2), 8/10 (寛弘8), 8/11 (寛弘8), 8/11* (寛仁3), 8/13 (万寿2), 8/13 (長元4)
	瓜	6/26 (長和4), 7/22* (万寿4), 7/23* (万寿3), 7/25* (長和2), 7/29* (寛弘2), 8/3 (長元元), 8/3 (万寿4), 8/7 (長元元), 8/9* (長和2)
ヤマノイモ	薯蕷	1/6# (寛弘2), 1/8# (治安3), 1/13# (寛弘8), 1/13# (寛仁3), 1/13# (長元4), 1/14# (長和5), 12/17 (正暦元), 12/19 (寛弘8), 12/25 (寛弘5)
	薯蕷粥	1/8 (治安3), 1/14 (寛仁3), 2/7 (長和5)
	薯蕷巻	1/8 (治安3), 12/23 (長和3)
クキタチ	筳立	10/5 (長和3)
セリ	芹	7/1 (寛弘元)
マツタケ	松茸	8/9 (長和2), 10/5 (長和3)
ヒラタケ	平茸	10/5 (長和3)
エノキダケ	奈女須禾	10/5 (長和3)
苦茸	苦茸	10/5 (長和3)
		権記
マクワウリ	瓜	7/28* (長保2), 8/1* (長徳3), 8/10 (長保2)
	蜜瓜	8/21 (寛仁元)
ヤマノイモ	薯蕷巻	12/18 (長保4)
	芋巻	12/21 (長保元)
	薯預纏	12/26 (長保2)
ククタチ	莖立	1/25 (寛弘5)

* は相撲節と関連しており、# は味（未）煎の記載があることを示す。また、下線を引いたものは、同日に熟瓜と瓜、あるいは薯蕷、薯蕷粥、薯蕷巻の記載があることを示す。

との記述の他、長保 2 年 8 月 10 日には小舎人が進上した珍しい瓜（邵平の瓜、秦の東陵候だった召平が秦滅亡後、長安の東で作った瓜で、美味であったことから東陵瓜と呼ばれた〈司馬遷, 1991〉）を左大臣に送ったとの記述がある。また、長保元年 12 月 21 日には内蔵寮で芋巻（米の粉にヤマノイモをすり混ぜ、昆布で包み、たれみそで煮て、小口切りにしたもの）を勧められたこと、長保 2 年 12 月 26 日に署蘈 纏 が行われたとの記述がある（第 11 表）。

『御堂関白記』は、長徳四年（998）、長保元年（999）、同二年、および寛弘元年（1004）から治安元年（1021）までの記事が現存しているが、野菜の記述はさらに少なく、瓜が 3、茎立 1 が記載されているに過ぎない。しかも、寛弘 2 年 7 月 29 日条の瓜字は、『日本古典全集』本では「上達部給衣、樂了間」、宮内庁書陵部本では「上達部給永樂之間」と記されており、瓜か、どうか疑問がある（藤原，江戸写；與謝野ら，1926）。また、寛弘 5 年 1 月 25 日の茎立は『日本古典全集』では韮立と翻刻されているが、宮内庁書陵部本をみた限りでは茎立とした方がよいと思う。

以上、三人の日記をみてきたが、彼等の日記に取り上げられた野菜は種類、数ともに少なく、それも儀式などで、デザートとして下賜されるマクワウリやヤマノイモが中心で、公家達の野菜に対する関心の低さを示している。なお、『御堂関白記』長和 5 年 7 月 10 日にはニラ（韮）を服用したとの記述があり、『小右記』にも万寿 2 年 8 月 21 日、23 日などにニラ、万寿元年 4 月 6 日に蒜の服用に関する記述がある。ニラや蒜は野菜としてではなく、もっぱら薬として用いられていたようである。

第 5 節　絵巻物に描かれた野菜

『梁塵秘抄』の撰者である後白河法皇は、宮中や民間の年中行事を描いた『年中行事絵巻』、応天門の変を描いた『伴大納言絵詞』などの制作を命じたことでも知られる。平安末期には、この他にも後白河法皇の宮廷を中心に『鳥獣人物戯画』や『信貴山縁起』などの絵巻物が作られ、文化的に多産の時代であったとされる（網野，1997）。食との関連で、これら絵巻物を見てみると、『信貴山縁起』の山崎長者の巻には、瓜と思われる果実をもぐ女が空から降

ってくる米俵に驚く場面、延喜加持の巻には大和地方の村で垣に囲まれた畑で菜を摘む女性、尼公の巻には家と家の間の菜園に植えられた菜を収穫する女が描かれており、平安末期における野菜栽培の様子を知る上で貴重な資料となっている（覚猷^{かくゆう}, 12 世紀後半）。また、『鳥獣人物戯画』にも、瓜と思われる果実（『絵巻物による日本常民生活絵引』第 1 巻の注では白瓜と縞瓜とされる）の入った籠を運ぶウサギが描かれている（澁澤, 1964 - 1966）。

第 6 節　歌に詠まれた野菜―『催馬楽』と『梁塵秘抄』

　既に述べたように、『万葉集』には食を詠った歌が多い。しかし、平安時代になると、食、なかでも野菜の栽培や利用が歌に取り上げられることはほとんどなくなった。例外は、庶民が口ずさんだ歌謡を纏めたと考えられる『催馬楽』と『梁塵秘抄』である。

　馬場（2010）によれば、平安初期に成立した『催馬楽』は嵯峨朝から清和朝頃の西国を中心とした地方歌謡に由来し、その内容は賀歌、また風刺・恋・漂泊者の望郷の歌など、民間の生活に根ざしたさまざまな思いを歌ったものと述べている。そうした歌を口ずさみ始めたのは、機織りや衣縫いなどの厳しい集団労働に従事する女性たちで、憂さ晴らしに歌ったのではないかと推察されている（木村, 2006）。それらの中には、菜摘やミズアオイの収穫などの農作業を詠った次のような歌がある。なお、木村（2006）は万葉仮名書きの古写本を底本にし、平仮名の横に漢字を付しているが、ここでは漢字に平仮名を付ける形に書き改めた。

① 我門^{わがかど}に，我門に，上裳^{うはも}の裾濡^{すそぬ}れ，下裳^{したも}の裾濡れ，
　朝菜摘^{あさなつ}み，夕菜摘^{ゆふなつ}み，朝菜摘み，
　朝菜摘み，夕菜摘み，我名^{わがな}を知^しらまくほしからば，
　御園生^{みそのふ}の，御園生の，御園生の，
　御園生の，漢部^{あやめ}の郡^{こほり}の，大領^{だいりょう}の，愛娘^{まなむすめ}と言へ，
　弟娘^{おとむすめ}と言^いへ
　（わが家の門前で上裳、下裳の裾を濡らし、朝に、夕に食事のための菜を摘ん

でいる私の名前を知りたいのなら，御園生のあやめ郡の郡司の愛娘と言って
ください。可愛い末娘と言ってください。）

② 　山背の，狛のわたりの，瓜作り，ナヨヤ

らいしやな，さいしやな，瓜作り，瓜作り，ハレ

瓜作り、吾を欲しと言ふ，いかにせむ，ナヨヤ

らいしやな，さいしやな，いかにせむ，いかにせむ，ハレ

いかにせむ，成りやしなまし，瓜たづ（爛）までにや

らいしやな，さいしやな，瓜たづま，瓜たづまでに

（山城国の狛の辺りで行われる瓜つくり、ナヨヤ、らいしやな、さいしやな、
瓜作り、瓜作り、ハレ、瓜作りが私を欲しいと言っているけど、どうしよう。
らいしやな、さいしやな、どうしよう、どうしよう、うまくいくのかな、瓜
が熟するまでに；らいしやな、さいしやなは囃し詞）

③ 　田中の井戸に，光れる田水葱，摘め摘め，吾子女

小吾子女、タタリラリ、田中の小吾子女

（田の中で光っている水葱を摘め、摘め、乙女たち。小さな乙女たち、タタリ
ラリ、田中の小さな乙女たち；タタリラリは囃し詞）

①の歌で、菜の種類は特定できないが、この菜は恐らく自家の菜園で栽
培された菜のことを指しているのであろう。また、御園生とは各地にある官
営の菜園（第2表参照）で、木村（2006）によれば、御薗のある郡の郡司の
娘というのは見栄を張って言った言葉とされる。②の歌で、たづは『類聚
名義抄』で爛にタタルとともにタツの字訓があり、爛熟あるいは熟れすぎの
意に解されている（木村, 2006）。そうだとすると、この瓜は熟瓜、すなわち
マクワウリのことを指していることになる。③はミズアオイ（田水葱）を
収穫する際に歌った作業歌であろう。なお、『催馬楽』には逢路という歌が
あり、フキを詠ったとされるが（廣瀬, 1998；木村, 2006）、これが本当にフ
キを詠ったものか、どうかについては異論がある。これについては付録11
に詳述する。

『梁塵秘抄』は平安末期、後白河法皇の撰による歌謡集で、貴族から庶民

まで幅広く流行した今様（当世風の新興歌謡）、催馬楽、神楽などを纏めた
ものである。その中には、野菜の栽培や採集に関わる次のような歌がある。
原文（大正11年山田孝雄の写本）の大部分は平仮名書きであるが、横に赤
字で漢字が記してあるので、この漢字にフリガナを付ける形に書き改めた（後
白河天皇, 1922）。

① 山城なすひは老ひにけり，採らて久しくなりにけり，吾子かみたり，
然りとて其をは捨つへきか，置いたれ置いたれ，種採らむ

（山城のナスは収穫の適期を過ぎてしまって、果皮は赤みを帯びてきた。捨て
るべきだろうか。いや、いや、種子を取るので、そのままにしておけ。）

② 清太か造りし御園生に，苦瓜甘瓜のなれるかな，あこた瓜，千々に枝
させ生瓢，物忽宜ひそ鹹茄子

（清太が働く御園生に苦瓜、マクワウリ、それに、アコダウリも実ったぞ。ヒ
ョウタンよ、たくさん蔓を伸ばせ、物をいうな、えぐいナス）

③ 聖の好む物，比良の山をこそ尋ぬなれ，弟子遣りて松茸平茸滑薄，
さては池に宿る蓮のはい，根芹根蕈牛蒡河骨打蕨土筆

（聖の好物を知りたいなら比良山に行って見なさい。弟子に命じてマツタケ、
ヒラタケ、ナメススキ、池に生えるハスの根、根セリ、ジュンサイ、ゴボウ、
コウホネ、ワラビ、ツクシをとらせているよ。）

④ 凄き山伏の好む物は，あちきないてたかやまかかも，山葵浙米水雫，
沢には根芹とか

（苦行をものともしない凄い山伏の好物は味気ない凍てついたヤマノイモ、ワ
サビ、水で洗った米、水しずく、沢に生える根ゼリだとか；『新日本古典文学
大系』本では、〈いてたかやまかかも〉を〈いてたるやまついも〉の誤写とし
ている。）

① の「あこかみたり」は岩波文庫本『梁塵秘抄』では「吾子噛みたり」あ
るいは「あからみたり」と注し（佐々木, 1933）、『新古典文学大系』では「赤
らみたり」を当てている（小林ら, 1993）。熟したナスの果皮は光沢を失い、
黒紫色も薄れ、黄褐色、さらには赤褐色になって完熟する（斎藤, 1982）。し

たがって、「あこかみたり」は「赤らみたり」とするのがよいと思われる。
②に詠われている苦瓜、甘瓜のうち、甘瓜は、江戸時代の辞書『和爾雅』に「甜瓜〈甘瓜〉」とあり（貝原, 1694）、マクワウリのことと思われる。一方、苦瓜は17世紀に成立した『多識篇』に、「今案豆留礼伊志（今思うにツルレイシ；ツルレイシとはニガウリの別名）と記されているが（林, 1649）、中国の本草書における錦茘枝（ツルレイシ）の初出は15世紀初めに成立した『救荒本草』とされる（李, 1590）。また、青葉（1982）はツルレイシについて「中国では一五〜一六世紀に南方から伝わり」、わが国には「おそらく慶長年間（一六〇〇年頃）以前に渡来したものと思われる」と記している。17世紀初めに成立した『日葡辞書』にも Nigavri（にがうり）と Cuqua（苦瓜）の二つの語が同じ意味の言葉（苦い瓜）として記載されている（土井ら, 1980）。中国音に近い Cuqua が併記されていることは、ニガウリが渡来して間もないことを示唆している。いずれにしろ、『梁塵秘抄』の時代にニガウリがあったとは考えにくく、ここでいう苦瓜は『本草和名』に取り上げられている苦瓠（和名ニガヒサゴ）のことではなかろうか。瓠とはユウガオ、ヒョウタン（学名はどちらも *Lagenaria siceraria* (Molina) Standl.）のことで、『本草綱目』では瓠には甘いものと苦いものがあるとしているが（李, 1590）、このうち苦味のあるもののことと思われる。広瀬（1998）は、この歌の苦瓜はキュウリか、ユウガオを指すとし、生瓠をヒョウタンか、ユウガオを指すと考えている。アコダウリについては、付録12を見て頂きたいが、マクワウリの一種と考えられる。

　③で取り上げられている滑薄はエノキタケ（別名、ナメタケ）のことである（川村, 1929）。③には、キノコとして、マツタケ、ヒラタケも挙げられている。岡村（2017）は、平安時代末期になると、公家達が京都近郊の山へマツタケ狩りに出かけるようになったと述べ、『玉葉』元暦二年九月十八日条の記述「中将卒女房等、入山得松茸又拾栗〈中将は女房たちを連れて山に入りマツタケをとり、栗を拾った）」（九条, 鎌倉前期写）、『愚昧記』治承四年九月二十六日条の記述「午刻許下著彼所羞饌之後向光明寺爲拾松茸也（昼頃彼の地に着き、御馳走を食べた後、マツタケを取るため光明寺に向かった）」（三條, 1669）を訳出、紹介している。また、『今昔物語集』巻二十八、三十八話は、

信濃守藤原陳忠の乗った馬が御坂峠の桟道を踏み外して谷底に転落したので、家来たちが旅行用の行李に縄を結び付けて下したところ、まずヒラタケの入った行李を引揚させ、再度下された行李で引揚げられた陳忠が三本ほどのヒラタケを手にまだ取れるヒラタケがあったと残念がったという話である（池上, 2001）。この話は受領（実際に任地に赴いた国司）の強欲さとともに、ヒラタケをはじめとするキノコ類が当時の人々に好まれた食べ物だったことを示している。

　蓮の薆について、中国最古の字書である『爾雅』の注釈書（爾雅注疏）には「其茎茄其葉【辶葭】其本薆〈茎下白蒻在泥〉（茎［葉柄のこと］は茄、葉は【辶葭】、根本は薆と呼ばれ、葉柄の下の泥中に白いレンコンがある；蒻は『廣韻』によれば、荷茎入泥之処とあり、レンコンのことと思われる〈陳，明代初期〉）。」との記述がある（郭璞，室町末期 - 江戸初期）。『成形図説』巻之二十八の波知須の項には「薆 は色白し．藕の節端より出るもの也．七八月とりて蔬とし食ふべし（ハスのワカネは色が白く、レンコンの節のところから出るものである。7、8月に収穫して菜として食べる）」との記述があり、12丁には藕と薆が図示されている（曽槃ら，文化年間）。この図からすると、薆とは節から新たに出た若くて細い根茎のことを言うのであろう。なお、③の歌は岩波文庫本では「蓮の薆，根芹」が「蓮の這根、芹」と翻刻され、『古典文学大系』本では「うち蕨」を「うとわらひ（独活蕨）」の誤写としている。一方、荒井（1959）は、うち蕨について、澱粉を取るために根［根茎］を打ち砕いたワラビのことと考えている。

　③、④で取り上げられている根芹はセリのことである。『本朝食鑑』巻之三、芹の項に「歌人亦詠レ之，稱二根芹一者以二其根潔白芳美可一レ愛也（歌人もまた芹を詠んでいる。根芹と言うのは、根が潔白・芳美で愛すべきものだからである）」と記されている（人見, 1697）。セリの根が賞翫されたことは『本草綱目啓蒙』巻之二十二の水靳の項で「城州宇治ノ産根最長シ，茎葉ヲ去テ根ヲ賞ス（京都の宇治で産するセリは根が最も長く、茎葉を取去って根を賞味する）」とあることからも明らかである（小野, 1805）。なお、かしよね（粺米）は『和名抄』では精米のこととされ、河骨は『和名抄』で骨蓬（和名、加波保禰）とされるスイレン科の植物のことである。また、ここには示さないが、二句神歌で

ワラビ採りと若菜摘み（451 番歌と 566 番歌）が詠われている。

『催馬楽』、『梁塵秘抄』で取り上げられた野菜のうち、ツクシ以外は『和名抄』や『本草和名』にも取り上げられている。ツクシは『源氏物語』早蕨の帖に蕨とともに籠に入れて贈られた話がでており（柳井ら, 2017 - 2020）、辞書類では平安時代末期に成立した『色葉字類集』に初めてみられることから（橘, 1926 - 1928）、人日の節句が始まった平安時代に、庶民だけでなく上流階級の人たちにも利用されるようになったと考えられる。人日とは、6 世紀に梁の宗懍が著した『荊楚歳時記』に「正月七日爲人日以七種菜爲羹（正月七日のことを人日とし、七種の菜で羹をつくる）」との記述があり（宗懍, 明代）、1 月 7 日に七草粥を食べる風習があったことが知られる。室町時代に成立した『公事根源』によれば、わが国では宇多天皇の御代（寛平年間、889〜898）、正月初めての子日に内蔵寮と内膳司から若菜を供することが始まり、延喜 11 年（911）からは 1 月 7 日になったとされる（一条，元和年間）。しかし、光孝天皇の古今和歌集の若菜の歌（国歌大観〈松下と渡辺, 1918〉の 21 番歌）の詞書に「仁和の帝、親王におましましける時に、人に若菜たまひける御歌（光孝天皇がまだ親王であった頃、ある人に若菜を贈られた時に詠まれた歌）」とあるので（高田, 2009）、関根（1925）も言うように、若菜を愛でることは宇多天皇以前から行われていたと思われる。ただ、木簡類、『正倉院文書』、『万葉集』などにツクシの記載はなく、何時頃からツクシが人々に利用されていたのかは不明である。

第 7 節『新猿楽記』にみる野菜

『新猿楽記』は大学頭を務めた藤原明衡の晩年の作と言われ、猿楽見物に来た右衛門尉の子供たちの職業や暮らしを漢文風の和文で描写したものである。この中で、自ら望んで、各地の食べ物を手に入れやすい流通業者（馬借、車借）の妻となったとされる七番目の娘について、康永本を底本とした東洋文庫本では「七御許者、食歎愛酒女也。所レ好者何物。鶉目之飯・蕈眼之粥・鯖粉切・鰯酢煎・鯛中骨・鯉丸焼。精進物者、腐水葱香疾・大根舂塩辛・納豆油濃・茹物面穢。菓物無レ核温餅・粉勝團子・熟梅和・胡瓜黄。（七

女は食い意地のはった酒好きの女である。この女が好むものは、ウズラの目玉入の飯、カエルの目玉入の粥、細切れにしたサバ、酢煎りのイワシ、タイの中骨、コイの丸焼き、精進物は悪臭がするミズアオイ、塩辛い搗き大根、油を入れた納豆、形くずれした茹でもの、菓子は餡のない温餅（あたたげ）、黄粉（きなこ）を沢山まぶした団子、熟して柔らかくなった梅、黄色っぽくなったキュウリである。）」と記されている（東洋文庫本の凡例によれば、句読点は底本である康永本に赤字で加えられたものである）（藤原, 1983）。これに対して、『古事類苑』飲食部料理上の精進料理の項では、この部分を「腐水葱、香疾大根、舂鹽辛納豆、油濃茹物、面穢松茸」と句読点をつけて読んでいる（神宮司庁, 1914）。さらに、宮内庁書陵部本では、納豆と油の間、茹物と面の間に「ノ」というフリガナが付いているので、納豆油濃、茹物面穢松茸がそれぞれ一語であったことは分かるが、句読点は付けられていないので、香疾、舂塩辛が水葱、大根、納豆の何れと結びついた語なのか、分からない（藤原，写年未詳）。東洋文庫本を訳注した川口は、康永本は最も古い姿を残す写本であり、また『新猿楽記』の文章は対句仕立て（ついく）の多い四六文（四字と六字を基本とした文体）であると述べている（藤原, 1983）。対句仕立てと言う点では康永本の句読点の打ち方がよいと思われるので、ここでは康永本（東洋文庫本）の読みによって検討することにしたい。「腐水葱香疾」の疾に関しては、『類聚名義抄』では「疾」の字に「ニクム」という読みが挙げられているので（菅原, 1937）、悪臭がすることを香疾で表現したのではないかと考えられる。「大根舂」の舂には臼で搗くという意味があり、東洋文庫本では「押しつぶした大根の塩辛いもの」と訳しているが、突き砕いて辛味の出たダイコンのことをこのように表現したのであろうか。「納豆油濃」の納豆は『本朝食鑑』巻之二の華和異同、納豆の項に、「納豆者豉也（納豆とは豆豉のことである）」、「豉汁者似_味噌垂汁_反入_熬油_此亦雖_美味_本邦不_足_用_之（豆豉汁は味噌の垂汁に似ている。逆に油を加えたものもまた美味であるが、わが国では用いるのに十分な量がない；東洋文庫本の訳に従って反を逆の意としたが、不詳）」との説明があるが（人見, 1697）、これに相当すると考えられる。また、「胡瓜黄（黄色くなったキュウリ）」について、17世紀の農書、『百姓伝記』に「きふりに種色々あり。先青色なると白きと黄色なるとあり（キュウリには色々の種類があり、果皮色も果実先

端部［果頂部］側が緑、白、黄色になるものがある）」との記述があり（古島,
2001）、『本草図譜』巻之五十三には次の二つのキュウリが図示されている（裏
表紙左図）。一つは、果頂部側が黄色くなったキュウリで「生は緑色，外皮
に疣ありて蝦蟇の背に似て小刺あり，熟すれば金黄色，生又塩蔵にすべし（未
熟の時は緑色、外皮にイボがあり、ガマガエルの背に似て棘がある。熟すると黄
金色になる。生食するか、塩蔵すべきである）」との説明があり、他の一種は「し
ろきうり」という名で、果柄側が緑、果頂部側は薄黄色の果実で「長さ八九
寸黄白色なり，此また味ひ佳し（長さ 24〜27 cm で果皮は黄色、これまた味は
よい）」との説明がある（岩崎，年代不明）。この「しろきうり」は半白と言わ
れる品種群に属するキュウリであると考えられる（杉山、1995）。このよう
に江戸時代になると、『百姓伝記』にいう果頂部側が白（薄黄色）や黄色の
品種も見られるようになるが、平安時代にそのような品種があったのか、ど
うかは明らかでない。また、前記『百姓伝記』には「人によりてにほひをい
やがり、きらひ多し（その匂いを好まず、嫌いだという人も多い）」との記述が
あり、そもそもキュウリに対する評価は低かったと思われる。これらの点を
考えると、『新猿楽記』で取り上げられているキュウリは熟度が進んで黄色
くなったキュウリで、多くの人が見向きもしないようなものだったと考える
のが妥当であろう。そのようなキュウリを好むと記述したのは、七女が普通
には食べない奇異なものを好む人物（いかもの食い）であるというイメージ
像を具体化するためだったのであろう（尾崎,1978）（なお、黄色いキュウリ
については付録 13 に詳述した）。だとすると、「腐水葱香疾」や「大根春塩辛」
がどのようなものだったかを推察することが難しいのは当然のことかも知れ
ない。この他、『新猿楽記』では、受領の従者である四郎について、領民を
疲弊させず、公事をやり遂げるので、万民の信頼も厚く、家には山城のナス、
大和の瓜など、諸国の産物が贈られてくると記されている（藤原,1983）。

第8節　奈良時代と平安時代の野菜の比較

　戸田（1991）は、関根（1969）が『奈良朝食生活の研究』で言及している
食品と『和名抄』に取り上げられた食品を比較し、平安時代に入ると、生産
技術の進歩によって生産量が増加するとともに、野菜類、果実類、鳥獣類、
魚介類などでは種類が大幅に増加したと記している。野菜類についても、54
種類から86種類へ増加したとしている。また、『和名抄』の分類で「野菜類」
と「草類」を設けているのは、日用食的な植物（いわゆる野菜）と「自然生」
で可食性の植物（山菜）を区別するためであるとし、『和名抄』の草本部草
類に含まれる獨活、菴蘆子、商陸、蓬、百合、鼠尾草、同部葛類に含まれ
る藤、皀葵、紫葛、通草を野菜に分類している（関根〈1969〉はこれら
を野菜に含めていない）。一方、関根（1969）は、奈良時代にも「野生で食
用可能なものは大いに採集食用としたであろう」と述べているが、購入野菜
や貢納された野菜を記載した『正倉院文書』では、食用可能な植物を網羅的
に取り上げた『和名抄』に比べ、記載された野菜の種類数が少なくなったの
は当然であろう。なお、青葉（2000ｂ）は、わが国のおもな農作物の渡来年
代は、①古代から存在したもの、②十世紀前後（平安時代）に現れるもの、
③戦国時代から江戸時代初期に現れるもの、④幕末から明治初年に現れる
ものに大別できるとしている。そして、ナス、トウガン、カラシナ、チシャ、
ネギ、ラッキョウ、フキ、ゴボウなどは平安時代の辞書、本草書に初出する
としているが、ナス、トウガン、カラシナ、チシャ、フキは奈良時代の文献
にもみられることは既述した通りである。

　以上、平安時代になると、利用される野菜の種類数が大きく増加したと考
える根拠は不確かなものである。恐らく、平安時代にも、奈良時代と同様、
セリ、ショウガ、サンショウなどの香辛野菜の外、ダイコン、瓜、ナス、ア
オナなどの栽培野菜が多く利用されており、用いられた野菜の種類数には大
きな差はなかったものと思われる。

第5章　鎌倉時代の史料にみる野菜

　鎌倉時代になると、鉄製の農具が広く使われるようになり、二毛作が行われるなど、農業生産力が発展して余剰が生まれ、これを商品化するようになった（古島, 1975）。その結果、人や物の交流が盛んに行われるようになって銭の需要が高まり、博多を中心に宋との間で交易が盛んに行われた。多くの宋人が渡来、移住したが、我が国からも栄西や道元などの僧侶が多数宋に渡り、宋の文化、思想、技術をもたらした。日本料理の確立に大きな影響を及ぼしたとされる精進料理は8世紀前半に僧侶の間で行われていたが、本格的な発達は禅宗の流入以後のことで、食と禅を関連づけた道元や喫茶の習慣を伝えた栄西の果たした役割は大きかった（鳥居本, 2006）。精進物という語は、三好爲康が詩文や公私の文書を分類編纂した『朝野群載』巻七の八省御斎會加供事の大治2年（1127）正月日と天承2年（1132）正月14日付「精進物、青苔曳干、和布曳干、海松、昆布、煎餅、煎付、青菜、蕪、飯、汁、土器、箸（精進物としては青海苔やワカメの干したもの、ミル、昆布、せんべい、煎付、アオナ、カブ、汁、土器、箸）」の記述が初出と考えられ、海藻やカブの葉及び肥大根は代表的な精進物であった（黒坂, 1938）。煎餅とは『和名抄』巻第十六飲食部に「以油熬小麥麵之名也（小麦の麺を油で焼いたものである）」との説明があるが、煎付については不明である（源, 1617）。なお、東南アジア〜東アジア地域において活発な人と物との交流があったにも関わらず、鎌倉時代に新たに渡来した作物はほとんどない。これについては古島（1975）も、中世後期（鎌倉〜室町〜戦国時代）に新たに渡来した作物として注目すべきものはほとんどなく、わずかに室町時代初めにスイカの記録があるに過ぎないと述べている。ただ、スイカの渡来年代については諸説あり、それについては付録10を参照して頂きたい。

第 1 節　絵巻物に描かれた野菜

　鎌倉時代に入ると、絵巻物の題材も広がり、『石山寺縁起絵巻』、『春日権現霊験記』のように寺社の由来や霊験（ご利益）を題材とするものの他に、『蒙古来襲絵詞』や『平治物語絵巻』などに代表される合戦物なども作られるようになった。食との関連で、これら絵巻物を見てみると、絵巻の中に台所（厨）と思われる光景が見られるようになり（小菅, 1991）、そこでの調理の様子も描かれるようになる。延慶 2 年（1309）に高階隆兼によって制作された『春日権現験記絵』13 軸には、囲炉裏の五徳の上に鍋を置き、汁を調理している人物、その側でレンコンと思われる野菜を切る人物、料理を盛り付ける人物が描かれている（板橋, 1870 模写）。また、15 軸にはゴボウとレンコンを括り付けた俵を運んできた円頭の人物が門扉を叩いている場面が描かれている。澁澤（1964 - 1966）は、この人物は音物（進物）を荘園領主である春日大社に届けに来た荘園の領民と考えている。15 軸の別の場面では飯椀、汁椀、小皿（菜入れ）が載った懸盤に向かう女性と僧侶の食事風景も描かれている。さらに、16 軸では子連れの女性がカブを入れた籠を頭に載せて門から出てきたところが描かれているが、こちらは行商人だと思われる。正中年間（1324〜26 年）に制作されたとされる『石山寺縁起絵巻』2 巻には参詣のために大津の浦にやって来た源順一行とともに、米俵を背負った馬 4 頭と馬方二人、瓜（澁澤はカボチャとしているが、この時代にカボチャはない）や草履を売る店などが、また 5 巻にはゴボウとレンコンを括りつけた天秤棒を担ぐ行商人の姿が描かれており（著者未詳，写年未詳）、鎌倉時代には京都以外の町でも野菜の販売が一般的になっていたようである。

第 2 節　日蓮上人の書簡にみる野菜

　日蓮宗の開祖、日蓮上人は積極的に布教活動を行ったが、同時に執筆活動も盛んに行ったことが知られており、多くの遺文が残されている。その中には日蓮上人に金品などを寄進した信者に宛てた消息（手紙）があり、寄進への礼と信仰の心構えが記されている。そこで、『日蓮上人御遺文』（日明,

第12表　『日蓮上人御遺文』にみられる野菜の種類

野菜名	数	内訳
サトイモ	26	芋/いも（11），蹲鴟（5），いゑのいも/芋（4），いものかしら（3），根芋/ねいも（2），あらひいも（1）
ショウガ	10	はじかみ（9），しやうかう（1）
ヤマノイモ	5	薯蕷（3），やまのいも（2）
シロウリ	5	瓜/うり（4），かうのうり（1）
タケノコ	5	笋（3），たかんな（2）
ダイズ	3	枝大豆（1）青大豆（1），こ江だまめ（1）
コンニャク	3	こんにゃく（2），根若（1）
ナス	2	なすび（2）
ダイコン	2	大根（1），だいこん（1）
ミョウガ	2	名荷（1），蘘荷のこ（1）
ゴボウ	2	午房（1），ごばう（1）
ササゲ	2	ささげ（2）

表には示していないが、他に出現数1の野菜にククタチ、ワサビ、サンショウ、エンドウ、トコロ、ケイモ、ツクシがある。

1904）に収められた消息（手紙）に、どのような野菜が取り上げられているのかを調べてみた（第12表）。

　第12表によると、最も多く取り上げられている野菜はサトイモで、例えば建治2年（1276）正月19日の南條殿御返事には「はる（春）のはじめの御つかひ自侘申こめ（籠）まいらせ候。さては給はるところのすずの物の事もちゐ（餅）七十まい（枚）さけひとつゝ（酒一筒）いも（芋）いちだ河のりひとかみぶくろ（一紙袋）だいこん（大根）ふたつ（二把）やまのいも七ほん等也。ねんごろの御心ざしはしなじなのものにあらわれ候ぬ（年初の使い申し訳なく存じます。さて頂きました供養の品は餅七十枚、酒一筒、芋一駄、河苔一袋、ダイコン二把、ヤマノイモ七本等ですが、心のこもったお志は品々に現れております）」と、年始に餅、酒、サトイモ、カワノリ、ダイコン、ヤマノイモを供物として送ってくれたことへの礼を述べている。ここに言う南條殿とは南條時光という富士の南の上野郷（現在の富士宮市下条）の地頭である。上野郷は身延山まで直線距離でもおよそ18km（実際の道程はその2倍以上

と思われる）とかなりの距離があったため、輸送性のあるサトイモ、ショウ
ガ、ヤマノイモなどの根菜類が多かったのであろう。弘安 2 年（1279）8 月
8 日の上野殿御返事の中では、サトイモを送ってもらったお礼を述べ、「此
の山中には，い江のいも（芋），海のしほ（鹽）を財とし候ぞ。竹ノ子木ノ
子等候へども，しほなければそのあぢわひ（味）つち（土）のごとし（この
山中ではサトイモ、塩が財宝です。タケノコ、キノコがあっても塩がなければ、
その味は土を食べているようなものです。）」と記し、身延の山中では塩はもち
ろん、サトイモも入手しにくかったことが窺える。また、表中に「ねいも」
とあるが、根芋について『古名録』第三十八では、『康富記』嘉吉 2 年（1442）
7 月 6 日条の「自大住庄當司領［公事物，索餅并］盆供［茄子］根芋等上（大
住庄隼人司領からの公事物として索餅、盂蘭盆会の供物としてナスと根芋が進上
された；『古名録』の引用では［　］内が省略、等上が云々等到来になっている）」
との記述（中原、年代不明）、さらに明代に成立した『遵生八牋』の「芋餅
方，生芋妳搗碎。和糯米爲粉餅。油煎（芋餅の製法は、生の芋をつき砕き、糯
米の粉と混ぜて伸ばし、油で煎る；『古名録』の引用では和糯米爲餅になってい
る）」との記述を引用し（高濂，刊年未詳）、「芋嬭ハイモノコ也（芋妳は芋の
子である）」と述べているので、畔田（1934）は根芋を子芋のことと考えて
いるようである。ここで、芋の子（子芋）とは親芋にある側芽が伸長し、そ
の基部が肥大したものであり、親芋とは種芋の頂芽が発芽して伸長するにつ
れ、葉柄基部が肥大したものである。ネイモがサトイモの子芋のことだとす
ると、表中の「いものかしら（親芋）」に対応する語ということになる。なお、
『古名録』では根芋の項の前に「子イモ」の項があり、「録外書曰高橋殿御返
事，子いも云々給候畢（『録外御書』の高橋殿御返事にネイモを頂きましたとの
記述がある）」を引用しているが、子いもと根芋との関連については記述さ
れていない。また、『遵生八牋』で言及しているのは根芋ではなく「芋妳（嬭、
奶は妳の異体字）」（中国語でサトイモのこと）のことなので、これを根拠に
根芋をサトイモの子芋とするのは問題であろう。ところで、月日が特定でき
る手紙の中、サトイモ（いも、いものかしら、いゑのいも、蹲鴟）の記載の
あるものは 22 通あり、それらは 7 月を除く各月に分散している。一方、ネ
イモの記載がある 2 通はいずれも 7 月に記述されたものである。6 世紀の中

国の農書『斉民要術』第二巻の種芋の項では、『廣志』の文章を引用して、14 の品種名を挙げ、その一つ、旱芋は 7 月に熟する（有旱芋七月熟）ことが紹介されている（賈, 1744）。旱芋について、熊沢（1965）は「中国には土垂が多いので、土垂系の早生品種かと考えられる」と述べているが、土垂とは主に子芋を利用する子芋用品種（群）である。また、前述のように『康富記』には盆供として根芋を進上したことが記されているが、応永 13 年（1406）の『法花寺田畠本券』の附箋にも美乃庄からホン（盆）供として子イモが貢納されたという記録があるとのことである（古島, 1975）。これらのことからすると、ネイモとは盆の供物として盛物にするのに適した早生の子芋用品種のことではなかろうか。なお、川上（2006）は根芋を「ある種のサトイモの芽生え」だと記している。確かに、19 世紀に成立した『本草図譜』巻之五十の青芋の一種、ゑくいもの説明に「蘞味ありて食すへからす．唯冬月栽へたる上へ埃芥を蓋ひ置は芽を生して長く白色．此をねいもといふ．煮て食す．味ひ淡薄也（えぐみがあるので食べるべきでないが、冬に芋を植えて塵芥をかけておくと、白く長い芽を生じる。これをネイモといい、煮て食べる。味は淡白である。）」とあり、これは光にあてずに栽培（軟白）したサトイモの芽生えのことである（岩崎, 写年未詳）。しかし、軟白サトイモ（ネイモ、メイモともいう）は春に作られるのが一般的であり、また、鎌倉時代に既に軟白栽培が行われていたか、どうかは疑わしい。以上述べたことから、ネイモはサトイモの子芋のことであると考えた。第 12 表によれば、サトイモに次いで多いのはショウガの 10 で、ヤマノイモ、シロウリ、タケノコの出現数は「重要野菜」の基準値（0.2N=5.2）をやや下回った。

第 3 節　『嘉元記』にみる野菜

　『嘉元記』は、法隆寺の僧が、嘉元 3 年（1305）4 月から貞治 3 年（1364）7 月にわたり、寺とその周辺の出来事を書き継いだ記録で、その中には寺で行われた法事やその他の行事の際に供された食事についてのかなり詳しい記述がある。例えば、建武 5 年（1338）には「五師所結解事、建武五年〈戊寅〉七月廿六日、維那師聖實子坊ニテ在之、自＿去年七月＿至＿今年今日＿結解散

用也、世俗三種御菜〈牛房四, フリワカメ四〉毛立〈タコ, コフ〉汁タウフ, タゝミ, 飯白一物歟、ツクリフリ一折敷宛、サクヘイ一折敷宛、酒〈白米酒〉殊勝至極也（法隆寺の寺務を執る僧によって建武 5 年 7 月 26 日に維那師聖實子坊で昨年 7 月から今日までの決算勘定が行われた。[その後,] 世俗三種としてゴボウ四とフリワカメ四、タコと昆布の羹、豆腐蓼汁、飯、ツクリフリ一折敷、索餅一折敷、酒が振舞われた；フリワカメ、ツクリフリのフリは鰤か瓜か、不明）。」とあって、当時の寺社での料理の一端を知ることができる（角田と五来, 1967）。毛立とは『和訓栞』中編、計の部に「盛衰記にけだちしたる飯とみゆ. いきのあがるをいふ. 氣發の義也（『源平盛衰記』に毛立した飯という語が見える。[飯を炊くときなどに] 湯気があがることをいう。気立の意である）」との説明があるので、ここではタコとコンブの羹と考えた（谷川, 1861）。タゝミとは『色葉字類抄』中巻「他」の飲食の項に蓼水、タゝミとフリガナがあり（橘, 1926 - 1928）、『和漢三才図会』巻九十四の蓼の説明には「乾蓼莖羹レ汁味甘, 僧侶用代_鰹脯_, 蓋造_酒麯_者用_其汁_者未レ有レ之（干した蓼の茎の煮汁は甘く、僧侶は鰹節の代用とする。[『本草綱目』巻之十六には酒麹を造るのにタデ汁を使うと書いてあるが] 酒麹を造るのに、その汁を用いるということは未だに聞いたことがない。）」とあって、出汁の素として利用されたことが窺われる（寺島, 1824）。出現数を纏めてみると、最も多く供されたのはサトイモ（10）で、以下、ハス（9）、ゴボウ（8）、タケノコ（4）、タデ（4）、ダイコン（2）の順でここまでが「重要野菜」の基準値（0.2 N＝2）以上となった。この他、出現数 1 の野菜として、シロウリ、瓜、ナス、カブ、セリ、ナ、トコロ、マツタケがあった。

第 4 節　『明月記』に記された野菜

　『明月記』は、平安末期〜鎌倉時代を代表する歌人の一人である藤原定家の日記である。治承 4 年（1180）から嘉禎元年（1235）までの宮中や身の回りで起こったことなどが記されているが、野菜を食べることについての記述は少なく、次の 4 例が見られるに過ぎない（藤原, 1911）。
① 正治元年（1199）9 月 26 日の条に、大臣のお供で新造の御所を訪問した

際の話として、「此間法印阿闍梨〈某〉等頻招請、依誘引入片角着座、居酒饌、但甚異様、無松茸之形、人々云、此法印住此山、年々歳々申無松茸之由、多以盗取之、仍爲表其事、御出之時取隠松茸之外無他（[女房達が北山にマツタケ見物に出かけている]間、しきりに法印や阿闍梨に酒宴に誘われた。そこで、誘いに応じて部屋の片隅に着座すると、酒と料理が並べられた。ただ、異様なことに松茸はなかった。[不思議に思って尋ねると]人々が言うには、この法印はこの山に住んでおり、毎年毎年、マツタケがないと申しているが、[その原因は]マツタケを盗み取っているためである。このことを明らかにするために、お出での時にはマツタケを隠すのもやむを得ないと述べた。）」と記されている。

② 建暦 2 年（1212）8 月 10 日の条に、重病の姉、健御前（けんごぜん）が持ち直し、薯蕷のような食物をかなり食べ、煎じ物を飲んだこと（又言談尋常常不異例人、昨今如薯蕷巻［食の添字がある］物聊受用、又飲煎物）が記されている（森田，1993）。

③ 寛喜 2 年（1230）2 月 30 日の条には、春日詣の際、端に着座した親長まで薯蕷の粥が回らなかった（薯蕷粥親長拂底）ことが記されている。

④ 寛喜 2 年 11 月 21 日の条には、異常気象で白河辺の桜の木の多くで開花がみられ、タケノコも生えて人々がこれを食べている（草木之體今年多有非常違例事…櫻木多花開〈白河遍在所々云々〉筍生人食之云々）との記述がある。

　これらをみると、野菜が取り上げられているのは、日常とは異なる出来事に関連してのことであり、定家は野菜そのものに対して関心がなかったと思われる。これは、嘉禄元年（1225）3 月 11 日条の「今夕分裁菊（ママ）（今夕菊を株分けして栽えた）」や安貞元年（1227）閏 3 月 8 日条の「去々年所續八重櫻花初開（一昨年に接木した八重桜が初めて花を咲かせた）」などの記述から窺える、花に対する関心と対照的である。

　なお、『明月記』には、薤（おおにら）を服す、あるいは止めるとの記述が 11 例、蒜を服す、あるいは止めるという記述が 9 例あるが、これは薬としての利用である。『医心方』によれば、薤は「拾遺云,調中主久利不差大腹内常悪者（『本草拾遺』によれば、胃腸を整え、下痢や大腸の不具合を癒す）」、蒜は「本草云…帰脾腎主霍乱腹中不安消穀理胃温中除邪痺毒氣（『新修本草』によれば、脾臓や腎臓に効果があり、霍乱や腹の不具合を治し、食物の消化を助けて胃を整え、

邪気による神経痛や関節痛、毒気を除く）」効能があるとされている（丹波，1859）。また、薯蕷とは別に、寛喜 3 年 8 月 19 日条には「芋、我も加字、苅萱、蘭、女郎花色々開敷（芋、ワレモコウ、カルカヤ、蘭、オミナエシが色とりどりに開花していた）」、天福元年（1233）8 月 20 日条には「芋穂色殊盛（芋の穂の色殊に鮮やかである）」と芋の開花についての記述がある。サトイモは一般には開花することはないが、エグイモは比較的開花しやすい品種であることが知られている（熊沢，1965）。しかし、その花（正確には花軸に花柄のない小花が多数着生した肉穂花序で、仏炎苞と呼ばれる苞葉に包まれている）を定家が穂と表現したとは考えにくい。これに対して、マメ科のホドイモ（土芋）の花（蝶形花）は緑黄色で、5 枚ある花弁のうちの一対（翼弁）の先端は紫色を帯びており、これが花軸に穂状に着生するので、定家はこれを芋穂と呼んだのではないかと考えられる。

第 5 節　料理書の出現

　鎌倉時代は職能の時代であり、さまざまな技能をもった職人が力を持つようになったとされる。絵を描く絵師や詞書を書く筆者、清書に当たる能書の名が記されるようになったのもこの頃のこととされるが（五味，2016）、これも職人の地位が向上したことの反映と考えられる。また、家職（家によって世襲される職）意識が高まったが、これは武家だけでなく、貴族の家でも歌道の冷泉家のように、その職能が家職として継承されるようになった。料理の世界でも、藤原山蔭に始まる四條流が家職として四條家に伝えられた。その流儀を纏めた『四條流包丁書』が著されたのは、室町中期になってからのことであるが、それよりも前、鎌倉時代の末期には、宮中における食事（御膳）の構成、食器の詳細、料理の内容などを記した書が成立した。その一つ『厨事類記』には、早いものでは承暦 4 年（1080）4 月、遅いものでは永仁 3 年（1295）3 月付の記事があり、平安時代末期から鎌倉時代末期の宮中において供された料理の内容を知ることのできる重要な資料である。野菜についての記述は少ないが、「臨時供御。〈内院宮儀〉」の正月七日の項に「若菜。【艹衣】（瓜）茄實加_進之_（瓜とナスの果実を加えて若菜を進上）」との記述があ

る（塙, 1951 b）。また、調備部の汁實には「今案。汁實盛┐干別坏┌可┐居┌
加之┌。但供┐寒汁┌之時。汁實。〈與利實。〉山薑。〈夏蓼。〉板目鹽都呂々。〈薯
蕷。〉橘葉等盛┐同盤┌居┌加之┌（今考えるに、汁の実は別の坏に盛って置いてお
き、汁に加えるべきである。ただし、冷汁を供する時は汁の実、ワサビ、（夏はタデ）、
煎塩、ヤマノイモのトロロ、タチバナの葉を同じ盤に盛って置き、汁を加えるべ
きである；寒汁實の項の説明によれば、與利實とは魚の皮の上に魚のすり身を盛り、
魚の皮で覆ったものを三つほど重ねて盤の中に置くことをいう）」とあり、ワサビ、
タデ、ヤマノイモなどが挙げられている。また、薯蕷汁の拵え方についての
記述があることは既にのべた。『世俗立要集』も『厨事類記』の類書で同じ
頃に成立したと考えられる。目次には、肴ノナスヒ（茄子）キル事、七種ノ
カユの条があるが、この部分を含む七か条が紛失しており、見ることができ
ない（塙, 1951 b）。

第6節　鎌倉時代の野菜利用の特徴

　前述したように、東南アジア〜東アジア地域において活発な人と物との交
流があったにも関わらず、この時代に新たに渡来した作物は少ない。新たに
渡来した野菜ではないが、古島（1975）は、文永3年（1266）12月に大山
庄の領主である東寺の公文僧朝海から地頭源基定宛に年貢の種類、賦課基準
を決定、告知した文書である「丹波國大山庄領家御得分注文事」（東寺百合
文書に函/2/1；京都府立京都学・歴彩館，東寺百合文書WEB）には、野菜とし
て「暑預百本，野老十合，牛房五十把，□□卅丸，土筆一斗，干蕨十二連，
胡桃子一斗，平茸二節，梨子五合，【就火】柿五合，山牛房卅本（ヤマノイモ
100本、トコロ10合、ゴボウ50把、□□30丸、ツクシ1斗、干ワラビ12連、ク
ルミ1斗、ヒラタケ2節、ナシ5合、熟柿5合、ヤマゴボウ30本；□□は解読で
きないが、古島は【艹勾】蒟〈コンニャク〉としている）」との記載があること
を示し、『和名抄』では「野菜」に分類され、平安時代には栽培されたか、
どうか不明であったゴボウが、鎌倉時代には栽培種が分化するまでになった
と考えている。その根拠として、古島（1975）は前記の山牛房を野生のゴボ
ウと見なしている。一方、17世紀の農書『百姓伝記』では、山ごぼうを薬

種の商陸とし、垣根際や軒下などに植えて置くとよいと述べており（古島，2001）、『草木育種』巻之下の商陸の項には「葉を採手にて摘切、菜となすべし（葉を採って手で摘み切り、菜とするのがよい）」と説明されている（岩崎，1833）。これに対し、青葉（1983）はヤマゴボウをモリアザミ、一名ゴボウアザミのことだとしている。なお、近年では、アサ、ヒョウタン、ゴボウ、エゴマなどの栽培植物は縄文前期（7,300～5,500 年前）以前に渡来していたとされている（小畑，2016）。また、『福井県史資料編 13』によれば、鳥浜遺跡では「明るい開けたムラの周りには、ヒョウタン・リョクトウ・シソ・エゴマ・ゴボウ・ウリなど渡来した栽培植物とされるものが生えていた。果たしてこれらの畑地が存在したかどうかまでは闇の彼方であるが、相当な規模で栽培されていたことは確かなことである。」と記されている（福井県，1986）。どのように栽培されていたのかは不明であるが、例えば、大きな種子を選んで播種するなど、なんらかの形で人の手が加えられていたのではなかろうか。丹波国大山庄でヤマゴボウと呼ばれたものは、このように利用されていたゴボウが逸出して野生化したものかも知れない。しかし、この時代、丹波に野生化したゴボウが自生していたか、どうかは明らかでなく、ヤマゴボウが野生化したゴボウ、モリアザミ、商陸のいずれに相当するのかは不明である。

　利用された野菜の種類をみると、サトイモ、ゴボウ、ハスなど、イモ類を含めた根菜類の利用が目立って多くなっている。一方、葉菜類についての記述は少なく、わずかにククタチ、セリ、ナズナ、菜（種類は特定されていない）、ワラビ、ツクシなどが見られたに過ぎない。葉菜類の記述が少ない理由は明らかではないが、葉菜類が利用されなかった訳ではなく、輸送に耐えがたい菜類は貢物や年貢とされることが少ないため、記録に残らなかったのであろう。

第6章　室町時代の史料にみる野菜

　榎原（2016）は室町時代を「従来は公家や僧侶のもとで厳格に学ばれていた学問・文芸が、より多くの人々に理解できるよう、かみ砕いた形で広まり始めた」時代であると述べている。『平家物語』や猿楽の上演は庶民が歴史や中国の故事を学ぶ機会となった。また、公家や僧侶だけでなく、武士や商人など経済的に余裕のある人々は子弟に文字を学習させ、教養や道徳を学ばせようとしたが、その際に用いられたのが、必要な教養、知識を往復書簡の形で記した、往来物と言われる書物である。往来物としては既に平安時代後期に成立した『明衡往来』（別名『雲州消息』）があり、平安末期から鎌倉時代初期には『和泉往来』、鎌倉時代には『十二月往来』、室町時代中期には『尺素往来』などが刊行されているが、これら往来物の中で最も有名なのが南北朝後期から室町時代前期に作られた『庭訓往来』で、江戸時代になっても幅広く利用された。

　一方、東アジア史の中でこの時代を見ると、15世紀後半には明政府の統制力が弱まり、中国南部沿岸地域の明人たちが積極的に海外進出を図るようになり、一部は直接日本にもやってくるようになった。その結果、博多だけでなく、九州を中心に各地に唐人町（その中には朝鮮系の人たちの居住区域があったとされる）が形成された。このように、15世紀後半以降、必ずしも国境にとらわれない人々によって盛んに交易が行われるようになり、さらに16世紀に入ると、急増した日本産の銀の取引を目的に明の商人たちだけでなく、ポルトガルなどヨーロッパ船も日本にやってくるようになった（高橋,2001）。この間、1543年には明のジャンク船に乗ったポルトガル人が種子島に漂着して鉄砲を伝え、1549年にはフランシスコ・ザビエルも来日し、キリスト教の布教を始めている。鉄砲伝来から鎖国が始まる1641年までの約90年の間にポルトガル人やスペイン人の宣教師によって、カボチャ、サツマイモ、トウガラシ、タバコなど新大陸起源の作物や南蛮料理がわが国に

伝来した。また、異説はあるが、ホウレンソウ、ニンジン、シュンギクなども 15～16 世紀に中国から伝わったと考えられている。

第1節　往来物にみる野菜

　平安時代後期に成立した『明衡往来』巻中末、九月状往信には「可レ被二求送一。甘子。橘。梨子。枝柿。雉。鯉。生鮭。蠣（コウジ、タチバナ、ナシ、つるし柿、キジ、コイ、生鮭、牡蠣を入手し、送ってもらいたい）」と、果実、魚、鳥などの献上を求める書状があるが、野菜についての記述は見られない（塙, 1951 a）。平安時代末から鎌倉時代初期に成立した『和泉往来』十月状往信は竪儀（りゅうぎ）の会の時に必要な食品と器具の寄進を求める手紙であるが、野菜としてササゲ、ゴボウ、ハス、オニバス（鶏頭草）ミョウガ（茗荷）、ヤマノイモ（暑蕷）、サトイモ（芋）、アオナ、カブ、ダイコン、カラシ、サンショウ（鳴薑）、ショウガ（土薑）、コブシハジカミ（拳薑）、ツケウリ（清瓜）、干瓜（伊賀干瓜）、ナズナ、チシャ（苣）、タデ、ヒラタケ、ニガタケ（苦茸）が列挙され、五月状往信にはタケノコ（笋）、七月状往信にはササゲ（枝大角豆），マクワウリ（熟瓜）、ナス（生茄）の名が挙げられている（石川と石川, 1967）。しかし、『十二月往来』には野菜についての記述はなく、『新十二月往来』の 5 月 4 日状には「菖蒲艾等令レ献候（ショウブやヨモギなどを献上するよう申付けました）」とヨモギを献上させたこと、また 12 月 5 日状には、ヤマノイモ（暑預）、トコロ（野老）が進物として献上されたとの記述があるに過ぎない（塙, 1951 a）。このように、鎌倉時代までの往来物には『和泉往来』を除き、野菜の記述は少ないが、室町時代になると状況が一変する。

　南北朝後期〜室町初期に成立したとされる『庭訓往来』には多くの古写本が存在するが、そのうち天文（てんぶん） 5 年（1536）の奥書を持つ古写本には四月状返信に進上品として「鞍馬木芽漬（クラマノキノメツケ），醍醐烏頭和布（タイゴノウト　メ），東山蕪（ノカブラ）」、十月状返信に菓子（果物）として「爇瓜（ショククワ），澤茄子（ミツナスビ）」、御時の汁として「辛辣羹（シンラツ），雪林菜（セツリンサイ），薯蕷豆腐（ショヨトウフ），笋蘿蔔（シュンロ），山葵（ワサビ）」、菜として「纖蘿蔔（センロフ），爇染牛蒡（ニシメゴハウ），烏頭和布（ウトメ），蕗（フキ），茆（アサミ），酢漬茗荷（スツケノ），薦子（コモノコ），胡瓜甘漬（キフリノアマツケ），煎豆（イリマメ），茶（チヤ），苣（チシヤ），園豆（エントウ），芹（セリ），薺差酢（ナツナノサシス）」、「酒䔡松茸（サカイリノマツタケ），平茸鴈䔡（ヒラタケカンイリ）」、時以後の菓子として「田烏子（クワイ），覆盆子（フクホンシ），百合草（ユリサウ）」

など多数の野菜とその料理名が挙げられている（玄恵, 1536）。なお、天文 6 年写の『庭訓往来』を翻刻した『新日本古典文学大系 52』（山田, 1996）では、上記の他、10 月 3 日状の返信で菜として「蒟蒻、蕪、茄子、滑茸」、菓子として「野老、零余子」が加わっており、御時の汁の「薯蕷豆腐」が「薯蕷」に置換わっている。また、茶にはチヤではなく、ヲホトヂのフリガナが付されている。茶は菜の項に取り上げられているので、飲料とする茶ではなく、荼と読んだ方がよいと思われるが、室町末期に成立した付注書『庭訓往来鈔』には、荼苣にチシヤというフリガナが付されており、そもそも荼苣が一語なのか、二語なのか、はっきりしない（著者未詳, 室町末期）。また、校注者によって読み方に違いがあるものもあり、『新日本古典文学大系 52』では、天文 5 年書写本の「蕪, 酢漬茗荷」を「蕪の酢漬、茗荷」、「荒布黒煮, 蕗, 莇」を「荒布、黒煮の蕗莇」と解している。また、木芽漬、烏頭和布のように、色々な説が提唱されていて、どのような野菜を加工したものか、はっきりしないものがある（これについては付録 14 を参照して頂きたい）。その他、澤茄子にはミツナスヒとフリガナがついているが、これが現在も利用されているミズナス（ナスの品種群）のことか、どうか不明である。

　『庭訓往来』の特徴として、野菜名だけでなく、辛辣羹、雪林菜、笋蘿蔔、繊蘿蔔、煮染牛蒡、酢漬茗荷、胡瓜甘漬、煎豆など、料理名や加工品の記述が多くみられること、また「鞍馬木芽漬、醍醐烏頭和布、東山蕪」のように京都近郊の名産が取り上げられていることが挙げられる。江戸時代になると、『毛吹草』や『雍州府志』など、各地の名産を取り上げた書物が現れるが（竹内, 1943；黒川, 1686）、『庭訓往来』はその先駆け的な書となっている。「豆腐羹、辛辣羹、雪林菜、薯蕷豆腐、笋蘿蔔、山葵寒汁」は御時の汁（法会の時の精進料理で出される汁）として準備するものとして挙げられている。『庭訓往来鈔』に辛辣羹とは「汁菜ニ辛ヲ加ル之味也（汁菜にカラシを加えた味である）」とあるので芥子汁、雪林菜とは「蕪之茎立也, 大根ノ雪阿恵ト云非也（カブのククタチのことで、ダイコンの雪あへと言うのは正しくない）」との記述があるのでカブ（アオナ）の花茎もしくは若苗の汁、笋蘿蔔には「シュンロフ、竹子之キリボシ也」のフリガナが付されているので、タケノコを細く切って干したものを入れた汁と考えられる(著者未詳, 室町末期写；山田, 1996)。「薯

蕷豆腐」は『新日本古典文学大系52』では「薯蕷」、永正17年（1520）写の阪本龍門文庫本では「両薯蕷」となっており（玄恵, 1520）、『庭訓往来鈔』ではこれを「暑蕷野老」とし、「山ノイモヤトコロ」というフリガナを付している（著者未詳, 室町末期）。トコロとはヤマノイモ科のトコロ（*Dioscorea tokoro* Makino）のことで、芋には苦みがある。そのため、食用とすることは少ないとされる。広瀬（1998）は、古典文学書では野老（トコロ）とヤマノイモを混同している場合が多いと述べており、また『和訓栞』後編巻之十三の「とろろ」の項には「薯蕷汁をいふも義同じ，庭訓に薯蕷腐といへり（薯蕷汁のこと、庭訓往来では薯蕷腐という）」とあるので（谷川, 1887）、「薯蕷豆腐」とはとろろ汁のことであろうか。

　一条兼良の著とされる『尺素往来』には、「菜者，炙和布，炙昆布，唐納豆，醬魬，烏梅等之内両三種（菜はアブリワカメ、アブリコンブ、唐納豆、瓜の醬漬、熟梅干を燻したものなどの内から二、三種）」、「點心之菜者，不要多矣，生蘿蔔，鶏冠苔，冬瓜，藕根，蘘荷，酸芡等之内，三種斗可設之（食事の間にとる間食の菜は多くを必要としない。生のダイコン、トサカノリ、トウガン、レンコン、ミョウガ、オニバスなどのなかから三点ほどを選ぶ）。」、「茶子者，…烏芋，海苔，結昆布，蕷子，刺蘚，菱，串柿，挫栗，干松茸，干笋，乾胡蘆，乾蘿蔔…（茶うけとして…烏芋、ノリ、結昆布、ムカゴ、トコロ、ヒシ、串柿、勝栗、干マツタケ、乾燥タケノコ、カンピョウ、切干ダイコン…）」との記述がある（一条，室町末期写）。また、「菓子」には、草本性植物の果実として瓜、ナス（茄）が挙げられている。酸芡は、国文学研究資料館鵜飼文庫本では酸蔆と表記されているが、宮内庁書陵部本を含め、いずれもスフキのフリガナが付いており、オニバス、和名ミズフブキのことであろう（一条；1668 b，江戸時代写）。また、庭の前栽として植えられる花の名前が挙げられているが、その一つに春菊がある。白井（1929）は、これを現在のシュンギクと同じものと考え、『尺素往来』がわが国での初出文献であるとしている。これに対し、青葉（1983, 2000 a）は、1983年の著作では『尺素往来』に「初めて茼蒿（しゅんぎく）の名が見られ、足利時代以前に渡来したらしい」と記しているが、2000年の著作では「この記述には茼蒿の漢名は用いられておらず、これだけではシュンギクとは断定しがたい」と修正している。わが国の文献にシュンギクの名が見られるよ

うになるのは 17 世紀になってからのことで、『親民鑑月集』の「五穀雑穀其外作物集」、菊の項には「正月に古根を植る．しゅん菊は種子を植る．是は葉もよし（正月に古根を植え付ける。シュンギクは播種する。葉は食用にしてもよい）」との記述が見られ、『百姓伝記』には「しゅんぎく」として、「土民このみて作るものならず（農家の人たちが好んで栽培するものではない）」との説明がある（古島, 2001）。また、『農業全書』には 茼菊 として、「農業通決には二月にこふるとあり．是は春の食とせんためならん．苗の時ひたし物あへ物となして味よし．冬春たびたびにつくり用ゆべし．（農業通決には 2 月に播種すると書いてある。これは春に食べるためで、苗の時にひたし物や和え物とすると美味しい。冬から春にかけて度々作って用いるべきである。；農業通決は未詳だが、明の徐光啓〈1843〉の『農政全書』巻二十八、28 丁に「農桑通訣曰，茼蒿，春二月種」とあるので、これを引用した際に桑を業と誤記したのではないかと思われる。また、「こふる」は「うふる」の誤まりか。）」との記述がある（宮崎, 1936）。『百姓伝記』と『農業全書』でシュンギクに対する評価が異なっているが、著者の居住地（筑前と三河・遠江）の違いを反映しているのであろうか。なお、『庭訓往来』と『尺素往来』に共通して取り上げられている野菜は、マクワウリ、ナス、ダイコン、タケノコ、ミョウガ、トコロ（野老）、ヤマノイモのムカゴ（零余子）、烏芋、マツタケの 9 種類で、『庭訓往来』、『尺素往来』のいずれか一方だけに記載されている種類数の半分以下に過ぎない。

第 2 節　御伽草子にみる野菜

　南北朝から室町時代になると、公家の世界を描いた物語文学は姿を消し、それに代わって、幅広い読者層を対象にした、説話的要素を持った短編小説が多数作られるようになった（市古ら, 1989）。こうした説話的短編小説は室町時代から江戸時代初めにかけて多数作られたが、その総称を御伽草子という。『常盤の嫗』は、耳が遠く、息も荒く、歯が抜け、腰の曲がった老婆が無常を感じ、極楽往生を願って念仏を唱えるものの、その途中で子供や孫に対する愚痴、酒や食べ物への欲求などを次から次へと述べてゆくという話である（著者未詳, 室町末近世初写；小林と安富, 2006）。野菜については、「山

の地にとりては，ところ，さわらひ，くすのね，まつたけ，ひらたけ，なめ
すゝき，かのした，しいたけ，しめりたけ，くりたけ，ねすたけ，ねすみた
け，つきよたけ，さゝたけ，まてもくわはやな（山野で採集するものは，トコ
ロ、早蕨、葛の根、マツタケ、ヒラタケ、エノキタケ、カノシタ、シイタケ、シ
メリタケ、クリタケ、ネスタケ、ネズミタケ、ツキヨタケで、ササタケまでも食
べたいものだな）」との記述があり、カノシタ、シメリタケ、ツキヨタケなど、
あまり一般的ではない種類のキノコが取り上げられるなど、キノコに対する
関心の強さが窺える。これに対して、『猿の草子』は猿を主人公とした異類
物で、嫁入りの行列の様子と子が生まれた後の聟呼びの饗応の様子が描かれ
ている（沢井, 1989）。野菜としては、牛房、烏頭布、東山蕪、茎立、早蕨、
竹の子、篠竹〈すず(たけ)〉、淡竹、白瓜、鴨瓜、夕顔、姫瓜の 12 種類が取り上げられ
ている（沢井は烏頭布をウドの芽としているが、付録14 で説明するように
野菜か、どうか不明である）。これらのうち、夕顔と姫瓜は当代の『庭訓往来』
や『尺素往来』では取り上げられていないが、茎立、早蕨、竹の子、篠竹、
淡竹、白瓜、鴨瓜はそれぞれ、【艹豊】、蕨、笋、篠〈シノ〉、籘竹〈ヲホタケ〉、白瓜、冬瓜と
して『和名抄』に記載され、古くから馴染みのある野菜である。篠と籘竹はス
ズタケとハチクのタケノコのことと思われるが、笋と記されたものがどのよ
うな竹のタケノコかははっきりしない。現在、最も一般的に利用されている
のはモウソウチクのタケノコであるが、江南竹記（碑文）によれば、モウソ
ウチクは元文元年（1736）に琉球から薩摩に伝えられたのち、各地に広まっ
たとされる（大日本山林会, 1884）。『雍州府志』巻之六の竹木部、竹笋の項
には「處々出, 凡苦竹之外惣謂＿淡竹＿（あちこちに出る。一般にニガタケの外
は全てハチクである）」との記述があるので（黒川, 1686）、マダケ（一名ニガ
タケ）のタケノコのことではないかと思われる。また、夕顔と姫瓜について
は、「たそがれ時の夕顔の，姫瓜にこそ古〈いにし〉への光源氏の大将も，心を動かし
給ひけり」との記述があるので、『猿の草子』の著者は『源氏物語』の夕顔
の女君から姫瓜を連想したと思われる。17 世紀の京都の地誌である『雍州
府志』巻六の姫瓜の項には、「其大如＿梨其色至白. 故以＿姫稱＿之. 女兒求＿
斯瓜＿少留＿莖傅＿白粉於其面＿以＿墨畫＿鬢髪眉目口鼻＿以＿水引＿結＿其莖＿提
携爲＿玩具＿（大きさはナシ位で果皮の色は白、そこで姫瓜と呼ぶ。女児はこの瓜

を求め、蔓を少し残し、果皮に白粉を薄く付け、墨で髪の毛、眉、目、口、鼻を描き、蔓に水引を結び、これを持って玩具にする。)」と記されている。また、『和名抄』の颺胍も姫瓜の可能性があるとされる（杉山, 1995）。

　『東勝寺鼠物語』は、美濃の国の東勝寺という禅寺の穴倉に住みついたネズミの子供たちが寺の家具や書籍を食い荒らすなどの悪さをしたため、9月3日の月待ちの夜に僧たちによって退治されてしまう話である（京都大学文学部国文学研究室, 2012）。この物語で取り上げられている食事構成をみると、初献の雑餉（もてなしの酒肴）、本膳、二の膳、引物、中酒、菓子、茶、点心、お持たせの酒からなっており、雑餉として蔓草、菜の汁、本膳として六条蒟蒻、青茄、真茄、郷食、煮染牛蒡、名荷の鮎鮨、大根の膾、鴨瓜、独活のかうの物、本膳のさきざらとして瓜の漬物、本膳の前皿に山枡、二の膳として聚汁、芋、大根、茄子、薯蕷、干松茸、滑茸、干蕨、土筆、菜には平茸、夕顔、竹子のすし、干瓢、青大豆、馬芹（芹の横に莧の字がある）、薺菜、蕗苗、蕪、胡瓜、甘漬、醤、梅漬、しほ（調味料のことか）は山枡、生薑、辛子、穂蓼、山葵、葵、冷汁の子は椎茸、菓子には五色、胡瓜、越瓜（越瓜は過ぬ、と記されている）、笋、野老、烏芋、白角豆、菀豆などが挙げられている。ここで、青茄とは『本草図譜』巻之五十二に「田村氏此種肥後阿蘇郡まれいし村にありと云，今武江に多し，紫色ならす，茎葉皆緑色にして微し毛あり，花の形茄類と同にして但白色，其実緑色，味ひ劣れり（田村氏によれば、元々は肥後阿蘇郡まれいし村にあったが、現在は江戸にも多い。茎葉は紫がかっておらず、緑色で少し毛があり、花の形は他のナスと同じであるが白色で、果実は緑色、味は劣る；田村氏とは本草学者の田村藍水、まれいし村とは的石村のことと思われる。)」と記された緑色のナスのことと思われるが（岩崎，写年未詳）、真茄、郷食については不明である。薺菜、鴨瓜、山枡はそれぞれ、ナズナ、トウガン、サンショウのことであろう。小野蘭山（1805）は『本草綱目啓蒙』巻之十で當歸の古名としてオホゼリ、カハゼリ、ヤマゼリとともにムマゼリを挙げているので、馬芹はニホントウキのことと思われる。ただし、芹の字の横に莧の字の書き入れがあるので馬（歯）莧（スベリヒユ）のことを指しているのかも知れない。胡瓜はカラウリのフリガナがあり、翻刻では胡瓜とされている。10世紀前半に成立した『本草和名』、12世紀頃に成

立した『類聚名義抄』では胡瓜にカラウリとのフリガナが付けられているが、15 世紀中頃に成立したとされる『節用集』（阪本龍門文庫所蔵本）では「甜瓜〈或作唐瓜〉（カラウリ、甜瓜あるいは唐瓜と記す）」となっており（著者未詳，室町中期写）、17 世紀末に成立した『和爾雅』も甜瓜をカラウリとしている（貝原, 1694）。『東勝寺鼠物語』が室町時代末期に成立したものであること、また胡瓜を菓子としていることを考えると、胡瓜は甜瓜（マクワウリ）の誤写ではなかろうか。

　ここで取り上げた御伽草子 3 編を比較してみると、複数の草子に共通して出現する野菜はシロウリ、トウガン、ゴボウ、ワラビの 4 種類に過ぎず、また、『常盤の嫗』では 10 種類のキノコが取り上げられているが、『猿の草子』ではキノコについての言及がないなど、草子によって取り上げられている野菜の種類に大きな違いがみられる。

第 3 節　絵巻物に描かれた野菜

　室町時代には、酒宴や饗応の様子、さらには調理の場面なども絵巻物に描かれるようになった。その代表的なものが『慕帰絵詞』、『酒飯論絵巻』である。『慕帰絵詞』は本願寺を創建した覚如の伝記で、第 2 巻には南滝院の厨房で食事をする僧侶たちと囲炉裏にかけた鍋をお玉杓子でかき回している僧侶の姿が描かれており、その背後には簀の子と水を入れた桶と柄杓が描かれている（慈俊, 1919 - 1920）。また、第 5 巻には厨房の棚の上に、皿に盛られたキノコが描かれている。

　『酒飯論絵巻』は酒好きの公家、下戸で飯好きの僧侶、酒も飯もほどほどがよいとする武士が、それぞれの持論を展開する物語である。その第 3 段では、下戸の僧侶がいろいろな飯について述べた後、「四季おりふしの生珎は，くゝたち，たかんな，みやうかの子，松たけ，ひらたけ，なめすゝき，あつしる，こしる，ひやしつけ，調味あまたにしかへつゝ，うそうそけ入のうす小つけ，よきほとらかの小さいしん，御まへにすへてみさうはや，まいらぬ上戸やおはします（四季折々のおかずとしては、ククタチ、タケノコ、ミョウガの花穂、マツタケ、ヒラタケ、エノキタケをさまざまな味の熱汁、小汁、冷や汁

に仕立て、「うそうそけ」入りの小漬やちょうどよい程度のお替りを準備すれば、上戸も食べにやってくるに違いない。；「うそうそけ」の意味は不明）」との記述がある（ブリッセと伊藤, 2015）。また、厨を描いた場面には野菜が描かれているが、伊藤（2015）は、それらを「越瓜、真桑瓜、姫瓜、大根または蕪の若葉、平茸、茄子、蕨、南瓜、冬瓜、糸瓜［ヘチマ］、松茸（または椎茸）」と比定している。カボチャの渡来した年代については、『大和本草』巻之五では「本邦ニ来ル事慶長元和年中ナルヘシ．西瓜ヨリ早ク来ル．京都ニハ延寶天和年中ニ初テ種ヲウフ（わが国に渡来したのは慶長・元和の頃［1596〜1624］で、スイカよりも早く渡来した。京都では延宝・天和［1673〜1684］の頃に初めて栽培された。）」としている（貝原, 1709）。これに対して、佐藤信淵（写年未詳）は『草木六部耕種法』巻十七の中で、「天文年中西洋人始テ豊後ノ国ニ来舶シ國主大友宗麟ニ種々ノ物ヲ献シ大友ノ許ヲ得テ其後毎年来レリ．其時代ニ蠻人等此ノ南瓜ノミナラス数種作物ノ種子ヲ持来レリト云フ．此物ハ菓子ニハナラサレトモ諸魚諸鳥及ヒ豕猪等ノ肉ト共ニ煮テ食フトキハ無類ノ美味ナリト漢人甚タ此物ヲ賞ス．故ニ西國ニテハ此ヲ作ル者多シ．然レトモ京都近辺ニテハ寛文年中ヨリ植ルト云フ（天文年間［1532〜1555］に西洋人が初めて豊後に来航し、国主の大友宗麟に色々な物を献上し、許しを得て、その後は毎年来航した。その時代に南蛮人がカボチャなど数種の作物の種子を持って来たという。カボチャは菓子ではないが色々な魚鳥やブタ・イノシシ等の肉と煮て食べると美味で、漢人はこれを激賞する。そこで、西国ではカボチャを作る者が沢山いるが、京都周辺では寛文年間（1661〜1673）になって栽培するようになった。）」と記している。豊後へのポルトガル人来航について、『采覧異言』ポルトガルの項には「西番之来，自此國始，天文十年辛丑秋〈七月〉驀有大海舶一隻，直至豊後神宮浦，其所駕者二百八十人，明茅所儀曰，西番波羅多伽兒国佛来釋古者傳鳥銃於豊州，即謂之也（天文十年秋七月に大船一艘に乗ったポルトガル人が、西洋人として初めて豊後の神宮浦にやって来た。明の茅元儀が云うところでは乗員二百八十名であった。ポルトガル人フランシスコが鳥銃を豊後に伝えたというのは、この時ことである）」との記述がある（新井, 写年未詳）。しかし、天文 10 年（1541）には大友家の当主は宗麟の父義鑑で（宗麟が当主になるのは 1550 年）、船もポルトガル船ではなく、明人を乗せたジャ

ンク船であった（鹿毛, 2013）。さらに、加藤（2004）によれば、宗麟自身が府内の港にポルトガル人を乗せた明の船が来航したのは数えで 16 歳（天文14 年）の時のことで、それ以後、明の船がやってくるようになったと追憶談で語っているという。また、『長崎夜話草』五では「紅毛詞ボウフウといふ. 此種唐土日本共に亜媽港呂宋等の南蠻國より傳へたり. 長崎にも天正年中より普く農家に造り唐人紅毛に賣て生計とす. しかれ共本草綱目等にも毒有りて人に益なしよし見へたれは，恐れて世に食する人すくなし（オランダ語でボウフウという。中国、日本ともにアモイやルソンなどの南蛮の国々から伝わった。長崎でも天正年間［1573〜1592］に多くの農家で作られ、中国人やオランダ人に売って生業としたが、『本草綱目』等にも毒があって益がないとの記述があり、［日本人で］食べる人は少ない；『本草綱目』にカボチャを多食すると水虫や黄疸になるとの記述がある；岩波文庫本を含め、明治 31 年求林堂版〈DOI, 10.11501 / 766709〉などでは此種は此程に翻刻されているが、享保 5 年〈1720〉跋の本を見ると種の字と思われる）」との記述がある（西川, 1705）。一方、文化庁本『酒飯論絵巻』の成立は「1520 年代から程遠くない頃」（土屋, 2014）あるいは「1520 年代の前半」（並木, 2017）とされる。これらの記述からすると、『酒飯論絵巻』が成立した時期にはまだカボチャは渡来していない可能性が高く、仮にカボチャが渡来していたとしても、栽培は限定的で、京都にまでは伝わっていなかったと思われる。1603 年に刊行された『日葡辞書』にもボウブラという見出し語はないが、このことも当時、京都では未だ栽培されてはいなかったことを示していると思われる。なお、青葉（2000 a）は、『日葡辞書』の Yūgauo ユウガヲ（夕顔）の訳語は本来、カボチャとすべきものと思うと述べているが、『日葡辞書』に記載されているユウガオが何かについては、ニンジンとともに付録 15 で論じたい。以上のように『酒飯論絵巻』の成立年と京でカボチャが利用されるようになった時期の違いから見て、『酒飯論絵巻』にカボチャが描かれているとは考えにくいが、それが何かを特定することは難しい。

　また『酒飯論絵巻』には、二人の地位の高い僧侶と女性が食事をしている場面で水（冷水）に浮かべた瓜が描かれているが、伊藤（2015）は果皮の色からこの瓜を越瓜（白）、真桑瓜（緑）、姫瓜（橙）と同定している。水に浮

かべているのは、食後に食べるために冷やしているのではないかと思われるが、そうだとすると、これら三種の果実は、白い果実を含め、マクワウリである可能性が高い。『本草図譜』巻之七十一の甜瓜の項には『酒飯論絵巻』の瓜によく似た図が描かれ、それらは一種、ぎんまくわ「形大にしてまるつけの如く緑色の細道あり，味ひほんやまと同し（形は大きくマルヅケのようで、緑色の縦縞がある。味はほんやまと同じ）」という緑色の瓜、一種「大さ，ほんやまの如く全躰白色にて細き道（大きさはホンヤマのようで、全体に白く、細い筋）」のある瓜（白色）、「形ほんやまの如く皮白色に黄色の縦道あり．肉の色ほんやまと同じ（形はホンヤマに似て果皮は白く、黄色の縦縞があり、果肉はホンヤマと同じ）」瓜（黄色の縦道は図では褐色に描かれている）と説明されている（ぎんまくわ以外の二種は表紙の図を参照）（岩崎，写年未詳）。なお、「ほんやま」とは「江戸にては四ツ谷鳴子村にて作るもの上品なり．ほんやまといふ．長さ三寸餘にて周り三四寸，熟すれば金黄色にして緑色の細道あり．肉は緑色なり．これを食は香味甚た甜し．濃州真桑村より出るものと同形なり（江戸では四ツ谷成子村産の品質がよい。ホンヤマという。長さ 9cm、周囲長 9〜12 ㎝で、熟すると果皮は黄金色になって緑の筋が入り、果肉は緑色である。これを食べれば、香味に優れ、甚だ甘い。美濃真桑村産の瓜と同形とされる。）」と説明されている。一方、「ぎんまくわ」は他の二品種に比べて大きい。『酒飯論絵巻』では三品種に大きさの差はないので、大きさは同じで、果皮色が緑、黄、白、白で黄色（褐色）のスジのある品種などがあったものと思われる。第 2 節で述べたように『雍州府史』巻六によれば、姫瓜の果皮は白色とされる（黒川，1686）。また、『和漢三才図会』巻第百では「圓而浅青色，味苦不レ可レ食，熟則稍黄，雖ニ微甘ニ不レ堪レ食（果実は丸く浅青色、味は苦く食べることができない。熟するとやや黄色くなり、すこし甘くなるが食用にはならない。）と記されているので（寺島，1824）、橙色の品種を姫瓜とするのは誤りであろう。

第 4 節　料理書に取り上げられた野菜

　『四條流庖丁書』は、主に鳥、海魚、川魚について優劣や調理の際の心得
などを記しており、奥書には長享 3 年（1489）2 月下旬、多治見備後守貞賢
とある。野菜についての記述は少なく、「サシ味之事。鯉ハワサビズ。鯛ハ
生姜ズ。鱸ナラバ蓼ズ。フカハミカラシ（実芥子）ノス。エイモミカラシノ
ス。王餘魚ハヌタズ。（刺身の事、コイはワサビ酢、タイはショウガ酢、スズキ
はタデ酢、サメはカラシ酢、エイもカラシ酢、カレイはヌタ酢）」、「蛎ヲバ能クタ々
キテ。サテ山葵辛ミニテ。辛ミニハ山葵可レ入。シホ酒ヨキ。若山葵ナクハ。
辛ミニハ何ニテモ可レ入（カキをよく敲いてワサビは辛いので、辛味としてワサ
ビを入れるべきである。塩酒もよい、もしワサビがなければ、辛味は何でもよい
ので入れるべきである）」、「當世ワロキ事トモ。何ニハ［東北大学狩野文庫本で
はハではなくモになっている］針栗ヲ。針生姜ヲ入事。イカナル口傳ゾヤ。
ホヤ汁ニハリグリヲ入事ハ。ホヤノ毒ヲ生栗ニテ可レ消タメニハリグリニシ
テ入也（当世の悪い風習は何にでも針栗を入れ、針生姜を入れること。どのよう
な口伝によるのであろうか。ほや汁に針栗を入れるのは、ほやの毒を生栗で消す
ために針栗にして入れるのである）」などの記述があり、魚や鳥などをワサビ、
ショウガ、タデの酢、ぬた（酢味噌和え、酢味噌辛子和え）、辛子酢で食べ、
また針栗や針生姜を毒消しに使ったことが記されている（著者未詳, 1805；塙,
1951 b）。四條流に対して、大草流は武家の儀式料理である本膳料理の流派
として生まれたもので、大草流を伝える書として『大草家料理書』、『大草殿
より相伝の聞書』がある（塙, 1951 b）。本膳料理とは、一の膳、二の膳、三の
膳を基本とした酒席の料理で、後に会席料理へと発展した（小川, 2018）。この時
代の料理書としては他にも、『武家調味故実』や『庖丁聞書』などがある（塙,
1951 b）。『四條流庖丁書』で取り上げられている野菜は、ダイコンを除き、すべ
て調味野菜であったが、その他の料理書では調味野菜以外の野菜も取り上げられ
ているため、取り上げられた野菜の種類数は多くなった。第 13 表は、複数の料
理書で取り上げられた野菜を纏めたものであるが、サンショウとカラシは 5 種類
の料理本のうち 4 種類で見られ、ショウガ、タデ、ワサビ、ヤマノイモ、ダイコン、
ナスは 3 種類の料理本で見られ、調味野菜が重要視されていたことが窺われる。

第 13 表　室町時代の料理書にみられる野菜（出現数）

野菜名	大草家料理書	大草殿より相伝聞書	四條流庖丁書	庖丁聞書	武家調味故実
サンショウ	7	3	1	3	
カラシ	5	2**	2**	1	
ショウガ	5		5	2	
ハジカミ*	1	6			1
タデ	4		5	1	
ワサビ			3	1	1
ヤマノイモ	1	2			2
ダイコン	1		1	5	
ナス	2			1	2
サトイモ				1	1
ウド	4	1			
フキ	3	1			
アオナ	1			2	
ゴボウ		1			1

　*サンショウ、ショウガのいずれであるかを特定できない。
　**実カラシ

第 5 節　日記に記された野菜

1.『蔭涼軒日録』

　『蔭涼軒日録』は、永享 7 年（1435）から明応 2（1493）まで、25 年分の相国寺鹿苑院蔭 涼 軒主の日記で、記主は季瓊真蘂、益之集箟、亀泉 集 証である（佛書刊行会, 1912 - 13）。『蔭涼軒日録』に現れる野菜のうち、食事に関わるものだけを取り上げて月別に纏めたところ、最も頻繁に利用されたのはウリ科の野菜であり、トウガンの 2 例を除くと、他はマクワウリか、シロウリであった（第 14 表）。第 15 表はトウガンを除くウリ科野菜について、当該の種類が日記に記述された日付をユリウス暦に変換し、旬別に纏めたものである。ユリウス暦に変換したのは、旧暦表示では月日と季節との間にずれが生じてしまうからである。これによると、出現のピークは種類によって

差があり、シロウリが最も早く（5 月下旬）、次いで阿古陀瓜（6 月中旬）、
梵天瓜（7 月中旬）と続き、唐瓜と和瓜（和瓜、大和瓜、太和瓜）は 7 月下旬、
江瓜と丹瓜は 8 月上旬がピークとなった。『雍州府志』巻六の雑菜部、甜瓜
の項に「近世西郊川勝寺村谷川甜瓜風味爲﹏勝，又和州南都梵天瓜，泉州界
艫松瓜亦在﹏京師﹏（近年京都西郊の川勝寺村の谷川瓜は風味が優れ、また大和南
都の梵天瓜、泉州堺の艫松瓜も都に出回っている）」との記述があるので（黒川,
1686）、梵天瓜は大和産のマクワウリである。『本草図譜』巻之七十一には
「白團〈集解〉，つるのこ〈江戸〉，たまごうり，ぽんてんうり〈京〉，〈花葉と
もに甜瓜の如く至て小く，実の形圓く長ありて鶏卵の如く，皮純白色肉淡黄緑色，
香味は劣れり〉（[『本草綱目』甜瓜の] 集解に白團の名がある。江戸のつるのこ、
たまごうり、京のぽんてんうり [などが白團に当たる]。花と葉はマクワウリのよ
うで、極めて小さい。実は長円形で鶏卵のようである。果皮は純白色、果肉は淡
黄色か緑色で香と味は劣る；白團は『冥報記』〈唐臨, 1955〉によれば、鶏卵の意）」
と果実の特性の説明がある（岩崎，年代不明）。唐瓜について、17 世紀に成
立した農書である『農業全書』には、「甜瓜、甘瓜と云ひ唐瓜といふ（甜瓜
は甘瓜といい、唐瓜ともいう）」とあり、マクワウリの別名とされている（宮崎,
1936）。ところで、後述する『鹿苑日録』には丹瓜の記載が 22 あるが、これ
とは別に天文 8 年 7 月 10 日と同 18 年 7 月 20 日条に丹波瓜の記載がある。
また、元和 6 年 7 月 3 日条に和州瓜の記載が見られる（辻, 1934 - 1937）。し
たがって、和瓜、江瓜、丹瓜は大和瓜、近江瓜、丹波瓜のことと思われ、①
それぞれの地で成立した地方品種、② 同一品種であるが、産地が異なった
もののいずれかと考えられる。

　さて、上記の阿古陀瓜、和瓜、江瓜、丹瓜がシロウリなのか、マクワウリ
なのかについて考察してみたい。江戸時代には貞享 3 年（1686）の「野菜
ものの儀ニ入候日より売出之事（野菜は定められた日以降に売り出すこと）」と
いう御触書が出され、それ以降も元禄 6 年（1693）、寛保 2 年（1742）、弘化
元年（1844）に同様の御触書が出されている（菊池, 1932）。それらによると、
シロウリは 5 月節（二十四節気の芒種，太陽暦 6 月 6 日頃）より、マクワウ
リ（真桑瓜）は 6 月節（小暑，太陽暦 7 月 7 日頃）より前に売り出してはい
けないと決められていて、シロウリの方が出回り時期が早かったと思われる。

第 14 表　『蔭涼軒日録』に記された野菜（食事）

種類／月	1	2	3	4	5	6	7	8	9	10	11	12	計
ウリ科野菜													
瓜					1	37	43						81
丹瓜						4	25						29
江瓜							15						15
唐瓜						4	7						12
シロウリ				6		1	2						9
播瓜							6						6
和瓜							5						5
阿古陀瓜						4							4
糒瓜						4							4
梵天瓜						2							2
山城瓜							1						1
甘露瓜						1							1
トウガン							1	1					2
イモ類													
ヤマノイモ		1					1					3	5
サトイモ											1		1
キノコ類													
マツタケ								9	35	2			46
ヒラタケ												2	2
ショウロ		1											1
アブラナ科													
ワサビ												5	5
蔓草	1	3											4
ダイコン												2	2
その他													
ササゲ						4	3						7
コンニャク												7	7

・瓜 81、マクワウリ類（丹瓜、江瓜、唐瓜、和瓜、阿古陀瓜、梵天瓜、
　山城瓜、甘露瓜）69、シロウリ類（シロウリと糒瓜）13、播瓜 6、計
　169 が瓜に相当する。
・表には示していないが、他に出現数 2 のものとして、ナス、ハスの葉、
　ショウガ、出現数 1 のものとして、ウド、ゴボウ、ワラビ、サンシ
　ョウ、大蒜などがある。

第15表　瓜の旬別出現数（『蔭涼軒日録』）

旬/種類	シロウリ	阿古陀	江瓜	和瓜	丹瓜	梵天瓜	唐瓜	瓜
5月下旬	13		1					
6月上旬	10	6						
中旬	5	9	9					
下旬	1	2	9					
7月上旬	3	5	4	1				2
中旬	2	1	5	14		4	11	9
下旬			16	24	9	1	19	30
8月上旬			35	11	36	1	9	17
中旬			17	3	25		2	19
下旬			7		12		3	
9月上旬			2		5			
中旬	2				1			

　　日付は和暦をユリウス暦に変換して表示した。

　第14表でも旧暦4月に食事に供された瓜はシロウリのみで、阿古陀瓜、梵天瓜は旧暦6月、江瓜、丹瓜、唐瓜、和瓜は大部分が旧暦7月に供されている。これらのことから考えると、和瓜、丹瓜は梵天瓜、唐瓜同様、マクワウリで、阿古陀瓜は早生のマクワウリではないかと考えられる。『大乗院寺社雑事記』第五十八の文明4年（1472）7月4日条には「若槻庄日次瓜今日十合到来．阿古陀瓜也．和瓜未故也．去月廿二合来．（若槻庄から瓜が今日十合届けられた。アコダ瓜である。和瓜は未だ［収穫］できないためである。先月には［初物として］22合の瓜が若槻庄から届けられている；文明3年7月1日条に若槻庄日次瓜120合のうち5合が到着し、7月25日に最後の3合が到着したとの記述が見られることから、日次瓜とは毎日貢納される瓜のことであろう）」との記述からすると、品質的には和瓜の方が優れていたのであろう（辻, 1964）。18世紀の本草書『和漢三才図会』巻第九十の瓜蔕の項に「一種有﹅阿古陀瓜﹅〈宛（サナカラ）似﹅南瓜（ホウフラ）﹅，今人不﹅好〉（マクワウリの一種、アコダウリはあたかも南瓜のようであるが、現在の人の好みには合わない。）」と記されている（寺島, 1824）（江戸時代には、阿古陀瓜をカボチャとする説もみられるが、それについては付

録12を参照してほしい）。なお、第15表に示すように、江瓜の出現時期は
長期にわたっており、早いものではシロウリと同時期に贈答に利用されてい
るので、一部には近江産のシロウリが含まれている可能性も考えられる。播
瓜は播磨産の瓜のことかも知れないが、詳細は不明である。瓜に次いで多く
利用された野菜はキノコ類（マツタケ）と芋類（ヤマノイモとサトイモ）で
あるが、最も出現数が多い野菜をマクワウリ類（阿古陀瓜を含む）の69と
すると、出現数が「重要野菜」の基準値（0.2N=13.8）以上になったのはマ
ツタケだけであった。

　表には示していないが、贈物として受け取ったと考えられる野菜の出現頻
度を見てみると、最も多いのはマツタケ（262）、以下、江瓜（138）、丹瓜（79）、
和瓜（55）、シロウリ（45）、コンニャク（42）、唐瓜（37）、阿古陀瓜（33）、
ヤマノイモ（32）、タケノコ（20）、瓜（20）、ナス（19）、ワサビ（18）、蔓
草（13）、サトイモ（11）、ウド（11）、ダイコン（9）、ワラビ（9）の順であ
った。受領したものか、贈与したものかが判定しにくいものもあったので、
この数字は変わる可能性もあるが、食事に供されることの多かったマクワウ
リやマツタケは贈物としても盛んに利用されたと思われる。

2. 『言継卿記』

　前述したように、公家の日記は様々な先例や故実を子孫に伝えるものとし
て重要な意味を持っていた。しかし、南北朝、室町時代になると、朝廷にお
ける儀式は衰退し、「儀礼の記述」としての性格は弱まった。戦国期に入ると、
政治的にも経済的にも公家の力はさらに弱まり、一般庶民との交流やその生
活についても触れるなど、日記の視点はかなり低いものとなった。室町時代
から戦国期にかけて日記を残した公卿の一人に山科言継がいる。山科家は、
冷泉家から分かれた家で、14世紀中頃以降、内蔵寮頭を世襲するようになっ
た。内蔵寮頭は朝廷における供御や節会の酒肴の調進を行う御厨子所別当
を兼任する役職でもあったため、自領の他、公領である内蔵寮と御厨子所を
私領化した。その結果、多くの公卿が所領を失い、没落していく過程でも生
き残ることができたとされる（今谷, 2002）。山科家の当主は、代々、日記を
残していることで有名であるが、中でも言継は1527年から1576年の長きに

わたって日記を残し、家職である服飾や管弦の他、医薬、文学、芸能、さらには京都町衆や武士の動向などを幅広く記述している（山科, 1914 - 1915）。第16表は、『言継卿記』に取り上げられた野菜のうち、食事に用いられたものを月別に記載したものである。1〜12月の合計数を示していないが、これは日記が残っている 38 年のうち、記述があるのは 1 月 36 年分、2 月 34 年分に対し、5 月以降は 18〜22 年分と大きな差があり、また季節によって消費する野菜の種類に差があるので、合計を求めるのは問題と考えたからである。

第16表 『言継卿記』に現れた野菜（食事）

種類/月	1	2	3	4	5	6	7	8	9	10	11	12
ククタチ	27	9										1
瓜						23	9					
ヨモギ		9	5									
タケノコ				4	7							
マツタケ							1		8		1	
アオナ	7											1
菜	6								1			
茎	2	1	1									1
ヤマノイモ	1	1	1								1	
ハス							3					
ナス							1	1				
ワラビ			2									
ツクシ		2										
サンショウ			1								1	
蒜		1		1								

上記野菜の内訳は、ククタチ（茎立入餅, 22；茎立入餅吸物, 15）、瓜（瓜, 29；唐瓜, 1；吸物, 1；菓子, 1）、ヨモギ（草餅, 14）、タケノコ（汁, 8；餅, 2；竹の子, 1）、マツタケ（汁, 7；餅, 2；松茸, 1）、ヤマノイモ（とろろ, 1；山芋餅, 1；唐之薯蕷, 1；薯蕷酒, 1）、ハス（蓮飯, 3）、ナス（茄子臺, 1；茄子餅, 1）、ワラビ（汁, 2）、ツクシ（土筆, 1；土筆餅, 1）、サンショウ（羹, 1；雑炊, 1）、蒜（2, ニンニクか）。なお、表には示していないが、フキ（款冬汁, 1）、キノコ類（ナメススキ, いくち, 茸, 各1）、ダイコン（餅, 1）がある。

　表でヨモギとしたものは日記で草餅と記されたものである。『日本文徳天皇実録』巻一、嘉祥 3 年（850）壬午（5 月 5 日）条に「田野有┙草. 俗名┙母子草┙二月始生. 茎葉白脆^{モロシ}. 毎┙属┙三月三日┙婦女採┙之. 蒸 擣^{アフ} 以爲┙餻^{ウッテ}^{モチ}. 傳爲歳事.（田野に俗にハハコグサと名付けられた草がある。二月初めに芽生え、茎葉は白く脆い。毎年 3 月 3 日には婦女子はこれを摘み、蒸して搗いて餅を作る。これが伝わって歳事になった。）」との記述があり（藤原, 1709；告井ら, 2022）、草餅は平安時代にはハハコグサを使って作られていたと思われる。しかし、16 世紀前半に成立した室町幕府の故実書である『年中定例記^{ねんじゅうじょうれいき}』3 月 3 日条に「内々の御祝の次に蓬餅参（3 月 3 日内々でお祝いをした後、よもぎ餅を召しあがる）」との記述（伊勢, 写年未詳）、また『東国紀行』の天文 2 年（1533）3 月 3 日条に「今日は桃花宴。庭鳥よもぎの餅をみるにも。みやこおもひ出られたり（今日は桃花の宴、鶏、蓬餅を見るにつけても都が懐かしく思い出される）」との記述（塙, 1954 b）があるので、この時代になるとヨモギを使った草餅の方が一般的になったと思われる。

　表でアオナとあるのは蔓草と記されたものである。蔓草とは、『易林本節用集』下巻阿の項の「蕪菁、蔓草」にアヲナのフリガナが付いており、アオナ（カブナ）のことである（易林, 1597）。また、蔓草とは別に菜と記されたものがあるが、これが蔓草と同じものなのか、どうかは不明である。ただ、菜とある 7 例は「餅〈入菜〉」（天文 15 年 1 月 10、21、24 日など）、あるいは「吸物〈餅菜〉」（永禄 7 年 10 月 30 日）と記されているので、菜とは若菜（通常、1 月 6 日に大宅郷から貢納された）ではなく、第 3 章第 3 節で説明した広義の若菜（春に芽生えだした若草一般のこと）を指しているのであろう。出現数の多い野菜のうち、ククタチは 1、2 月、アオナと菜は 1 月、ヨモギは 2、3 月、タケノコは 4、5 月、瓜は 6、7 月、マツタケは 9 月にほぼ集中しているが、これはヨモギ、タケノコ、瓜、マツタケなどの季節性の強い野菜が出回るのを当時の公家達が楽しみにしていたことを示すものであろう。

　記載された月数の違いを無視して出現数を合計してみると、ククタチ（37）、瓜（31）、ヨモギ（14）、タケノコ（11）、マツタケ（10）、アオナ（8）が 0.2N=7.4 を超え、一方、ダイコン、ゴボウの出現数は 1 と 0 であった。なお、『言継卿記』には茎立、茎という、よく似た言葉が出てくる。ククタ

チとは、既に述べたように、カブ、ツケナ類、アブラナなどの花茎を蕾の段
階で折り取って利用するもののことであり、茎とは茎漬の略で、『本朝食鑑』
巻之二、穀部之二の香物の項に「有┐茎漬者┌蕪菁茎也（茎漬というものがあ
るが、カブの茎［を漬けたもの］のことである）」との記述がある（人見，1697）。
しかし、『守貞謾稿』巻六、漬物賣の項には「昔ハ大根等ノ茎漬ヲウリシ也．
今世ハ茎ノミニ非ス．蘿根蕪菜等ノ塩一種ヲ以テ漬ケタルヲクキト云（昔は
ダイコンなどの茎漬を売っていたが、今は茎だけではなく、ダイコンの根やカブ
ナなどを塩だけで漬けたものをクキと言って［売って］いる。）」と記されており
（喜多川，写年未詳）、必ずしもカブに限定されたものではない。

　ここには示していないが、大宅郷から貢納された野菜、他の公家や寺院な
どから贈られた野菜、逆に贈物とした野菜についての記述もある。記載され
た月数の違いを無視して出現数を合計してみると、出現数が多いのは瓜（計
38）、次いで若菜（13）、ワラビ（11）、マツタケ（10）、ヤマノイモ（10）、
タケノコ（6）、ダイコン（5）、ハス（5）、サンショウ（5）、ゴボウ（4）の
順で、食事で記録の多かった瓜、マツタケ、タケノコなどの他に、ワラビや
ヤマノイモなどは贈答品としての利用が盛んであった。なお、瓜類としては
唐瓜の外、シロウリ、アコダウリ、干瓜の記載がある。干瓜（乾瓜）につい
ては、『本朝食鑑』巻之三の白瓜の項に、「乾瓜法、用┐生瓜┌細切作┌片入┌盤，
抹┌鹽拌匀待┐晴日炎盛時┌，晒乾一日，自┌辰至┌申，取収，入┐壷甕┌而貯┌之，
則香味脆美久而不┌變（干瓜を作る法、生瓜を細かく切って切片を作り、盤に入れ、
塩をまぶしてかき混ぜ、晴れた日の炎暑の時を待って、一日、辰の時（午前 8 時頃）
より申の時（午後 4 時頃）の間、晒乾して取り収め、壺や甕に入れて貯える。香
味があって歯切れがよく美味で、味は長く保たれる）」との説明がある（人見，
1697）。

3. 『鹿苑日録』

　『鹿苑日録』は京都相国寺鹿苑院の院主景徐周麟、梅叔法霖、有節瑞保、
昕叔顕晫、鶴峯宗松らの日記を中心に、文書案、詩集断簡などを纏めたも
ので、長享元年（1487）から慶安 4 年（1651）までの日録が収められている
（辻，1934 - 1937）。慶長 12 年（1607）閏 4 月から 12 月については鶴峯宗松

と昕叔顕晫の記述したもの、慶長 16 年（1611）8 月から 11 月については昕叔顕晫と鳳林承章の記述したもの、慶長 14 年（1609）9 月から 10 月については覚雲顕吉の日件録と秉拂略記とが残っているが、これらについては両方を検討の対象とした。日記には食事の内容も記載されているが、その中から野菜に関連するものを取り上げたところ、1589 年以降に記載されているものが全体の 82％を占めているので、『鹿苑日録』は 16 世紀末から 17 世紀前半に相国寺で利用された野菜を知る手掛かりとなる史料と考えられる。

　食事内容に記載された野菜を月別に数えたものが第 17 表である。また、取り上げられた野菜の中、調理法が記載されているものについて、その数をまとめた（第 18 表）。瓜（シロウリ、マクワウリ）が食された期間は 5〜7 月の 3 カ月間と短かったが、この間に多くの瓜が食された。ここで、瓜としたものは白瓜、青瓜、小漬瓜、もみ瓜、干瓜、熟瓜、甜瓜、唐瓜、判瓜、江瓜、丹瓜、小壺瓜、湯筒瓜である。熟瓜、甜瓜、唐瓜、江瓜については既に説明したが、もみ瓜とは、『本草綱目啓蒙』巻之二十四の越瓜の項に、「讃州ニハ，クロウリト呼ブアリ，皮色深ク肉ハ白シ，ナマスニ上品トス，故ニ又モミウリトモ云（讃岐にはクロウリと呼ぶシロウリがある。果皮は深緑色で果肉は白い。ナマスにするとよいので、もみうりともいう；皮色深クノ横ニ青シと赤で加筆がある）」との説明があるので、シロウリの一品種（群）と思われる（小野，1805）。判瓜とは、『雍州府志』の甜瓜の項に「凡東寺邊爲_腴田_，依近_京師_，不淨之穢水流_委溝洫_故乎，所_作之瓜土人自擇_其良者_，貼_黒印於瓜皮面_而賣_之，是謂_判瓜_（東寺の辺りは肥沃な水田となっており、京に近く、不浄の汚水が田の水路を流れるためか、瓜を栽培する地となっている。生産者は良品を選んで、果面に黒印を貼って販売しており、判瓜と呼ばれている）」との記述があるので、マクワウリのことと考えた（黒川，1686）。また、『正倉院文書』の黄瓜はマクワウリの一種と考えられていることは既に述べたが、宮崎（1936）は 17 世紀に刊行された『農業全書』巻之三の黄瓜の項で「又の名は胡瓜、是下品の瓜にて賞玩ならずといへども、諸瓜に先立ちて早く出来るゆへ、いなかに多く作る物なり。都にはまれなり。（又の名をキュウリという。下級の瓜で賞味するに値しないと言うが、他の瓜に先立って収穫できるので田舎では沢山作られる。都ではあまり見かけない。）」との記述がある。そこで、

『鹿苑日録』の黄瓜はキュウリの可能性も考えられるので、マクワウリとは
せず、黄瓜と表示した。白瓜、青瓜、小漬瓜、もみ瓜、干瓜はシロウリの品
種（群）とその加工品のことと思われるが、もみ瓜、干瓜は出現数が多いの
で、シロウリとは別に瓜の内数として示した。小壺瓜、湯筒瓜についてはシ
ロウリか、マクワウリか、不明である。また、江瓜についてはシロウリを含
んでいる可能性も考えられたが、マクワウリとした。

　ゴボウはマクワウリを除く瓜よりも多く、また12月から翌年3月にかけ
ての利用が多いものの年間を通じて消費されている。調理法としては、吸物
あるいは汁の具が最も多く、次いで和え物であった（第18表）。コンニャク、
シイタケ、蔓草なども年間を通して利用の多い野菜で、ほとんどが吸物ある
いは汁として利用された。蔓草は、既述のようにアオナ（カブナ）のことで
あるが、蔓草とは別に菜の記載もあった。その用途は羹、汁、粥、飯、干菜
汁が大部分を占めており、菜粥は4例とも1月7日に食されており、七草粥
のことである。また、菜羹は、13例中12例が1月7日に食されていること
から『荊楚歳時記』にいう七種菜（七草）の羹のことで、「菜」はアオナ（カ
ブナ）に限らず、数種の菜類を指していると思われる（宗懍, 1978）。なお、『本
朝食鑑』巻之一、飯の項には「菜飯者用生蕪菁葉細剉、合米煮作燒乾
飯、其味甘美而香（菜飯とは生の蕪青の葉を細く刻み、米に合わせて煮て、炊
き干し［現在の米の炊飯法］にしたもので、味は甘美で香ばしい）」と記され、
菜飯の菜をアオナと特定しているが、『名飯部類』では菜飯（青菜飯）の菜
はダイコン、カブ、ニンジンの茎葉などを飯に混ぜたもので、必ずしも種類
を特定していない（吉井, 1980）。また、『料理献立早仕組』では、菜食（飯
のこと）の説明として「菜をすりて其汁にてたくべし．塩すこし入るもよし．
薯蕷をさいに切入て尤よし（菜を摺った汁で飯を炊くべきである。塩を少し入
れてもよいし、ヤマノイモを賽の目に切って入れると大変良い）」とあり、菜飯
の作り方として菜の汁を絞って色付に使う方法が示されている（風羅山人,
刊年未詳）。

　タケノコ、マツタケも瓜と同様、出現数が多く、また消費は2、3か月の
間に集中している。タケノコやマツタケに比べると出現数は少ないが、ナス、
ササゲ、ウド、チシャなども短期間に消費が集中する野菜である。杉山(1998)

第 17 表　『鹿苑日録』に取り上げられた野菜（食事）

種類／月	1	2	3	4	5	6	7	8	9	10	11	12	計
瓜					28	80	37						145
シロウリ*					*17*	*9*	*2*						*28*
モミ瓜					*10*	*10*	*2*						*22*
干瓜					*1*	*7*							*8*
マクワウリ						*17*	*3*						*20*
黄瓜					1	2							3
ゴボウ	23	24	15	6	4	4	8	11	9	12	9	19	144
コンニャク	18	9	22	11	16	5	13	4	6	5	6	7	122
マツタケ	1	1						14	64	12		1	93
タケノコ		1	4	29	47	3						1	85
シイタケ	7	9	11	6	12	9	6	5	3	3	2	2	75
アオナ**	5	6	7	2	7	7	10	10	8	2	2	5	71
ハス	2	11	10	10	2	1	17		6	1	1		61
ヤマノイモ	7	10	14	9	4	2	2	2			4	2	56
サンショウ	6	6	9	6	5	5	1	1	1	2	1	5	48
ダイコン	2	4	8		3	1	3	5	10	2	2	6	46
ユウガオ	3	4	7	3	6	9	4	5	2	1	1		45
ワラビ	4	2	6	2	6		7	1	4	2	2	5	41
菜類	18	1	1		4	2		5	2	4	2	2	41
サトイモ	5	2	3		2	2	4	14	3			2	37
ナス					2	13	12	2	3	1			33
ササゲ	1				3	17	11						32
ウド	3	5	14	4	1						1		28
ネギ	4	1	1		2		1	2	1	3	4	4	23
セリ	5	3								7	4	1	20
チシャ	3	4	4	1								1	13

その他の野菜の出現数は、ヒラタケ（12）、ククタチ（9）、フキ（8）、ミョウガ、澤ヂシャ、河ヂシャ（以上 7）、ツクシ（6）、カラシ、ショウガ（以上 5）、ニラ、ミツバ、ヒユ、ヨモギ、エノキダケ（滑薄）、イワタケ（以上 3）、クワイ、ナズナ、スベリヒユ、コウタケ（クロカワタケ）、キクラゲ（以上 2）、カブ、タデ、アミタケ（いくち）（以上 1）

* 斜体は内数を示す。なお、6 月のシロウリには青瓜 2、小漬瓜 1 を加えた。
** 蔓菜

第18表　『鹿苑日録』に取り上げられた野菜の調理・加工法

種類	判明分*	調理あるいは加工
シロウリ	7/28	冷物 (5), 香物 (2)
ゴボウ	34/144	吸物/汁 (15), 和え物 (10), 煎 (3), 敲き・葛練 (各2), 酢の物・松葉 (各1)
コンニャク	35/122	吸物/汁 (25), 煎 (4), サシミ・酢の物 (各2), 和え物・茶請 (各1)
マツタケ	70/93	吸物/汁 (63), 和え物 (3), 煎 (2), 煮・羹 (各1)
タケノコ	68/85	吸物/汁 (57), 和え物 (3), 煮 (2), サシミ・スシ・羹・醍醐の蒸竹・干・茶請 (各1)
シイタケ	22/75	吸物/汁 (20), 饙飯・トロトロ (各1)
アオナ	61/71	汁 (49), 干蔓汁 (5), 蔓に加芋・細々 (各2), 蔓茎汁・青ユデ・青味 (各1)
ハス	27/61	吸物/汁 (9), 蓮飯・菓子 (各6), 和え物 (2), ナマス・藕冷, 結昆布・茶藕 (各1)
ヤマノイモ	46/56	吸物 (33), 菓子・トロロ汁 (各3), 羹・トコロ(各2), 芋巻・菓子トコロ・トロトロ (各1)
サンショウ	27/48	山椒塩 (16), 山椒皮 (6), 山椒塩汁・山椒塩香物・山椒楊花・和え物・椒皮醤 (各1)
ダイコン	30/46	汁 (10), 酢の物 (6), 葉汁・香物 (各3), 和え物・味噌焼・おろし (各2), 羹・ナマス (各1)
ユウガオ	42/45	干 (旱) 瓢 (39), 干瓢和え物 (2), 干瓢煎 (1)
ワラビ	15/41	汁/吸物 (11), 干薇 (2), 和え物・煎麩薇 (各1)
菜類	37/41	羹 (13), 汁 (8), 飯・粥 (各4), あへまぜ・干菜汁・引菜 (各2), 酢菜, 菜に芋 (各1)
サトイモ	30/37	汁 (12), ズイキ (7), ズイキ汁/吸物 (5), 芋羹 (4), ズイキ和え・芋葉汁 (各1)
ナス	28/33	汁/吸物 (20), 和え物 (5), 香物・サシミ・味噌 (各1)
ササゲ	1/32	煎角豆 (1)
ウド	9/28	和え物 (5), 汁/吸物 (3), ウドス (1)
ネギ	19/23	一字汁 (18), 一字楊花 (1)
セリ	13/20	芹焼 (7), 煎 (4), 煮・和え物 (各1)
チシャ	12/13	汁 (9), 加豆腐 (2), あへまぜ (1)

*用途の判明しているものの数/食事に用いられた数

は、『江戸時代の野菜の栽培と利用』の中で、当時は「その種類に最も適し
た温度条件の時期に、は種され、収穫されるのが、自給を専らにした時代か
らの栽培の原則であった」と述べている。しかし、前述のようにゴボウ、コ
ンニャク、シイタケ、アオナは年間を通じて利用が見られ、ユウガオ（カン
ピョウ）、ダイコン、ヤマノイモ、サトイモも 1～3 か月を除き、ほぼ通年の
利用が見られた。ユウガオは 3 例を除き、カンピョウとしての利用であり、
シイタケは乾シイタケにして利用されたため、周年利用できたものと考えら
れる。乾シイタケに関しては、『本朝食鑑』巻之三に「今曝乾以貨_于四方（近
年ではさらし干して各地に出荷している）」、「其曝乾者經歳不_敗，毎_収畜_
以爲_菜肴_（さらし干しにしたものは年を経ても腐敗することなく、常に蓄えて
菜として利用している）」との記述がある（人見, 1697）。イモ類などは貯蔵性
が高いために利用期間が長くなったと思われる。アオナの利用期間が長いこ
とは第 3 章第 2 節で説明したが、ダイコンの利用期間が長かった理由につい
ては『多聞院日記』の項で説明したい。上記の野菜以外では、ハス、サンシ
ョウ、ワラビ、ナス、ササゲの出現数が「重要野菜」の基準値（0.2N=28.8）
以上となった。

4.『長楽寺日記』

　『長楽寺日記』は、上野国新田庄世良田郷（現、群馬県太田市世良田町）
にある臨済宗長楽寺の住持、賢甫義哲の日記で、永禄 8 年（1565）正月から
9 月までの分が現存しており、『群馬県史資料編 5』に『長楽寺永禄日記』と
して翻刻されている（群馬県史編さん委員会, 1978）。食事あるいは贈答され
た野菜の記録を見てみると、出現数が最も多いのはナス（33）で 6～7 月に
集中的に利用され、うち 7 例は汁としての利用であった（第 19 表）。菜類と
してはウグイスナと菜の二つが記されており、両者をあわせると 14 例でナ
スに次いで多かった。ウグイスナについては、『本朝食鑑』巻之三の蕪菁の
項に、「一種春初下_種，二三月生_苗，采_出_地一二寸漸苗二葉者_作_蔬.
此號_貝割菜_. 言如_蛤蜊殻之開分_乎，采_其生而二三寸者_作_蔬. 此號_
鶯菜_（アオナの一種に、春の初めに播種するものがある。二、三月に苗を生じる。
3～6cm伸びて二葉を展開したもの採取して菜とする。蛤の殻が開いたように見え

ることから、これを貝割菜といい、6〜9cm伸びたものは鶯菜という）」との記述
がある。『長楽寺日記』でもウグイスナは2、3月に利用されていることから、
春先の葉物野菜として重要であったことが窺える。一方、菜は8月に菜汁、
菜飯として利用されている。ナス、ウグイスナ、菜以外の野菜の出現数は「重
要野菜」の基準値（0.2N=6.6）を下回ったが、菜類に次いで多いのはキノコ
類（計13）で、マツタケ、エノキタケ、ハツタケ、ヒルタケと利用される
種類も多様であった。なお、ヒルタケについては、4月12日の条に「此日
自呑嶺ヨリ獨活・ヒルタケヲ爲信コサシマシツル（「こさしまつる」の意味が
はっきりしないが、「この日、呑嶺山明王院から爲信が遣わされ、ウド、ヒルタケ
を贈られた」ということか；なお、シマにはシキに重ね書きとの注がある。一方、
内閣文庫本、国文学研究資料館鵜飼文庫本では4月12日条に信物アリとあるが、
内容についての記載がない〈賢甫義哲, 1676〉。）」との記述がある。『本草図譜』
巻之五十六の合蕈の項には「しいたけ」、「ひるたけ下野」と記されており、
世良田郷から近い下野国ではシイタケをヒルタケと呼んでいたとされる（岩
崎、年代未詳）。また、同書にはシイタケは3、4月に生じるとの記述もあり、
ヒルタケはシイタケのことを指していると考えてよいであろう。キノコ類に
次いで多いのは、精進料理で用いられることのない葷菜類で計10例あり、
ネギ（一字）、蒜（ニンニク、ノビルなどを指すと思われる）、ニラ（韮）が
挙げられている。ネギは根深汁あるいは楊花を作る際に用いたとされる。楊
花は『日葡辞書』によれば、「Yŏqua ヤゥクヮ（楊花），Mijŏzu（みじゃうず）
に同じ。米とほかの野菜のまぜ物などで作ったある種の食べ物。婦人語。」
とあり（土井ら, 1980）、雑炊のことである。ニラも楊花を作る際に用いられ
ている。次に芋類がヤマノイモとサトイモを併せて9例、ウリ科の野菜が瓜
とユウガオ併せて8例ある。カラシはカラシナあるいはカラシナの種子を搗
いて粉にした辛子を指す言葉であるが、「芋之莖ヲ芥子ニテアイヲキシサイ
（菜）一入味深カリツル（[1月12日条に] 芋茎を芥子和えにしておいた菜はよ
り一層、味わい深い）」、「麺子カラシ汁ニテ能用（[4月6日条に] 麺類はからし
汁で、よく食べられる）」とあることから『長楽寺日記』ではカラシナではなく、
辛子（カラシ）として和え物や麺のつけ汁として利用したものを指すと考え
られる。この他、ウド、ゴボウ、タデなども複数回出現している。食事ある

第 19 表　『長楽寺日記』に記された野菜

種類／月	1	2	3	4	5	6	7	8	9	計
ナス						25	7	1		33
ウグイスナ		2	5							7
菜								7		7
マツタケ		1						3	2	6
ササゲ						5	1			6
ヤマノイモ	1				3	1				5
カラシ	1			2				1	1	5
ネギ		1		3		1				5
瓜						1	4			5
サトイモ	2							1	1	4
ウド			1	2	1					4
エノキタケ	2	1								3
タデ			1		1	1				3
ユウガオ						2	1			3
蒜						2		1		3
ハツタケ									3	3
ゴボウ									3	3

表には示していないが、他に、カブ、ニラが各 2、フキノトウ、セリ、サンショウ、ハコベ、ヒルタケ、タケノコ、ダイコンが各 1 ある。

いは贈答に使われたダイコンの記述は 9 月 6 日に丸右内方から小麦とともに送られたとの記述が一例あるのみであるが、7 月 4、5 日にダイコンを播種したとの記録、7 月 26 日にダイコン畑の除草をしたという記録がある。栽培記録については、他にナスで 2 例、瓜で 2 例、カラシで 1 例ある。

5.『多聞院日記』

　多聞院日記は奈良興福寺の塔頭多聞院の院主によって文明 10 年（1478）から元和 4 年（1618）までの百数十年にわたって記録された 46 巻の日記であり、このうち 4～43 巻、天文 8 年（1539）7 月から文禄 5 年（1596）6 月までの分は英俊によって書かれたものである。日記では、行事が行われた際の食事、日中飯（昼飯）や夕食などに利用された食材（あるいは料理）が

詳細に記されている（英俊ら, 1935 - 1939）。なお、43巻は英俊の回想録と
もいうべきものなので、これを除いた4〜42巻の食事の記述のうち、野菜と
その加工品について月別に集計した（第20表）。これによると、野菜として
最も多く利用されたのはネギで、ほぼすべてが汁（一字汁）としての利用で
あり（第20、21表）、しかも汁のみが単品で供され、他の料理が供されるこ
とはなかった。ネギに次いで多いのは、イモ類（サトイモ、ヤマノイモ、コ
ンニャク）、ゴボウであった。サトイモについては、7月〜翌年1月と3月
に芋の利用、3、7、10月にズイキの利用が見られ、調理法が明らかになっ
ているものの多くは汁としての利用であった。ヤマノイモについては、1、4、
8月を除く時期に利用が見られ、調理法が明らかになっているものの大部分
は汁または吸物としての利用で、汁のうち半数はとろろ汁であった。コンニ
ャクについては、2、4月を除く時期に利用があり、調理法が記載されてい
るのは菓子、引添、「さしみ」であったが、コンニャクの菓子や引添がどの
ようなものかは不明である。

　ゴボウについては、7月から翌年1月、および3月に利用があり、1月の
利用が多かった。調理法については、汁、雑煮、敲き午房を使った和雑膾
が各1例見られただけで、残りは不明であった。次いで多いのは、地衣類を
含むキノコ類（シイタケ、ヒラタケ、イワタケ、マツタケ）、ハス、菜類、
カンピョウ、タケノコ、ダイコンであった。マツタケとタケノコの利用時期
は限定的（それぞれ3、4か月間）であり、また、乾燥食品であるカンピョ
ウの利用時期も3、7〜9、11月の5か月に過ぎなかった。一方、同じキノコ
でも、シイタケ、ヒラタケの利用期間は長く、秋・冬だけでなく春にも利用
された。乾シイタケの利用については既述したが、天正4年10月17日、7
年3月9日、10年11月27日条の献立に生椎茸の記述がある。また、天正
18年10月16日条には「山ニ平茸生ル、干了（山に平茸が生えた。［これを採
取して］干した）」との記述があることから、シイタケやヒラタケは生のもの
を食べるだけでなく、乾燥品を利用したため、利用期間が長くなったと考え
られる。『本朝食鑑』巻之三にはキノコの貯蔵に関して、既に紹介したシイ
タケの他、松茸の項に「八九月采レ鮮者淹蔵陰乾以貨二于四方一, 其法用レ白
鹽炒過, 合二於松茸生處之沙土一以漬レ之, 覆以レ松葉, 此俗謂二松葉鹽一（八九

第 20 表　『多聞院日記』に現れる野菜（食事）

種類/月	1	2	3	4	5	6	7	8	9	10	11	12	計
ネギ		1	3	3	1	1	2	4	2	6	1	6	30
サトイモ	2		3				4	5	4	2	1	2	23
ズイキ*			*1*				*3*			*1*			*5*
ヤマノイモ		2	4		4	1	2		1	1	3	4	22
コンニャク	2		1		1	1	2	1	4	3	2	2	19
ゴボウ	5		1				1	1	3	2	2	1	16
シイタケ			1		2	1		2	2	2	4		15
ハス	2		1	1	2		2	1	1	1	1	2	14
ヒラタケ			1	1	1		1	1	3	2	2	1	13
イワタケ	1		3				1	1	3	2	1	1	13
菜	2			1	1			2		3	1		10
カンピョウ			2				1	2	3		1		9
マツタケ								3	4	2			9
タケノコ			1	3	3	1							8
ダイコン	2		1		1			2	1		1		8
シロウリ					2	1	4						7
ナス					1	2	3	1					7
セリ	3								1	1	2		7
ワラビ			2		1					1	1		5
ミョウガ			1				2	2					5
ショウガ			1				1	1	1				4
ウド			2		2								4

＊斜体は内数を示す。
表には示していないが、出現数 3 の野菜にクワイ、トコロ、クロカワタケ、ム
クタケ、出現数 2 の野菜にスギナ、ネスタケ、コウタケ、ショウロ、ササゲ、
出現数 1 の野菜にマクワウリ、ニラ、フキ、チサ、ヨモギ、ナズナ、シメジ、
ヒユ（ヒエ）、スベリヒユ（ムマヒエ）、カラシがある。また 3 月にニンニクを
食したとする例が 3 例、服薬したとする例が 1 例ある。

月に新鮮なものを取って漬けた後、陰干しして諸国に売る。その方法は、よく炒
った塩とマツタケの生えている場所の砂土とを混ぜ合わせたものに漬けて、松葉
で覆うもので、松葉塩という）」、また地衣類の石茸（イワタケ）の項には「晒

第 21 表　『多聞院日記』に現れた野菜の調理法

種類	調理法
ネギ	一字汁 (29)，不詳 (1)
サトイモ (芋)	汁 (6)，イモクシ (3)，イモマキ (2)，飯 (1)，菓子 (1)，不詳 (5)
〃 (ズイキ)	汁 (3)，ズイキにハス若根マゼ (1)，不詳 (1)
ヤマノイモ	汁 (4)，吸物 (3)，菓子 (2)，引添 (2)，雑煮 (1)，不詳 (10)
コンニャク	菓子 (4)，引添 (2)，さしみ (1)，干 (1)，不詳 (11)
ゴボウ	汁 (1)，和雑膾 (1)，雑煮 (1)，不詳 (13)
シイタケ	引添 (3)，汁 (2)，吸物 (1)，引物 (1)，不詳 (8)
ハス	引物 (2)，和雑膾 (1)，不詳 (11)
ヒラタケ	汁 (2)，吸物 (2)，引添 (1)，引物 (1)，不詳 (6)
イワタケ	引物 (2)，さしみ (1)，あへまぜ (1)，和雑なます (1)，不詳 (8)
菜類	ナ汁 (5)，ククタチ汁 (1)，不詳 (4)
カンピョウ	さしみ (1)，結かんぴょう (1)，不詳 (7)
マツタケ	汁 (3)，吸物 (1)，引物 (1)，不詳 (4)
タケノコ	汁 (6)，スシ (2)
ダイコン	汁 (4)，漬物 (1)，ムシリ物 (1)，不詳 (2)
シロウリ	モミフリ (2)，菓子 (2)，汁 (1)，不詳 (2)
ナス	スシ (4)，汁 (1)，不詳 (2)
セリ	和え物 (2)，汁 (1)，ムシリ物 (1)，不詳 (3)
ワラビ	汁 (1)，不詳 (4)
ミョウガ	スシ (1)，汁 (1)，あへまぜ (1)，不詳 (2)
ショウガ	さしみ (1)，あへまぜ (1)，不詳 (2)
ウド	あへまぜ (1)，和雑なます (1)，引物 (1)，不詳 (1)

乾以貨㆓于四方㆒、其生者亦味佳也（さらし干にして諸国に売られるが、生のものも美味である）」との記述がある。しかし、マツタケはシイタケ、ヒラタケ、イワタケに比べ、入手が難しかったため、8〜10 月の 3 か月間に利用が限定されたのであろう。タケノコについては、スシ（後述のナスの鮓を参照）として利用された 2 例を除き、残り 6 例は汁として利用されている。マツタケ、ダイコンも汁または吸物としての利用が半数を占めた。

　第 20、21 表では、ナ、蕓菜（蕪菜かとの校注がある）、ククタチ、アブラ

ナを菜類として纏めたが、ナは 1、5、8、10 月、ククタチは 1 月と 11 月、薹菜は 10 月、アブラナは 4 月に利用が見られた。『本朝食鑑』巻之三、蕪菁の項には「八九月下ㇾ種者冬苗稍長采ㇾ（ママ）茎葉此號冬菜，至ㇾ春茎高起而肥大作ㇾ（ママ）小薹，即是茎立也（8、9 月に播種したものが冬苗で、やや長くなったら茎葉を採取する。これを冬菜という。春になると茎が伸び、肥大して小さな花茎をつくる。これが茎立である）」との記述がある（人見, 1697）。一方、アブラナは『和名抄』にいう蕓薹で、第 3 章第 3 節で述べたようにアオナ、アブラナの抽苔したものを共にククタチと呼んだものと思われる。また、11〜1 月に利用が見られたことから、『多聞院日記』に記されたククタチには 8、9 月に播種し、花茎が伸び出す前の茎葉を利用したものも含まれていたと考えられる。

　上記の他に、シロウリ、ナス、セリの出現数が「重要野菜」の基準値（0.2 N＝6）を越えた。シロウリは、アサフリ、白瓜、モミフリとして各 2、瓜として 1 が記載されている。このうち、アサウリと白瓜の各 1 例が菓子として、瓜の 1 例は汁としての利用で、これに揉み瓜（切ったウリを塩で揉んで酢などで調味したもの）2 例を加え、7 例中 5 例で用途が明らかにされている。なお、天正 6 年（1578）6 月 17 日条にはマクワウリ（熟瓜）1 例が挙げられているが、これを含め、瓜類の利用時期は 5〜7 月に限定されている。また、ナスの利用時期も 5〜8 月に限られ、多くは鮓として利用された。ナスの鮓に関しては、『雍州府志』巻之六の造醸部の飯鮓の項に「毎年西本願寺門主待ㇾ藤花開ㇾ而與ㇾ飯鮓ㇾ被ㇾ獻ㇾ禁裏院中，凡松蕈竹笋茄子，皆傚ㇾ魚鮓ㇾ而藏ㇾ之，又有ㇾ酒糟蔵ㇾ之者ㇾ俗謂ㇾ糟漬ㇾ（毎年西本願寺の門主は藤の花が咲くのを待って飯鮓とともに禁裏や院の御所に［藤花を］献上される。マツタケ、タケノコ、ナスなど、皆、魚のなれずしのようにして漬ける。又酒糟に漬け込むものがあり、これは俗に粕漬という）」との記述があり、ナスを使った「なれずし」または粕漬のことであろう（黒川, 1686）。

　吉田（2014）は、「興福寺は広大な領地を所有していたから年貢収入も多く、また寺院の庭でも野菜類を栽培していたので、今までの公卿の日記と違って農作業に関する記事もかなりある」と述べている。そこで、『多聞院日記』に記された栽培の記録（播種日あるいは定植日）を纏めた（第 22 表）。表では、「植」と記載されたものを植／定植の欄に示したが、『言海』によれば、

「植」には「種子ヲ蒔キ付クル」の意があるので、サトイモ以外は播種と同じ意味で「植」と記されていると思われる（大槻, 1891）。それを踏まえた上で第22表を見ると、ダイコンの播種日は1〜4月、7〜9月（中心は8月）、10月に大別される。杉山（1998）は、江戸時代の中頃以降のダイコンの生産は①それまでの一般的な栽培方法である、旧暦7月頃を中心に播種し、年内に収穫する秋ダイコン栽培の外に、②秋ダイコンよりやや遅く播種し、旧暦3月を中心に収穫される春ダイコン栽培、③秋ダイコンよりも早く播種し、収穫も秋ダイコンの前に行われる夏ダイコン栽培、④旧暦2月以降に播種され、収穫は4月以降になる春まき栽培でも生産されるようになったと記している。これに当てはめてみると、7〜9月播種は年内に収穫する秋ダイコン栽培、10月播種は3月頃収穫する春ダイコン栽培、1〜4月播種は春まき栽培に相当すると考えられる。このように、ダイコンについては遅くとも16世紀末には、異なる時期に栽培されるようになっていたが、それ以外の野菜については、播種あるいは定植日は一定の時期に集中しており、分化は見られなかった。秋ダイコン、菜、菜大根の播種時期は8月に集中しているが、菜大根について元代の『韻府羣玉』の注釈書『玉塵抄』14巻の【艹疏】（蔬）の項には、「漢安帝時学舎頽敝掘爲園蔬（漢の安帝の時学舎が崩れ、蔬菜畑にした）」の説明として、後漢の安帝の時に学問が廃れて学校が崩れ、そのあとを「ハタケ菜園ニシテ蔓大根ヅレノ野菜ヲツクツタリ（畠菜園にして菜大根のたぐいの野菜を作った）」との記述がある（惟高, 1597）。『日本国語大辞典』菜大根の項では、アブラナの異称とし、初出文献として『玉塵抄』の「なだいこんつれの野菜のつれに」の部分を引用している（小学館国語辞典編集部, 2001）。しかし、天正18年（1590）9月10日条には「若菜大コンマセテ植了（若菜とダイコンを混ぜて植えた）」との記述があり、菜大根が一語なのか、菜とダイコンの二語から成るのか、はっきりしない。

　サトイモの栽培記録については唐芋と芋の二つが見られ、天正19年3月10日条には「芋〈六升上〉唐〈數五十三〉今日植了（芋六升、唐芋53個を今日植え付けた；上の意不明）」とあり、親芋用の品種である唐芋は数、子芋用の品種は容量で計量したと思われる。また、植え付けた回数は唐芋の方が多かったが、第20表のサトイモ23例のうち、唐芋と記されたものは2例しかな

第22表　『多聞院日記』にみられる野菜の栽培記録

種類	播種	植
ダイコン	• 1/18（天17），2/25（天14），3/23（天4），4/26（天16） • 8/7（天15），8/9（天16），8/15（天15） • 10/13（天17）	7/18（天6），9/10（天18）
菜	8/3（天16），8/4（天5），8/6（天16），8/8（天19），8/17（天9），8/20（天15），8/21（天15），8/22（天4），9/8（天18）	8/18（天17），8/29（文2）
菜大根	8/10（文3），8/17（天20），8/25（天18），閏8/2（天13），9/10（天18）	
カラシナ		9/10（天18）
ナス		4/16（天20），5/9（天16）
トウガラシ	2/18（文2）	
サトイモ（唐芋）		2/25（天14），2/29（天9），3/6（天18），3/10（天19），3/11（天16），4/9（天15）
サトイモ		3/10（天19），3/22（文2）
夏ダイズ		4/3（文2），4/9（天16）
ササゲ		5/9（天16）

1/18（天17）の 1/18 は日付（1月18日）、括弧内は年（天は天正、文は文禄）を示す。閏月は日付の前に閏を付けて示した（閏8/2）。

く、利用の面では親芋と子芋を特に区別していなかった可能性がある。なお、文禄2年2月18日条には「コセウノタ子尊識房ヨリ来、茄子タ子フエル時分ニ植トアル間今日植了、茄子種ノ様ニ少ク平キ也、忽ノ皮アカキ袋也、其内ニタ子数多在之、赤皮ノカラサ消肝了、コセウノ味ニテモ無之、辛事無類（尊識房からコショウの種が贈られた。ナスを播種する頃に植えるということなので、今日植えた。ナスの種のように少し平べったい。果皮が赤く、その中に種が沢山入っている。赤い果皮の部分の辛さには肝を潰すが、コショウとは味が異なる。

辛さは他に類をみない。)」との記述があるが、これはトウガラシのことと考えられている。

第 6 節　室町時代の野菜利用の特徴

　この時代の日記に記された食の記録を見てみると、『蔭涼軒日録』では、平安時代、鎌倉時代の日記同様、引き続き、菓子的要素の強いマクワウリやヤマノイモ、それに茸狩りなど娯楽的な要素も加わったキノコ類の記述が多く、ダイコン、ナス、ゴボウなどの利用は少なかった。しかし、他の日記類（『言継卿記』、『長楽寺日記』、『多聞院日記』）では、瓜、イモ類（ヤマノイモ、サトイモ）、キノコ類の他、ククタチやアオナなどの菜類、ゴボウ、ダイコン、ユウガオ（カンピョウ）、ナス、ネギ、ハス、コンニャクなど、平安時代や鎌倉時代の日記類では取り上げられていない野菜についての言及が数多く見られた。このうち、ネギ、サトイモ、コンニャクは日記類には現れるが、御伽草子や料理書で取り上げられることは少なかった。その理由ははっきりしないが、これらの野菜が取り立てて注目するに値しない、日常的に利用する野菜だったことを反映しているのかも知れない。また、『長楽寺日記』、『多聞院日記』ではダイコン、ナス、瓜、菜類、サトイモなどの栽培の記録があることから、これらの野菜は僧侶たちの日常の食事に多く利用される重要な野菜だったと思われる。特に、ダイコンは栽培時期を変えて栽培が行われるようになっており、品種名の記載はないが、新しい品種が分化してきたのではないかと考えられる。ダイコン以外で、品種の分化が起こった可能性があるのはマクワウリ類で、丹瓜、江瓜、和瓜、唐瓜、阿古陀瓜、梵天瓜などの名を記した瓜の名が見られたことは『蔭涼軒日録』の項で述べた通りである。

第7章　江戸時代の史料にみる野菜

　16世紀後半から17世紀初めにかけて、武士の居住地は領主（大名）の居城の周囲に纏められ、その結果、各地に城下町が建設された。城下町には、武士の生活を支えるために職人や商人も集められ、職人町と町人町からなる町方も城下町の重要な構成要素となった（吉田, 2015）。これら城下町の中でも江戸と大阪は政治・軍事・経済の一大拠点として巨大城下町として発展した。江戸、大坂、さらに、朝廷のあった京都のような大都市の周縁部にはそこで生活する人々の需要に応じるため、野菜や工芸作物（綿や煙草など）を栽培する新しい農業が発達し、それら商品を取り扱う市場が作られ、流通網も整備された（古島, 1975）。また、17世紀には新田開発が盛んに行われ、農業技術の進歩も相まって農業生産力が向上し、人口も増加した。その結果、全体としてみれば、庶民の生活にゆとりが生まれ、遊興や娯楽に興じる人たちも増加した（高埜, 2015）。原田（2009）は、「室町時代に基礎を整えた日本料理が、一部の上層階級だけではなく、社会的な広がりをもって受け容れられるようになるのが、江戸時代だった」と述べているが、江戸や大阪には多くの食べ物屋ができ、新しい料理やサービスが誕生するなど、食への関心の高まった時代でもあった（石毛, 2015）。

第1節　料理書に取り上げられた野菜

　室町時代の料理書は形式と食事作法に重きを置いたものであったが、江戸時代になると、不特定多数の読者を対象とした料理書が多数出版されるようになった（江原ら, 2009）。『料理物語』はその種の料理書として最初のもので、寛永20年（1643）に出版された。全体は20部に分けられ、そのうち、海の魚、鳥、獣、きのこ、青物などの7部については、材料名とその料理法（汁、膾、煮物、焼物など）が記されている（著者未詳, 1643）。「きのこの部」に

はマツタケ、ヒラタケ、シイタケ、ハツタケ、イワタケなど12種類、「青物之部」には花（ボタン、シャクヤク、クチナシ、カンゾウ、キク、ノウゼンカズラ、スイカズラ、スミレ、ベニバナ）、果実（ウメ、ヤマモモ、ユズ）、とうふ、ふ、青麦の他に67種類の野菜が挙げられている。これら67種について、用途別に数えたところ、汁として利用されるものが42種で最も多く、以下、あえもの（36）、さしみ（21）、なます（19）、香の物 / つけもの（17）、煮物（15）、にいろ（9）、すさい（酢菜）・すづけ（酢漬）・すあへ（酢和え）（あわせて12）であった。に色とは『料理早指南』によれば、「だしと醤油にすをくわへて煮る也，何にてもおなじ（出汁と醤油に酢を加えて煮るもので、どんな野菜についても同様である）」とあるので、酢煮の一種である（醍醐散人，1801 - 1804）。酢菜は『日葡辞書』によれば、「スサイ，Sousai，ダイコンを酢であえたサラダ（フランス語版〈DOI, 10 . 11501 / 1871589〉では、カブ〈rave〉と酢で作ったサラダ）」と訳されており（土井ら，1980）、角川版『古語辞典』では「酢の物」と説明されている（久松と佐藤，1973）。

　施山（2013）は、ショウガ、ワサビ、タデ、シソのように「香辛料、調味料、薬味、あるいは妻物のように料理の飾りに用いられる野菜」を香辛・調味野菜と呼び、主要野菜の中にもダイコンやネギのように香辛・調味野菜として利用されるものがあると述べている。『料理物語』全体でみると、出現数が最も多い野菜はショウガで27、次いでサンショウ25（うち3は辛皮）、ダイコン16、ワサビ15、カラシ14と続き、以下、ヤマノイモとタデが各10、ゴボウが9、ナス、タケノコ、サトイモ（ズイキ1，ネイモ1を含む）、菜類（菜4，ククタチ3）が各7、ミョウガとキクラゲが各6であった。このように、施山（2013）が野菜に含めていないサンショウ、カラシを含め、ショウガ、ワサビ、タデなど香辛・調味野菜の出現数が多かった。

　17世紀後半になると、江戸の文化も盛んになり、延宝2年（1674）には『江戸料理集』が刊行された。この書は6巻から成る大部のものであるが、『古今料理集』7巻8冊本のうちの3～8冊と同一の版木を使用し、一部それに手直しを加えたものである（吉井，1978 - 1981）。『古今料理集』の刊行年は不明とされるが、『江戸料理集』とほぼ同年代に刊行されたと推察されている（吉井，1978 - 1981）。『古今料理集』の第2冊は、いろは順に食材を挙げ、

賞味に値するか、どうかの評価と料理名が記載されており（第23表）、当時の人々の野菜に対する好みを知る上で興味深いものである。これを見ると、シロウリ、マクワウリ、ナス、ウド、セリ、ダイコン、菜類（カブナ、ククタチ、カラシナ）、ゴボウ、チシャ、サトイモ、ショウガ、ミョウガ、ヤマノイモ、タケノコなど、江戸時代以前にも盛んに利用された野菜が賞味に値する野菜として高く評価されているが、これは当然の結果と言えよう。しかし、これまで、それほど高く評価されてきたとは思えないハマボウフウ、ヨメナ、カシュウイモ、ツクシなどの評価が高いことや、逆にタカナ、唐の芋（サトイモの一品種群；表では、たうのいもと表記）は「賞玩ならず（賞味するに値しない）」とされるなど、意外な点もある。

　『江戸時代料理本集成』には上に紹介した『料理物語』や『古今料理集』を含め、計50種類の料理本が翻刻されている。第24表は、ある野菜がこれら50種類の料理本中、何種類の料理本に取り上げられているかを数え、葉菜、根菜、果菜、きのこ、香辛料野菜に分けて一覧表にしたものである。表には示していないが、それぞれの料理書における個々の野菜の出現数も調べた。その結果、ある野菜が取り上げられている料理書の数（X）とその野菜の出現総数（Y）との間には、第1図に示すようにXが増えると、Yは指数関数的に増加するという関係が認められた。すなわち、料理本に取り上げられる機会の多い野菜ほど、様々な料理に利用される野菜であり、また、より長期にわたって利用される重要な野菜であると考えられた。

　第24表でツケナ類としたのは、杉山（1995）がカブとツケナ類に分類したアオナ（カブナ）、ウグイスナ、貝割菜、ククタチ、キョウナ、ミズナ、フユナ、葛西菜、小松菜、トウナ、ハタケナにミブナ、小菜、間引菜、ツマミナを加えたものである。ミブナはミズナと同じ品種群に属するとされており、また小菜は『親民鑑月集』で蕪菜類の一品種とされている（松浦，成立年未詳）。間引菜とツマミナについては、『物類称呼』菘の項に「又關西にていふ。間引菜と云を，江戸にて。つまみなといふ．西國にて。をろぬきなと云〈江戸田舎にて，菜にても大根にても，おろぬくと云といへとも，名付る時は，つまみ菜と云，もみ大根といふ〉」（又関西で間引菜と言うものを江戸ではツマミナと言う。西国ではオロヌキナと言う。江戸や田舎では、菜でも大根でも間引くこ

第23表　『古今料理集』にみられる野菜の評価

和名	同書中の表記	評価	備考（「」内は同書中の説明の一部）
シロウリ	白ふり	◎	干瓜◎
マクワウリ	まくわふり	◎	「勿論くわし」
キュウリ	き瓜	△	「香物第一なり」
ユウガオ	ゆふかほ	○	「勿論せうしん（精進）」，かんひよう△
ナス	なす	◎	「本汁第一なり」
トウガラシ	たうからし	×	
シソ	しそ	◎	
エダマメ	ゑたまめ	◎	
ササゲ	さゝけ	◎	「あへ物第一なり」；つけさゝけ◎
ウド	長うと	◎	めうと◎
ニンジン	ねにんじん	△	
ハマボウフウ	ぼふふ	◎	
ミツバ	みつはせり	◎	
セリ	せり	◎	
ダイコン	大こん	◎	なつ大こん◎；もみ大こん○　；干大こん△
菜類	こな	◎	くき立菜◎
カラシナ	からし	◎	「勿論よろつからみ」；たかな，×
シソ	しそ	◎	
ワサビ	わさひ	◎	「よろつからみに第一なり」
ゴボウ	ごほう	◎	つけ牛房◎「生より猶賞玩（勝る）」
ヨメナ	よめな	◎	
チシャ	ちさ	◎	
フキ	ふきのとう	◎	フキ○
クワイ	くわゑ	◎	
サトイモ	さといも	◎	いものくき△；ねいも△；たうのいも×
ショウガ	はせうが	◎	
ミョウガ	みやうかの子	◎	みやうかたけ△
ヤマノイモ	つくいも	◎	むかこ△
カシュウイモ	かしゆゆういも	◎	
タケ類	たけの子	◎	同あまかわ◎

評価：◎、用いるべき；○、用いるべきか；△、少しは用いるべきか；×、用いるに値しない。
　上記のほか、いわたけ、干わらひ（蕨）、わらひ、つくし、つけ（漬）松茸、つけ初茸、つけ山椒、うこぎ、くず、きくらけ、しめじたけが◎とされている。

第24表　江戸時代の料理書中に現れる野菜

出現数	葉菜類	根菜類	果菜類	キノコ類	香辛野菜
48		ダイコン ヤマノイモ			
47					ショウガ
46		ゴボウ			
45				キクラゲ	カラシ
44				シイタケ	サンショウ
43					ワサビ
41	ネギ	サトイモ カブ			
40	セリ，ウド			マツタケ	トウガラシ
39	ツケナ類	ニンジン			
38	タケノコ	ハス クワイ	ナス		
37	フキ			イワタケ	
36		コンニャク			シソ
35					ミョウガ
34			トウガン ユウガオ	シメジ	
33	ミツバ		ササゲ	コウタケ	タデ
32	ヨメナ ツクシ		シロウリ リョクトウ	ショウロ	
31	ワラビ			ハツタケ	
29				エノキタケ	ハマ ボウフウ
27	ジュンサイ				
26	チシャ				
25	アサツキ				
24	ホウレンソ ウ，マツナ	クログワイ			

出現数は当該野菜が出現した料理本の数を示す。
ツケナ類はカブナ、アオナ、ウグイスナ、貝割菜、ククタチ、キョウナ、ミズナ、フユナ、葛西菜、小松菜、トウナ、ハタケナ、ミブナ、小菜、間引菜、ツマミナをいう。

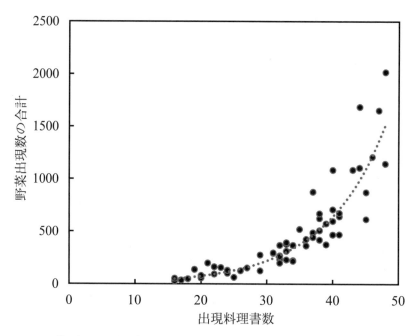

第 1 図　当該野菜が出現した料理書数とその野菜の総出現数
　　それぞれの点は 1 種類の野菜を示す。出現料理書数が 15 以上のものだけを図
　　示した。点線は Excel によって指数関数で近似させた曲線を示す。

とをオロヌクというが、間引いたものが菜の場合にはつまみ菜、大根の場合には
もみ大根という）」という記述があるので（越谷, 1775）、ツケナ類として計上
した。これらとは別に、菜という記載が 30 種類の料理本に、干菜または懸
菜との記載が 25 種類の料理本に認められた。人見（1697）は『本朝食鑑』
蕪菁の項で、乾菜（干菜）、懸菜について「采_葉茎_以懸_干簷下_而陰乾,
呼號_懸菜_或稱_乾菜_（茎葉を採って乾いた軒下で陰干しするので懸菜、ある
いは乾菜と呼ぶ）」と記しているが、『名飯部類』の「乾菜ざうすい」の記述
をみると、乾菜とは「菁蕪莱蕧の茎葉日乾したる（アオナ、ダイコンの葉を日
干しした）」もののことである（吉井, 1978 - 1981）。そこで、菜、干菜はツケ
ナ類に計上しなかったが、菜、干菜、懸菜まで含めると、ツケナ類を取り上
げた料理本の数は 43 となる。一方、間引き菜を含めず、杉山（1995）の言
う「カブとツケナ類」だけを計上した場合、料理本の数は 39 から 38 に減少

した。施山（2013）は、当時どこででも栽培されていたツケナ類が料理本に出現する割合が低いと述べているが、少なく見積もっても38種類の料理本に取り上げられており、決してツケナ類が少ないという訳ではない。ツケナ類の他、第24表では「ふき」と「ふきのとう」をフキ、こうたけ、皮茸、河茸をコウタケ、榎茸、滑薄、なめたけをエノキタケとして纏めた。江戸時代の農書や本草書では芋という言葉はサトイモのことを指し、ヤマノイモは薯蕷、サツマイモは蕃藷、甘藷と呼ぶのが一般的である。しかし、これらイモ類のいずれについても収穫物については芋と称したようで、『江戸時代料理本集成』にも「むすびいも」、芋巻、砕き芋、おぐら芋など芋と名がついた料理でヤマノイモを使うものが紹介されている。これらは文中に説明があるので、ヤマノイモを使った料理であることが分かるが、説明のないものも多く、いずれのイモを利用したものか不明のものも多い。そこで、これらについては芋として別に扱った。また、瓜と表記されているものについて、シロウリとマクワウリを識別できる場合を除き、瓜として別に扱った。

　『江戸時代料理本集成』に翻刻された料理本の中、25種類以上で取り上げられた野菜をみると、『古今料理集』で賞玩すべきとされた野菜はマクワウリ、エダマメ、カシュウイモ、ウコギを除き、全てがこの範疇に入った。一方、『古今料理集』でそれほど高い評価を与えられていないニンジン、コンニャク、トウガン、コウタケ、リョクトウ、アサツキや賞玩すべきでないとされたトウガラシが25種類以上の料理本に取り上げられていることから、『古今料理集』が成立した17世紀後半以降、ニンジン、トウガン、トウガラシなどに対する評価が変化したことが窺える。また、新たに利用され始めた野菜もあった。すなわち、チョロギ、サツマイモ、カボチャ、ユリは50種類中それぞれ22、20、20、17の料理本で取り上げられているが、『江戸時代料理本集成』に翻刻されている17世紀の料理本（料理物語、料理切形秘伝抄、料理献立集、古今料理集、合類日用料理抄、茶湯献立指南、和漢精進料理抄）に、これらの野菜は見出せなかった。カボチャは16世紀に、サツマイモとチョロギは17世紀にわが国に渡来したと考えられ（青葉，2000 a）、17世紀にはまだ一般的な野菜にはなっていなかったと思われる。また、ユリは古くから観賞用や薬種として利用されてきたが、食用ユリの記述は17世紀前半に成

立した『親民鑑月集』に見られるのが初めである（松浦と徳永, 1980）。17世紀末の『農業全書』になると、「ゆりの根を鹽湯にてゆひき、菓子に用ひてよし。吸物、にしめ物かれ是料理おほし（ユリの根を塩湯で湯引き、菓子に用いるとよい。吸物、にしめなどユリを使った料理は多い）」と、より詳しい記述が見られるようになるので（宮崎, 1936）、食用ユリの利用は17世紀末頃から盛んになったのであろう。ちなみに、50種類の料理本でのカボチャとユリ（百合根）の初出は享保15年（1730）刊の『料理綱目調味抄』第四巻の分類菜蔬之部（嘯夕軒, 1730）、サツマイモの初出は寛延3年（1750）刊の『料理山海郷』巻之四の「早葛」の項である（博望子, 1750）。なお、ツケナ類の中、ミズナは19種類の料理書で取り上げられているが、17世紀の料理本には見出すことができなかった。1638年刊とされる俳諧書、『毛吹草』の巻二には四季の詞、巻四には諸国の名物が列挙されているが、その正月と山城の項には水菜という語が挙げられている（松江, 1655）。また、1686年に成立した『雍州府志』巻六の土産門上の水菜の項には「東寺九條邊專種レ之（東寺九条の辺りに栽培が集中している）」ことが紹介されている（黒川, 1686）。このように、既に17世紀中頃にはミズナは多くの人に馴染み深い言葉になっていたと思われるが、何故、この時代の料理本にミズナが見られないのかは不明である。

　ところで、第24表によれば、マツナという野菜が24種類の料理書に取り上げられており、そのうち1例は鹹蓬と表記されている。『救荒本草』第二巻に鹹蓬の項があり（徐, 1716）、その注釈書である『救荒本草啓蒙』巻之二にはマツナ、ハママツナの和名が付けられ、海辺砂地に生え、食べると塩辛いとの説明がある（小野, 1842）。また、『和漢三才図会』巻百二の松菜の項に「按松菜近年大明僧將來希有レ之，二月下レ種，苗高五七寸，非レ蔓而延レ地，葉似_雌松_而柔，亦似_杉菜_，三四五月瀹和レ醋，或入_羹中_食，味淡甘脆美（私が調べたところ、松菜は近年明の僧が持ってきたもので、稀に見かけることがある。二月に播種し、草丈15〜21 cm、蔓性ではないが地面を覆い、葉はアカマツに似て柔らかく、またスギナに似ている。湯掻いて酢和えにし、あるいは羹に入れて食べる。味はうっすら甘く、やわらかく美味しい。）」との記述がある（寺島, 1824）。一方、『梅園草木花譜』秋之部四巻にはマツナ、ハママツナとい

う和名とともに「此者和産ノ松菘也．鹹蓬ハ濱マツナ本種其葉ヨリ塩ヲ取ル
法アリ．故ニ鹹蓬ト云．此者和産（これはわが国に産する松菜で、鹹蓬はハマ
マツナである。その葉から塩を取る方法があるので塩蓬という名がある。これも
わが国に産する）」と元々わが国にあった植物と記されており、その彩色図も
示されている（毛利，成立年未詳）。また、『武江産物志』薬草類には、品川
辺の産として「鹹蓬〈大師河原〉」との記載がある（岩崎，1824）。したがっ
て、マツナが鹹蓬（マツナ、ハママツナ）だとすると、多摩川河口の大師河
原で採集されたものが江戸に運ばれ、利用されていたのであろう。ただ、次
節で詳述するように、カラシナ、タカナをマツナと呼んだ可能性があり、第
24 表のマツナが鹹蓬であるとは断定できない。

　江戸の青物市場は神田、駒込、千住、四ノ橋、青山久保町、品川などに設
置されたが、これらの中で規模の大きいのは神田、駒込、千住の三市場であ
った。千住市場で長く書記を勤めた人が明治時代になって書いた調書に「幕
府御用違（達か）は、川魚のほか、蓮根、慈姑にして、土物之に次げり。
これを納むるには各問屋総代より役人の命を待ち、総代、納品の上に御用札
を建て、御納屋に納めたりと。（幕府御用達は、川魚の他、レンコン、クワイが
多く、根菜類がこれに次いだ。［幕府が必要とする野菜を神田江戸橋にあった御納
屋に］納品する場合には、総代が役人の命令を受け、納品する品の上に御用札を
立てて御納屋に運んだ）」という記述があり（東京都，1958）、幕府が買い上げ
る野菜の中でクワイはハスと並んで重要な野菜であったと思われる。また、
文化 14 年（1817）に神田三か町組問屋から奉行所に「くわい」上納につい
ての提訴がなされたが、その訴状の中で駒込や千住で産地から神田に運ばれ
る途中のクワイを出買・迎買をするため、三か町への入荷が減少し、営業が
困難になっていると記していることからも（東京都，1958）、当時、クワイは
重要な食材で、幕府だけでなく、料理屋などからの根強い需要があったもの
と思われる。古い時代にはクワイとクログワイの呼び名に混乱があったこと
は既述した。しかし、① 翻刻された 50 種類の料理本のうち 22 種類ではク
ワイとクログワイ（水クワイを含む）の両方を記載、16 種類ではクワイの
記述だけが認められ、クログワイの記述だけが認められたのは 2 種類の料理
本に過ぎなかったこと、② 江戸時代の農書でも『農業全書』、『本朝食鑑』

などでクワイとクログワイは別項目にされていることからすると、江戸時代にはクワイの重要度が高まったこともあって、呼び名の混乱は解消されたと考えられる。クログワイについて、『百姓伝記』には、「くわいを作る事種両種あり。然ども何国にも白くわいばかりつくり、黒くわいをばつくらず。（クワイの栽培種には二種ある。しかし、いずれの国でもシロクワイ［『牧野植物図鑑』によれば、白ぐわゐは慈姑の古名とあるので、クワイのこと］だけを作り、クログワイを作ることはしない。）」としている（古島, 2001）。しかし、『農業全書』巻五の烏芋の項には「冬春ほり取りて菓子とし、生にても食ひ、煮ても食ふ。（冬春に掘り取って菓子とし、生でも食べ、煮ても食べる）」、「津の國河内邊に多く作る物なり（摂津や河内で沢山作られるものである）」と記され、地域によっては栽培が行われていたようである（宮崎, 1936）。

第2節　農書類に取り上げられた野菜

　17世紀になると、『親民鑑月集』、『百姓伝記』、『農業全書』などの農業技術書が出版された。『親民鑑月集』は伊予国宇和郡の武将土居清良の一代記（清良記）全30巻のうちの第7巻で、清良の諮問に対して宮下村の宗庵ら三人が作物栽培法や土壌・肥料などについて答えた形をとっている（松浦と徳永, 1980）。国会図書館版（松浦, 写年未詳）では、「土井清良被問農業事（土井清良が農業について質問したこと）」の項が省かれ、「四季作り物種子取事（四季ごとの作物の栽培と採種のこと）」から始まっているが、ここには月ごとに植え付けるべき作物、種子を取る作物、取って食べる作物が列記されている（松浦, 成立年未詳）。植え付けるべき作物については、作物名の上に、黒丸、白丸が付され、① 苗を作らずに直ちに種子あるいは古根（栄養繁殖に使う種いもなどのことか）を植え付けるもの、② 直播、苗移植いずれも可能なもの、③ 苗を植えるか、育苗するもの等に区分している。第25表では、播種（植付）、採種、収穫（利用）月のすべてについて記述がみられるものを中心に主要な野菜を一覧にした。ここで、「ふろう（不老）」とは『本草綱目啓蒙』巻之二十、豇豆の項に、「ササゲ〈和名鈔〉、大角豆〈同上〉（『和名抄』でいうササゲ、大角豆）」、「自珍ノ説ニ蔓長丈餘又長者至二尺ト云ハ十八サ

第25表　『親民鑑月集』四季作り物種子取事にみられる野菜の栽培

野菜の種類	播種，育苗，定植月	採種月	食用月（取食月と記述）
ハス	1, 2, 10†	8, 9	2
夏菜	5, 5†～8†, 10†	4	1～8, 11
ホウレンソウ	8†, 9†		1, 8, 9, 11
ヒユ	2*, 4*, 5†	8～10	4, 5, 7
タデ	2*, 3†, 4†	9	9
トウガン	2*, 4†		9, 11, 12
キュウリ	2*	6～8	5～7
ユウガオ	2*, 4†	8	6～8；5, 7（葉）
カラシナ	9, 11, 12	4, 5	1～3, 11, 12
タカナ	7, 8, 9*, 10, 11†	4, 5	1～4
アオナ	9*, 11†（小菜）		1（蕪菜）, 5（鴬菜）
カブ	5～7	4	8～12
ダイコン	5～7；10（三月大根）	4, 9	1, 7～12；2, 3（三月大根）
エンドウ	8, 9	4	4
フロウ	2*, 3*†, 4†, 5†	7, 8	5, 6（葉）；7
ニンジン	8, 9	4	1（葉）, 2
セリ	8, 12	4	1～5
ナス	1, 2*, 3†～5†, 6	8, 9	5～9
シソ	2*, 3†		4
ゴボウ	2, 3	10	1, 7, 9～12
ヨメナ	1	6, 7	1～4
チシャ	1*, 3*†, 5*†, 6†, 7*†, 9†～11†, 12	4	1～8, 10
フキ	1, 9, 10†		1, 11（フキノトウ）；4, 5
サトイモ	2*, 4†	10	2, 9, 10；5～8（茎葉）
ミョウガ	1, 9, 10		3, 4, 6, 7；8（茗荷子）
ショウガ	3†, 4†	3, 4	7, 12
ネギ	1*, 2*, 4*, 6†, 8†～11†, 12	5	1～12
ネブカネギ	1*, 2*, 4*, 5†, 8†～10†		1, 4, 5, 7, 8, 12
ニラ	10	4	1～8 (2, 薤にニラのフリガナ)

*は直植え（直播のことか）、育苗、どちらでもよい；†は苗を定植、あるいは育苗する。

サガナリ，一名十六サゝゲ〈佐州〉（中略）フロウ〈四國〉（李時珍の『本草綱目』では蔓の長さは1.8m余，［莢は］長いものでは60cmになると記されているが，これは十八ササゲのことで，佐渡では十六ササゲ（中略）四国でフロウという；『本草綱目』では，長者の前に〈莢有白，紅，紫，赤，斑駁數色〉と記されているが，『本草綱目啓蒙』ではこれを省いているので，分かりにくい）」と呼ぶことが記されており，ナガササゲ（ジュウロクササゲともいう）のことと思われる（小野，1805）。

　夏菜について，日本農書全集版の注には「ふだんそうのことか」と記されている（松浦と徳永，1980）。青葉（1983）は「フダンソウには地方名が多い。（中略）東北，北海道や西日本の各地で使われるナツナは夏菜である」と，フダンソウをまだナツナと呼ぶ地域が残っていることを紹介している。また，『親民鑑月集』の「五穀雑穀其外作物集」では，フダンソウと同じアカザ科に属するホウレンソウを夏菜とともに蕪菜の中の同じグループにしている。これらの点から考えて，夏菜はフダンソウのことであると考えて差支えないであろう。ところで，『親民鑑月集』で蕪菜は，① アカザ科のフダンソウ（夏菜）とホウレンソウ（菠蓮草）に加え，② アブラナ科のツケナ類（真菜，紫かふら，赤蕪ら，白蕪，水菜，京菜，小菜，鶯菜，越後菜，永蕪菜）と③ アブラナ科のカラシナ（からし菜，青辛，黒からし，小辛）に分けられている。この「からし菜」は日本農書全集本では「菘菜」と記され，「あおな」と訳されている。そこで，日本農書全集本で「あおな」と訳されているものについて，全集本と国会図書館本の「四季作り物種子取事」の記載を比べてみると，表記が一致しているのは16か所中8か所に過ぎず，4か所では全集本の菘菜が国会図書館本では「たかな（たか菜）」または「ほりいり菜」と記されており，2か所では「まつな」が「ほりいり菜」または「びんづり」と記されている（第26表）。このうち，ほりいり菜については，『大和本草』巻之五の蘿蔔の項に「モチ大根ハ其根土上ニ不レ出，是常ノ蘿蔔ニカハレリ，故ニホリイリ菜ト云（餅大根は，［肥大］根［の上部の首と呼ばれる部分］が地上に抜け出てこない。これは普通のダイコンと異なっているので，ほりいり菜という）」と説明されている（貝原，1709）。しかし，『養生訓』巻四には「菘は京都のはたけ菜水菜いなかの京菜也，蕪の類也，世俗あやまりて，ほりいり

第 26 表　国会図書館版、全集本『親民鑑月集』におけるアオナの記述比較

国会図書館版	全集本	例数	国会図書館版	全集本	例数
菘菜*	菘菜	3	ほりいり菜	菘菜	1
菘	菘	1	ほりいり菜	まつな	1
菘菜**	たかな	1	びんづり	まつな	1
たかな/たか菜	菘菜	3	小菜	小菜	2
たかな	高菜	1	鶯菜	鶯菜	1
たかな	不記載	1			

＊菘菜の一つにホリイリナのフリガナ、＊＊菘にホリのフリガナがある。

なと訓す（菘は京都のはたけ菜、水菜、いなかの京菜のことで、カブの仲間である。世間では誤って「ほりいり菜」と訓読している）」との記述がある（貝原，1713）。また、「びんづり」は国会図書館版で「たかなの事」との説明が付記されている。「まつな」は菘という字が草冠に松という字から出来ているため、これを松菜と読んだものと思われる。中国の文献に現れる菘がどのような植物なのかについての議論は付録の 5 で紹介したが、江戸時代になると、新たに様々なツケナ類が育成され、栽培されるようになったこともあり、それらの中、どれが菘なのかについて、いろいろな意見が出されるようになった。これについては、付録 16 を参照頂きたい。

　第 25 表によれば、ネギ、チシャ、ダイコン、夏菜（フダンソウ）はほぼ通年にわたって利用されている。これに対して、アオナ、タカナ、カラシナをはじめ、セリ、ヨメナなど多くの葉菜類は冬から春にかけて利用され、6 〜10 月には利用が見られない。葉菜類の中で 6〜8 ないし 9 月に利用できるものは夏菜（フダンソウ）、ホウレンソウ、チシャ、ネギ、ニラなどで、マメ類の葉やサトイモ、サツマイモなどの茎葉も用いられた。『農業全書』巻之四の莙蓬（ふだんさう）の項には「菜の絶間にあるゆへ、料理色々に用ゆべし（菜の端境期に取れるので、色々な料理に用いるべきである）」、蒿苣（ちき）の項には「是も四季ともにたねを蒔きて苗を食し、…色々料理に用ゆる物なり。（これも［フダンソウと同様］、四季にわたり播種して苗を食べ、…色々な料理に利用する）」という記述があり（宮崎，1936）、タカナ、カラシナ、アオナなどが収穫できない時期に、それらに代わる青物としてフダンソウやチシャなどが利用されて

いたと考えられる。『農業全書』の萵苣の項には、「［葉］よくさかへ，やは
らかにして，いか程かぎとりても盡くる事なし（葉はよく茂り、柔らかで、ど
れだけ掻き取っても、すぐに次の収穫ができる）」、「又四月たうの立たるを折り
て皮をさり，水に漬け，苦みをぬかし，醋に浸し，膾のつまにし，紫蘇漬な
どにして珍敷き物なり（また、4月に花茎が伸びたものを収穫し、葉を取り去っ
て水につけて苦みを取る。それを酢に浸して膾の添え物にするか、紫蘇漬にして
用いるというのも珍しくてよい。）」との記述があることから、苗や掻き取った
葉を利用するか、花茎の部分を利用したと思われる（宮崎, 1936）。また、『日
葡辞書』の Chixa（チシャ）の項には「Chixauo caqu，萵苣を掻く」という
用例が紹介されている（土井ら, 1980）。したがって、当時のチシャは現在の
レタス（リーフレタス、Crispa Group；レタス、Capitata Group）とは別群の
カキチシャ、ステムレタス（ともに Angustana Group）であったと考えられる。
フダンソウについては『本朝食鑑』巻之三の苣の項の附録（唐苣）に「近代
自レ華傳レ種來，而處處多有，故稱二唐苣一（近頃、中国より種子が伝来し、各地
に多くある。そこでトウチサと呼ばれる）」との記述があり、当時は各地で広
く利用された可能性がある（人見, 1697）。しかし、『翻刻江戸時代料理本集成』
で取り上げられた50種類の料理本中、フダンソウの記載がみられたのは8
種類で、出現総数も11例と少ないので（データは示していない）、重要な野
菜であったとするには疑問が残る。なお、播種・植付月と採種月の記載がな
い野菜は第25表に示していないが、それらの中ではユリ（8か月）、ヤマノ
イモ（7か月）、トコロ（6か月）などの利用期間が長かった。

「五穀雑穀其外作物集（五穀雑穀その他作物のこと）」の項では作物ごとに別
けて品種名を記し、あるいは類似の作物をグループに纏めて作物名（場合に
よっては品種名）を記して、その栽培法を簡単に説明している。例えば、芦
菔の事には「大根、底入大根、鼠大根、土蘿蔔、小大根〈蕪菔，莱菔カ〉、紫
蘿蔔、三月大根、上り大根」が列記されているが、底入大根と土蘿蔔以外の
品種については、第27表に示すように『本朝食鑑』、『百姓伝記』、『大和本草』、
『成形図説』、『本草図譜』などに同じ名称の品種についての説明がある。こ
れらが同一の品種か、どうかは明らかではないが、少なくとも品種名を付け
るにあたって着目した特性には共通点があったのであろう。また、表には示

第 27 表　『親民鑑月集』におけるダイコンの品種名と他書から類推される特性

品種名	類似品種と思われるものの特性
底入大根	根が地上に出ないものを堀入という（倭漢三才図会）
鼠大根	根は短円、よく太り、根の先端は尾状で、細く長い。味がよい（本朝食鑑）
土蘿蔔	徒然草に土大根を焼ダイコンにして日に二本食べる話がある。特性は不明。
小大根	野大根、西国の小大根のことで、根は細長い（大和本草）
紫大根	葉も根も紫色の紫大根がある（大和本草，成形図説　本草図譜）
三月大根	8、9 月に播き、2 月下旬から 3 月に使う（百姓伝記）；8 月播き、3 月に利用（本草図譜）
上り大根	［青首大根のように］根が地上に［長く］出るものを上出（アカリ）という（倭漢三才図会）

引用した農書：大和本草（貝原，1709）、倭漢三才図会（寺島，1824）、本朝食鑑（人見，1697）、成形図説（曽槃ら，文化年間）、本草図譜（岩崎，年代不明）、百姓伝記（2001）

していないが、「茄子類之事」には、「紫茄子、丸なすひ、扇茄子、長なすひ、白茄子、長白茄子、赤茄子、唐茄子、高麗茄子、小なすひ、黄なすひ、けし茄子」が列記され、紫、丸、扇茄子の味がよく、長、白、長白、赤茄子の味は中、唐茄子は何の役にもたたず、高麗茄子以下は味が悪いと記されている。

　ネギについて、『親民鑑月集』では五辛の類の一グループとして大葱、小葱、根深、刈葱（かりぎ）の 4 種を挙げ、① 大葱、小葱は古根を 9、10 月に植え替える（毎月植え替えてもよい）、② 根深、刈葱は 8、9 月に苗にして、1、2 月に植える、③ 小葱の方が葉は軟らかいが、大葱と小葱は同一のものである、④ 地上部を刈り取って利用するのが刈葱、引抜いて収穫するものが根深であると記している。『農業全書』には 1 尺（30 cm）ほど掘り下げた溝の底に植えたネギに 5、6 日に一度ずつ、およそ 10 回にわたり、1 回に 1 寸（3 cm）ほどの土を掛けて溝を埋め、ねぶかの根（別の個所では「白ね」とも記しているが、葉鞘部のこと）が次第に高く（長く）なるようにするという記述があり（宮崎，1936）、17 世紀には、既に土寄せによって白根の部分を長くするという軟化方法によって根深ネギの生産が行われていたことが明らかである。また、

『本草綱目啓蒙』巻之二十二の葱の項には「ネギ，一名ネブカ，筑前ニテ，オホネギト呼ブ（中略）葉四時枯レズ．常ニ食フベシ（ネギ、一名ネブカ、筑前ではオオネギと呼ぶ〈中略〉葉は年中枯れることがないので、何時でも食べることができる）」、また集解には「冬葱ハワケギト呼ブ．オホネギヨリハ葉細シ．實ヲ結バズ．故ニ苗ヲ分テ栽ユ．（冬葱はワケギと呼ぶ。オオネギよりは葉が細く、結実しないので苗［株のこと］を分けて植える。）」、「漢葱ハカリギト呼ブ．（中略）コレモ葉小ナリ．夏月刈テ食用トス（中略）一名小葱〈群芳譜註〉、夏葱〈同上〉又オホネギヲ刈テ食フモ，カリギト云（漢葱はカリギと呼ぶ。（中略）オオネギよりは葉が細く、小さい。夏に刈り取って食用にする。（中略）『群芳譜註』にいう小葱、夏葱である。またオオネギを刈り取って食べる場合にもカリギと呼ぶ）」との説明がある（小野，1805）。すなわち、『本草綱目啓蒙』で取り上げられているネギの品種群は、① 葉は細く、結実しない冬葱（ワケギ）、② 今の葉葱に当たると思われる漢葱（カリギ）、③ 葉上に小苗を生じる楼葱（ヤグラネギ）、④ 葉鞘（葱白）が長いネブカ、オオネギに分類される（杉山，1995）。漢葱は夏に利用するので夏葱と呼ばれ、根深は冬になっても休眠せずに成長を続けるネギ（冬葱）である。また、『親民鑑月集』では、既述のように大葱と小葱が同じものとされているので、そこで言う小葱は漢葱ではなく、大葱を夏に刈り取ったもの（カリギ）と考えた方がよい。現在、ネギは根深ネギと葉ネギに大別され、分げつが少なく、太く、土寄せなどによって遮光すると白根の部分が長くなる品種（群）を用いて根深ネギの生産が行われ、分げつしやすい品種群を用いて、葉の緑色部を利用する葉ネギ栽培が行われている。『親民鑑月集』、『本草綱目啓蒙』の記述からすると、江戸時代には葉ネギは漢葱または大葱、根深ネギは大葱を用いて栽培が行われていたと思われる。

第3節　村明細帳にみる野菜

　村明細帳や村鑑（むらかがみ）と呼ばれる文書は為政者が何らかの必要から村役人に命じて貢租その他の公課、村高、家数、人口、寺社、栽培されている作物の種類、市場などを調べさせ、提出させたものである。作物の種類やそれを販売する市場などの記載があるので、当時の農村経済を知る上で有用な史料であ

る。しかし、調査は村役人に一任されているため、もし領主が五穀の生産に
専念することを望んでいるならば、野菜を作っていても作っていないと答え
るであろうし、作っていると答えた場合でも販売を目的としたものではなく、
自家消費用であると答えた可能性が高い。そのため、野村（1949）は、村明
細帳の記述をそのまま鵜呑みにするのではなく、一応の目安として利用すべ
きであると指摘している。第 28 表は、『村明細帳の研究』資料編で取り上げ
られた武蔵、相模、上総、下総、上野、下野、常陸の関東 7 か国の明細帳に
記載されている野菜を一覧表にしたものである。武蔵国の六角橋村、澤井村、
染谷村、下総国の大畔新田村（おおぐろしんでん）については、年代の異なる複数の文書に野菜の
記述が見られたので、それぞれの年の明細帳について表示した。

　この表によれば、「芋」とだけ記したものが江連村、藤塚村、澤井村など
に見られたが、「畑方夏作ハ大麥・小麥・蠶豆・豌豆蒔付仕候（中略）秋作
ハ大豆・芋・木綿・粟・稗・荏・大根・蕪菜等蒔付候（夏に収穫するものと
してはオオムギ、コムギ、ソラマメ、エンドウを播き、（中略）、秋に収穫するも
のとしてはダイズ、芋、ワタ、アワ、ヒエ、エゴマ、ダイコン、アオナなどを播く）」
（寛政 10 年〈1798〉江面村明細帳）の記述から見て、ここでいう芋はサトイ
モのことであろう。また、六角橋村に野菜、染谷村に前栽物（せんざいもの）という記載があ
るが、前栽物とは「野菜、青物」のことである（大野ら, 1990）。

　第 28 表によると、複数の村の村明細帳で見られた野菜はダイコン（江連
など 10 か村）、サトイモ（芋およびサトイモ；9 か村）、菜（アオナ、菜、
しき采〈四季菜であろうか〉；8 か村）、ゴボウ・ササゲ（3 か村）、エンドウ・
トコロ（2 か村）の 7 種類に過ぎなかった。その他、一か村だけで見られる
作物として、ヤマノイモ、トウガラシ（どちらも染谷村）、カシュウイモ（澤
井村）、ソラマメ（江連村）、野大根（大畔新田村）、ワラビ（澤井村）があ
った。農民の食に関して、武蔵国澤井村の宝暦 5 年（1755）の「村差出帳」（ふじき）
には「百姓夫食之義は麥・粟・稗・芋・哥首鴈朝夕給申候（ママ）（農民の食料はムギ、
アワ、ヒエ、サトイモ、カシュウイモで、朝夕これを食べる）」、また下総国大畔
新田村の文化 2 年（1805）の「明細帳書上」には「平日粮ニしき采大根を相
用候（平日の食料として、しき菜、ダイコンを利用する）」とあり、第 28 表に
示す野菜のうち、ダイコン、サトイモ、カシュウイモはムギ、ヒエ、アワな

第 28 表　武蔵、相模、下総、上野、下野国の「村明細帳」に挙げられた野菜類

国/村	里数[z]	提出年	野菜の種類
武蔵/江連	12	寛政 10	ダイコン・芋・アオナ・ソラマメ・エンドウ
/六角橋	7.5	文政 7	野菜類[w]
		天保 8	菜
/藤塚	9	元文 2	ダイコン・ゴボウ・芋・菜・エンドウ
/澤井	13.5	宝暦 5	ダイコン・芋・カシュウイモ・菜
		安永 8	芋・カシュウイモ
		寛政 11	ダイコン・芋・アオナ・トコロ（飢饉時に利用）
		文政 4	ダイコン・ワラビ（所産物）
/宮	10	享和 4	ダイコン・芋
/染谷	8	享保 18	前栽物[v]・ヤマノイモ[v]（長芋・つくね芋）・トウガラシ[v]
		元文 2	ダイコン・ゴボウ・サトイモ・菜・ササゲ・苅豆・前栽物[u]・ヤマノイモ（長芋・つくね芋）・トウガラシ
		寛保 3[y]	ダイコン・サトイモ・菜・ササゲ・苅豆・ヤマノイモ[t]（長芋）
		天明 6	ダイコン・菜・ササゲ・前栽物[s]・ヤマノイモ[s]（長芋・つくね芋）・トウガラシ[s]
		天保 9	ダイコン[p]・サトイモ[p]
相模/半原	15	享保 13	芋
下総/三ッ堀	10	寛保元	ダイコン・芋・ササゲ
/大畔新田	6.5	文化 2[x]	ダイコン・しき采；野大根・トコロ（凶作年に利用）
上野/三倉	－	安永 9	ダイコン・菜
/小澤	－	宝暦 11	ダイコン・芋・菜
下野/藤田	22	天明 4	ダイコン・ゴボウ・芋・ササゲ

野村兼太郎『村明細帳の研究』の資料編に翻刻された明細帳の記述を基に作表した。

z 里数は江戸迄の距離、－は不明を示す。

y 寛保 3 年の他、延享 3 年と宝暦 5 年も同じ村明細帳が提出されている。

x 外に寛政 12 年の明細帳もあるが、それには大根、しき采の記載なし。

w，神奈川宿；v，江戸；u，下谷金杉または神田；t，下谷金杉；s，神田；p，近宿市場への出荷があることを示す。

どに混ぜて「かて飯」とするか、粥の具として日常的に食されていたのではないかと考えられる。これに対して、トコロは飢饉の時に粥にして食べる（澤井村）、またトコロと野大根を凶作の年にヒエやアワに混ぜて食べるという記述（大畔新田村）がある。ここでいう野生のトコロは栽培種と異なり、苦みが強く、凶作や飢饉の時にやむを得ず、利用したものであろう。農民の日々の食事に関しては、武蔵国豊島郡上練馬村（現、練馬区）の文政4年（1821）の「村方明細書上帳」にも「当村之儀大麦小麦粟藾并大根等，米は少（ママ）くなく御座候，中稲晩稲斗ニ御座候，村内衣食之助に相成候品何ニ而茂無御座候，平年共無（ママ）［蕪か］大根并野田有之候摘草等仕糧ニ相用ひ申候（当村ではオオムギ、コムギ、アワ、ヒエ、ダイコン等が主な産物である。米は少なく、中生、晩生だけである。衣食の助になる品はない。平年でもカブ、ダイコン、野に生える野草や山菜を食料として利用している）」との記述がある（練馬区, 1982）。また、江戸から21里離れた武蔵国榛沢郡牧西村の寛政12年（1800）の村方往還明細書上帳には「五穀并ニ時之野菜之外何ニ而も作不申候（［イネ、ムギ、アワ、ヒエ、マメなどの］五穀と季節の野菜の外は何も作っていない）」、8里離れた埼玉郡備後村の正徳6年（1716）の明細帳には「畠方麦秆［藾か］大豆小豆粟茄子大角豆作り申候（畑作としてムギ、ヒエ、ダイズ、アズキ、アワ、ナス、ササゲを栽培している）」、同村の文化2年の明細帳には「五穀之外時々の野菜作申候（五穀の外、季節の野菜を作っている）」と記されており（小野, 1977）、多くの村で自家消費用の野菜栽培が行われていたと思われる。

　第28表によれば、江戸向けに野菜栽培が行われた村は少なく、わずかに染谷村だけがヤマノイモ、トウガラシ、その他の野菜類を江戸の神田や下谷金杉の市場に出荷した。伊藤（1966）は、野村（1949）が取り上げた村明細帳の記録から①江戸から9里離れた武蔵国葛飾郡藤塚村の元文2年（1737）の村明細帳には菜、ダイコン、ゴボウ、芋、エンドウ、ダイズ、アズキなどの栽培が記されているが、このうち、江戸へ運搬・販売されたのはダイズとアズキだけであったこと、②江戸から10里離れた下総国葛飾郡三堀村（みつぼり）の寛保元年（1741）の村明細帳にはダイコン、芋、ササゲ、ダイズ、アズキなどの栽培が記されているが、畑作物は商売にしないとの記載があること、③江戸から8里半離れた下総国千葉郡犢橋村（こてはし）では畑作物としてムギ、コムギ、ナ

タネ、アワ、ヒエ、サツマイモなどを作っており、これらを江戸表に積み出し、売り捌いていたことなどを挙げ、江戸向けの野菜栽培が行われたのは江戸を中心に、ほぼ30km圏内であると結論している。上記 ③ からすると、伊藤（1966）は犢橋村のサツマイモを野菜とは考えていないことになる。しかし、千葉郡24か村の惣代二名が江戸の御用薩摩芋商を訴えた訴訟の中で、御用商人側が天保11年（1840）に、訴訟が始まって以後、在方の村々が江戸の焼芋商と直接取引をするようになって荷を送ってこなくなったと記した陳述書を提出しているので（千葉市史編纂委員会, 1974）、犢橋村から江戸に送られたサツマイモは野菜として利用されたものと思われる。したがって、伊藤（1966）のいう30kmはおおよその目安であると考えるべきであろう。なお、第28表で、江戸から7里半離れた橘樹郡六角橋村では使い残した野菜を神奈川宿で売出しているが、江戸向けの野菜栽培ではなかったこと、また、江戸から6里半の距離にあった下総国葛飾郡大畔新田村でも江戸向けの野菜栽培が行われていなかったことからすると、地理的条件などによっては30km圏内に位置する村でも江戸向けの野菜栽培を行わなかったものと思われる。

　ところで、田畑（1965）は、河川舟運の発達により、舟で江戸に運ばれる荷物は享保・明和期に大きく増え、江戸への移出品に占める野菜（その90%はゴボウとレンコンであった）の割合も増加したことを認め、河川舟運の発達した地域では、江戸から50〜60km以上離れていてもゴボウやレンコンなどが栽培・出荷されていたことを明らかにしている。ダイコン、ニンジン、ゴボウ、レンコン等の根菜類は、収穫後の呼吸速度が低く、比較的日持ち性がよいとされるが（永田, 2018）、これらの日持ち性のよい野菜は舟を使って大量輸送すれば、消費地に近い産地と価格面でも十分太刀打ちできたと思われる。前述した天保11年の千葉郡24か村と江戸の薩摩芋商人との訴訟で、天保14年に新川筋からの積み出しになるまでは海岸（検見川湊と思われる）まで運んで、そこから江戸に運ばれたと説明されており、犢橋村のサツマイモも舟で江戸に運搬されたのである。

　『武江年表』享保15年（1730）の項には高田茂右衛門、鈴木文平兄弟による見沼新田開発のことが記され、「見沼の新川に船を通せん事を望しかは，免し給ひ，享保十六年，足立埼玉の二郡の内にて六所の地を給ひ，江戸神田

川の辺にも邸地を給ひて、見沼川運漕主事に命せられたり（見沼に新しく出来た用水に船を通す願いが出されたので、これを許し、享保16年に足立郡、埼玉郡内の6か所の地を、また神田川岸にも屋敷地を与えて、見沼川通船掛責任者に任命した；足立・埼玉郡の6か所とは、積荷の監視や通行料の徴収を行う会所のあった場所のことと思われる。6か所の会所の一つが新染谷。）」との記述がある（斎藤, 1849）。また、『新編武蔵風土記稿』足立郡巻之一の芝川の項に「冬ニ至レハ見沼代用水用ナケレハ上下山口新田ニテ用水ノ流ヲ立切テ水ヲ此川ニソゝキテ江戸ヘノ通船ニ便ス. 此事明和年間ヨリハシマリシトナリ（冬になると見沼代用水の必要がなくなるので、上山口、下山口新田で南下する用水の流れを芝川に注ぎ、通船しやすくした。冬に見沼代用水の流れを遮断して芝川に流すことは明和年間［1764〜1772年］に始まった）」との記述がある（内務省地理局, 1884 c）。『新編武蔵風土記稿』巻145の新染谷村の記述によれば、染谷村に接したところに飛地があるとされているが（内務省地理局, 1884 c）、ここに見沼通船の新染谷会所（船着き場）があったと思われる。見沼通船の貨物は年貢米が主体であったが、野菜や薪などの商品の輸送も行われたとされるので（浦和市総務部市史編さん室, 1988）、江戸から30km以上離れた染谷村ではあるが、享保16年（1731）以降は舟運によってヤマノイモなどの野菜を江戸に運ぶことができるようになったのであろう。また、約28 k m離れた三室村にも荷上場があり、見沼通船が利用できたと思われる（浦和市総務部市史編さん室, 1980）。

　舟運が利用できるところでは、比較的近距離でも舟運による野菜輸送が行われた。『市川市史』第6巻によれば、享和3年（1803）の明細帳に下総国葛飾郡若宮村、中山村では瓜、スイカ、ダイコンを、また鬼越村では瓜とナスを1里離れた行徳河岸（船場）に運び、そこから舟で江戸の本処（『江戸名所図会』によれば行徳船場［行徳四丁目の河岸］から江戸小網町三丁目の河岸まで3里8丁［約13 km］とあるが、本処［本所］はその途中にある）に運んだとの記述がある（齋藤ら, 1836；市川市史編纂委員会, 1972）。また、小林一茶の『七番日記』、文化7年（1810）6月13日の条に「小菅川に入（［猪牙舟という小舟は］綾瀬川に入った）」、「茄子、小豆角のたぐひ、舟いくつも漕連るゝ、是皆江戸朝餉のれう（料）と見えたり（ナス、ササゲなどを積んだ

舟がいくつも連なって漕ぎ進んでいる。これらは皆江戸の朝の食卓に上るものと思われる）」とあるのも（丸山，2003）、綾瀬川を舟で江戸に運ばれる野菜を描写したものである。

　伊藤（1966）は対象を武蔵国に絞り、江戸向けの野菜を生産している村とそこで生産された野菜の種類を調べている。第29表は、その結果（『江戸地廻り経済の展開』の第24表）に『武蔵野市史』資料編の吉祥寺村と埼玉県内の村明細帳を翻刻した『武蔵国村明細帳集成』の三室村と大門宿の明細帳、『新編武蔵風土記稿』の里程に関する記述を加えたものである（内務省地理局，1884b；武蔵野市史編纂員会，1965；小野，1977）。これによると、江戸向けの野菜を生産している村は、江戸を中心に2〜8里（8〜32km）の圏内にあるが、詳しく見ると、舟運を利用したと思われる足立郡染谷村、同三室村、大門宿、埼玉郡蒲生村の4村（前2村は見沼通船、他2村は綾瀬川舟運〈浦和市総務部市史編さん室，1980〉）、それに多摩郡梶野新田、同吉祥寺村を除くと、残りは2〜4里（8〜16km）の圏内にあった。江戸より西に6里半離れた梶野新田村からは馬によってダイコン、ゴボウ、サトイモ、瓜、ナスの外、菜が江戸の市場に運ばれている。菜については、詳細が不明であり、はっきりしたことは言えないが、『四神地名録』（しじんちめいろく）四之巻（多磨郡之記下）には、深大寺村（じんだいじ）より北の武蔵野新田（梶野新田もその一つ）について、代官の川崎某が武蔵野新田に向いていると思われる作物の種子を農家に配って試作させたが、適当な作物がなかなか見つからなかったと述べた上で、かろうじて上手くいったのは、「芋牛房（ウト）獨活瓜西瓜（スヒクワ）のるいはかり也．按に江戸の遠からぬ故に焼木を初とし材木馬の飼葉芋牛房（カヒバ）のるひを日々に馬におふせて江戸通ひだにすれは，さして不自由の事もなき故に遠国の百姓ほどに植ものに面倒なる手いれ有る物は植ぬと見へたり（サトイモ、ゴボウ、ウド、瓜、スイカの類だけであった。考えるに、江戸からそれほど遠くないので、薪を初めとする材木、飼葉、サトイモ、ゴボウなどを日々、馬の背に載せて江戸へ運んだ。このため、生活に困窮することもなかったので、遠国の農民のように手間のかかる作物を作ることはなかったのであろう。）」と記されている（古川，1794）。また、梶野新田と同じ武蔵野新田である吉祥寺村（江戸まで5里余）の「支配性（姓）名書上帳（安政2年）」には、産物として五穀の外、ウド、苅豆、サトイモ、

ダイコンなどを作り、自給分を除き、江戸へ運んで販売したとあるが（武蔵野市史編纂委員会, 1965）、舟運を利用できない武蔵野新田の村々ではサトイモやダイコンのような重量野菜も馬の背に載せて運んだのであろう。慶応3年（1867）9月の吉祥寺村の「下掃除場所書上帳」には、吉祥寺村の農民の江戸での下肥の入手先と肥代の謝礼として払った現金あるいはナスやダイコンの量が記録されている（武蔵野市史編纂委員会, 1965）。恐らく、江戸へ薪炭や野菜を売りに行った帰りに下肥を運ぶなどして、輸送費を抑えたのであろう。なお、第29表の出荷先をみると、出荷先の市場名が明記されているのは、現在の足立区（千住）、墨田区（本所、本所四ツ目、中之郷）、千代田区（神田）、台東区（下谷金杉）など、江戸東部の市場であった。しかし、西部にも青物市場はあり、その一つが青山久保町（現在の港区と新宿区にまたがる地域）の市場であった。仮に、吉祥寺村からここへ出荷したとすると、里程はおよそ4里弱、梶野新田からも5里半程であった。

　根菜類に比べ、ホウレンソウ、コマツナ、レタスなどの葉菜類は比較的呼吸が盛んなため、呼吸基質（糖や酸など）を消耗しやすく、水分も失われやすいので、収穫後の鮮度低下が顕著である（永田, 2018）。『武江産物志』は江戸とその周囲に産する農産物、薬草類、昆虫、魚類、鳥類、獣類などを取り上げたもので、産地名を記したものもある（岩崎, 1824）。葉菜類について見てみると、コマツナ（秋菜、産地は小松川）、ツケナ（箭幹菜、産地は三河島）、キョウナ（水菜、産地は千住）、セリ（水芹、産地は千住）、ミツバ（みつば芹、産地は千住）、シュンギク（同蒿、産地は千住）、ウド（楤木一種、産地は練馬）、タデ（蓼、産地は千住）には産地名の記載があり、ウグイスナ（春菜）、カラシナ（白芥）、ホウレンソウ（菠薐）、フキ（款冬）には産地名の記載がなかった。これからすると、葉菜類、中でも軟弱野菜と呼ばれるコマツナ、ツケナ、キョウナなどの産地は、主に江戸東方の低地帯（足立郡と葛飾郡の村で、江戸から1里半から2里半）にあり、西部の台地に産地があるのはウドだけであった。江戸東方の低地帯で生産される軟弱野菜については、「昼間のうちに準備された野菜は、夕方までに洗い上げて舟に積まれ、夜中のうちに本所の四ツ目や、京橋大根河岸の市場へ運ばれ、夜明けを待って売買された」と記されている（江戸川区, 1976）。また、軟弱野菜で

第 29 表　「村明細帳」にみる江戸向け野菜産地と江戸からの里程 *

郡/村	里程	年次	野菜の種類	出荷先**
葛飾/笹ケ崎	3 余	享保6	瓜・ナス・トウガン	E
		文化2	瓜・ナス・カボチャ・インゲン・ササゲ・ダイコン・菜	H
〃/東宇喜田	2.5	文化2	瓜・ナス・トウガン・ササゲ・菜 (冬菜)	E
〃/桑川	2.5	文化2	瓜・ナス・トウガン・ササゲ・菜 (冬菜)	E
〃/川端	2 余	享保10	瓜・ナス・ササゲ・菜 (冬菜)	N
〃/上小合	4	延享3	瓜・ナス・ネギ・ゴボウ	Se・KT
〃/奥戸新田	3	天明4	瓜・ナス・カボチャ・インゲン・フキ	SeK・HY
足立/染谷	8	享保18	ヤマノイモ・トウガラシ	E
		元文2	前栽物	Si・K
		寛保3	ヤマノイモ (ナガイモ)	Si
		宝暦5	ヤマノイモ (ナガイモ)	Si
〃/堀之内	3.5	宝暦5	ナス・ササゲ・ミツバ・ゴボウ	Se
〃/三室	7	享保10	前栽物・サトイモ・ショウガ・ニンジン・ヤマノイモ (ナガイモ)	Si・K
〃/大門宿	6 余	天明8	サトイモ・ふかしショウガ	K・SeK
埼玉/蒲生	5	安政2	前栽物・クワイ・ハス	SeK
〃/二丁目	4 余	安政2	前栽物・ネギ・カボチャ	SeK
〃/古新田	4	安政2	前栽物・クワイ・ナス・ネギ・カボチャ・ゴボウ	Se
〃/大曾根	4	安政2	前栽物・クワイ・ナス・ネギ・カボチャ	Se
多摩/中野	2.5	寛延3	前栽物	E
		寛政11	菜・ダイコン・ニンジン・サトイモ・ナス・シロウリ・ゴボウ・苅豆	E
〃/梶野新田	6.5	寛政11	菜・ダイコン・サトイモ・ナス・シロウリ・マクワウリ・ゴボウ・苅豆	E
〃/吉祥寺	5 余	安政2	獨活・苅豆・サトイモ・ダイコン	E

* 伊藤好一『江戸地廻り経済の展開』第24表を改変。ただし、足立郡三室村、大門宿については『武蔵国村明細帳集成』、多摩郡吉祥寺村については『武蔵野市史』から引用した。里程については『新編武蔵風土記稿』の記述を参考にした。なお、多摩郡梶野新田については里程の記載がないが、この村の西に位置する貫田新田が江戸より7里なので、およそ6里半と推定される。

** 出荷先の略号は以下の通り；E、江戸；N、江戸中之郷；H、本所辺；HY、本所四ッ目；K、神田；KT、神田土物店；Si、下谷金杉；Se、千住；Se K、千住河原；なお、KT は K、SeK は Se と同じ市場と思われる。

はないが、明治 14 年（1881）出版の『東京府下農事要覧』四の大宮前新田（現、杉並区）の獨活芽の項には、「堀取リテヨリ芽ハ直チニ萎スルモノ故藁筵〈糸ダテナリ〉に澁紙ヲ布キ藥ヲ柔ラカニモミ之ニ包ムトキハ二三日ヲ保ツ（[ウド芽は] 掘り取ると直ぐ萎れてしまうので、縦糸に麻を使って編んだ筵に柿渋を塗った紙を敷いて柔らかにしたワラで丁寧に包むと 2、3 日は鮮度を保つことができる）」との記述がある（東京府, 1881）。これらの記述から、軟弱野菜やウドの出荷では鮮度の維持に細心の注意が払われていたことが明らかである。なお、『武江産物志』の楤木には「うど」のフリガナが付いているが、楤とはタラノキ（*Aralia elata* (Miq.) Seem.）のことで、薬草類、道灌山の項には「楤木〈平塚〉（タラノキ、産地は平塚［現在の北区平塚神社周辺］）」とある。恐らく、ウド *A. cordata* Thunb. を同属のタラノキの一種と考えたのであろう。文政 6 年（1823）に幕府が『新編武蔵風土記稿』作成のために各村に提出させた概要報告（地誌調写置）によると、豊島郡中村（現、練馬区、江戸より 3 里）の土地産物として、「大こん，いも，独活，なす」との記述があり、ウドは練馬の名物だったと思われる（練馬区、1982）。

　以上のように、江戸東方の水田地帯（葛飾郡）では瓜、ナス、トウガン、カボチャ、インゲン、ササゲ、ダイコン、ゴボウ、菜類、ネギ、フキ、北方に広がる水田地帯（足立郡・埼玉郡）では、ナス、トウガラシ、ササゲ、ヤマイモ、ゴボウ、ミツバ（以上、足立郡）、ナス、トウガラシ、ゴボウ、クワイ、レンコン、ネギ（以上、埼玉郡）、西部の畑作地帯（多摩郡）では、ナス、シロウリ、マクワウリ、ダイコン、ニンジン、サトイモ、ゴボウが作られ、江戸の市場に運ばれた。また、江戸向けの野菜の産地の多くは、貯蔵性の高い根菜類を別にすれば、江戸からおよそ 4 里までの地域に分布していたと考えられる。

第 4 節　日記に記された野菜

1.『慶長日件録』

　江戸時代初期の 明 経 博士、船橋秀賢の慶長 5 年（1600）正月から 18 年
（1613）正月 18 日までの日記である。朝廷における公務や市中の様子などの
記述に加え、野菜の贈答（貰い物と贈物）についても記されているが、食に
ついては慶長 16 年 9 月 29 日に蕨餅が見られるに過ぎない（舟橋, 1939）。こ
のため、重要野菜の推定に『慶長日件録』は用いなかった。参考までに、贈
答記録に現れる野菜を見てみると、その中で最も多いのは瓜類で計 31 回、
次いでダイコン 10 回、ゴボウ 7 回（うち 1 回は牛蒡[考カ]）、タケノコ 4 回、
マツタケ、ササゲが各 2 回と続き、フキ（款冬）、ヤマノイモ、サンショウ、
ワラビが各 1 回であった。瓜類については、31 回中 6 回で種類が記述され
ている（真桑瓜, 3；甘瓜, 2；東寺瓜, 1）。このうち真桑瓜については、『大和
本草』巻之八、甜瓜の項に「濃州眞桑村ヨリ上品出ル故ニヨキ瓜ヲマクハト
云（美濃の真桑村で品質の優れたものが生産されるので、品質の優れた瓜をマク
ワと言う）」と、美濃国本巣郡真桑村（現、本巣市）産の品質がすぐれてい
るので、甜瓜の総称になったとする記述がある（貝原, 1709）。また、『雍州
府志』巻六には「倭俗専賞レ之. 所々有レ之. 然レトモ東寺邊其味爲レ勝. 世
稱二東寺真桑一. 然レトモ其種毎年用二美濃國真桑瓜之瓢核一也. 故元稱二真桑瓜一.
至レ今畧二瓜字一直謂二真桑一.（わが国では世間一般に専らこの甜瓜を賞玩する.
所々に甜瓜があるが、東寺辺のものの味が勝っている。世に東寺真桑瓜と称する。
しかし、その種子は毎年、美濃の国の真桑瓜の種子を用いるので、元は真桑瓜と
称した。今では瓜の字を略して、ただ真桑と言う。）」と記されている（黒川,
1686）。『慶長日件録』では、同一日に瓜と真桑瓜（慶長 8 年 6 月 26 日、同
12 年 6 月 13 日）、瓜と甘瓜（同 8 年 7 月 9 日）の記載があるが、慶長 8 年
分については、真桑瓜あるいは甘瓜の後に瓜が記載されているので、真桑瓜、
甘瓜を指していると思われる。また、慶長 12 年については「東寺執行内義
より瓜廿顆給之、次同寶嚴院より眞桑廿顆給之（東寺の事務統括役の夫人から
瓜 20 果、東寺の宝厳院から真桑瓜 20 果を貰った）」とあるので、この瓜も東寺
真桑だったのではなかろうか。

　また、野菜の記録がある年は月によって6～8ヵ年と違いはあるが、贈答記録全64回のうち、1月（17回）、6月（21回）、7月（14回）の3か月で8割以上となり、このうち1月はダイコン（8回）、ゴボウ（4回）、6月、7月は瓜（14回と10回）が多くを占めた。ゴボウについては、後述するように『路女日記』にも歳暮祝儀として貰ったとの記述があり、19世紀初めに出版された『進物便覧』歳暮の項にはブリなどと並んで「ごぼう」が挙げられている（朧西, 1811）。ゴボウは、江戸時代初めには、ダイコンや瓜と同じように贈物として、盛んにやり取りされていたのであろう。

2.『鸚鵡籠中記』

　『鸚鵡籠中記』は、尾張藩の御畳奉行であった朝日文左衛門が、自身の日々の行動や身の回りの出来事だけでなく、尾張や江戸の風聞などを記した日記である。その記載は貞享元年（1684）8月29日から享保2年（1717）12月29日まで、のべ8863日に及ぶ（神坂, 1984）。全文は『名古屋叢書続編9～12』として翻刻、刊行されているので、この中に記載されている祝宴の際の献立や同僚と催した酒宴での食事に現れる野菜を集計した（名古屋市教育委員会, 1965 - 1969）。第30表は、これを月別にまとめたものであるが、ダイコン、菜類、タケノコ、ゴボウが多く、次いでヤマノイモ、シイタケ、ワサビ、ネギ、マツタケ、サトイモ、クワイ、ショウガ、カンピョウ、カラシ、セリ（ここまでが0.2N＝11.4以上）の順であった。本文中にはトウチサあるいはトウチシャというチシャによく似た名の野菜が見られたが、『農業全書』には「莙蓬、上方にてはたうちさとも云うなり（ふだんそう、京大坂ではトウチシャとも言う）」との記述があり、フダンソウのことである（宮崎, 1936）。なお、フダンソウ8例のうち、「とらちさ」と翻刻されたものが1例あったが、「とうちさ」のことと見なした。サトイモ17例のうち、5月の1例はネイモ（サトイモを軟化栽培させたもの）であった。貞享3年と元禄6年のお触書には「ねいも、三月節より」、寛保2年のお触書では「ねいも、四月節より」との記載があり（菊池, 1932）、3月節（二十四節気の清明）あるいは4月節（立夏）より前の早出しが禁じられているが、江戸時代の人々にとってはタケノコやマツタケと並んで季節を感じさせる人気のある食べ物

第 30 表　『鸚鵡籠中記』に取り上げられた野菜

種類／月	1	2	3	4	5	6	7	8	9	10	11	12	計
ダイコン	15	9	1	6	3		1	1	4	5	5	7	57
菜	7	6		2		1	5		7	7	8	9	52
タケノコ			1	20	16	1	1						39
ゴボウ	9	1		2	1		6	2	5	2	5	2	35
ヤマノイモ	3	1	3	1	2		1	1	3	2	5	3	25
シイタケ	3	2	2	2	5	1	5	1					21
ワサビ	2	4	2	4	1		1	2			3	1	20
ネギ	6		1		2				2	3	3	2	19
マツタケ		1						4	12	1			18
サトイモ	2	2	1		1*		2	2	3	2	2		17
クワイ	4	2	2	2	1			1			1	3	16
ショウガ	4	1	1	1		1	1	1	3		1	1	15
カンピョウ	3		2				5	3					13
カラシ	4		2						2			4	12
セリ	3		1					1		1	3	3	12
ウド	1		5	4				1#					11
タデ				5	1		4						10
ナス				1	2	1	4		1				9
キクラゲ	2	1	1	1		2		1			1		9
チシャ	1	1	3						1	2			8
フキ	1	1	1	5									8
フダンソウ	2	1	2	2								1	8

この他、トウガン、サンショウ、イワタケ（以上 6）、瓜、コンニャク、ワラビ（以上 5）、トウガラシ、シメジ、ニンジン（以上 4）、ハツタケ、ハス、ウコギ（以上 3）、ササゲ、ホウヅキ、アオマメ（以上 2）、ユウガオ、ミョウガ、シソ、カブ、マイタケ、ククタチ、ツクシ、ネズミタケ、ユリ、ボウフウ（以上 1）がある。
＊ネイモ；＃メウド

の一つであったと思われる。軟化（軟白）栽培とは、光をあてずに野菜を栽培することで、できた野菜は白または淡黄色となり、筋がなくなって柔らかく、香りも弱くなるなど風味が変わる。杉山（1998）によれば、江戸時代には既に、豆もやし、ネイモ（芽芋ともいう）の他、ニラ、ウド、ネギなどで軟化栽培が行われた。また、元禄15年（1702）閏8月13日にはめうどの入った汁を食べたとの記録があるが、これは前記御触書で「めうど、八月節より」としていることと符合する。『本朝食鑑』巻之三には「獨活冬采レ根藏二甕中之土一、或塗レ土藏二于桶中一（略）冬至二春初一、根之尖處有レ紫苗、此俗稱二免宇止一（冬に根株を掘り取って甕の中の土に入れるか、土を塗って桶に入れておくと、（略）冬から初春にかけて根株の尖った部分に紫色の苗が形成される。これを俗にメウドという）」とあり（人見, 1697）、メウドとはウドの根株から出た若茎のことである。江戸時代の農書では、軟化栽培によって春にウドを早出しする方法については記述されているが、8月収穫のメウドの栽培法について言及したものはない。古市（1937）は、養成した寒ウド（ウドの品種の一つ）の根株を、① 植付1年目には9月中旬に茎を切り、数日後に盛り土をして約30日後に収穫、② 2年目には9月上旬に盛り土をして約25日後に収穫、③ 3年目には8月に盛り土をして20日後に収穫し、3年で株を更新することによってメウドを生産する方法を紹介している。

　第30表をみると、ダイコン、菜類、ゴボウ、ヤマノイモ、サトイモなど、出現数の多い野菜は季節変動が小さく、長期間にわたって利用される傾向がある。これに対し、特定の季節に利用が集中しているにも関わらず、出現数が多いタケノコやマツタケは、それだけ人々に好まれた野菜であったと思われる

3.『西松日記』

　江戸時代になると、村役人など村の支配層となった豪農の中には村明細帳や年貢関係の書類だけでなく、自家の記録を綴るものが現れた。その中には冠婚葬祭や役人に対する接待の際に提供される食事についての記載のあるものがある。その一つ、『西松日記』は、美濃国安八郡西条村の庄屋、西松家の当主が三代にわたり書き残した日記で、文化7年（1810）から明治17年

（1884）までの 60 年分が残っている。成松（2000）は、このうち、文久 2 年
（1862）までの日記に焦点を当て、輪中に存在する西条村での暮らしや庄屋
としての活動、衣食住などを明らかにしている。『西松日記』そのものを見
ることができなかったので、ここでは成松（2000）がまとめた食に関するデ
ータ（成松の著作の表 4 - 3）を基にどのような野菜が利用されていたのか
を見てみたい。『西松日記』で、晴（ハレ）の日の食膳にのぼる食材中、最
も多く利用された野菜はダイコン（64 例）、次いでゴボウ（60）、ニンジン
（50）、シイタケ（50）、ヤマノイモ（47）、菜類（38）、サトイモ（36、ズイ
キ 8 を含む）、ハス（33）、キクラゲ（30）、ウド（26）、コンニャク（25）、
クワイ（24）、瓜（21）、チシャ（17）、ナス（13）、タケノコ（13）の順であ
った。この結果から、成松（2000）は、「牛蒡・人参・蓮根・大根・芋とい
った根菜類が抜きんでて多い」ことが特徴的で、これらの野菜は普段の食事
でも盛んに利用されたと推察している。また嘉永 6、7 年（1853、1854）の
雑費帳の記載からニンジン、ハス、クワイ、ヤマノイモ、サツマイモ、ウド、
ユリネは竹ヶ鼻（現、羽島市）から購入したとの記載があり（成松, 2000）、
購入割合は意外に高い（およそ 30 種類の野菜中 7 種類）。一方、同じ輪中の
村である豊喰新田、中島家の享保 6 年（1721）の大福帳によると、ハレの食
事に使われた 21 種類の野菜のうち、最も多く使用されたのはコンニャク（5
例）で、以下、ダイコン（4）、ゴボウ（3）、タケノコ（3）、カンピョウ（2）、
ナス（2）、ハジカミ（2）の順であった（輪之内町, 1981）。また、『西松日記』
で多く用いられたニンジンの使用例は 1 で（にいしんと表記されている）、
ヤマノイモ、サトイモ、ハスの使用はなく、使用される野菜の種類には同一
地域でも差がみられた。なお、購入記録があるのはコンニャク、カンピョウ、
キクラゲ、シイタケ、ナスの 5 種類で、この他にシロウリとマツタケは購入
の記録はあるが、料理に使われた記録がなかった。ハレの日の食事のために
使用する野菜の種類数は西松家、中島家、それぞれ 30 種類と 21 種類であっ
たが、両家ともに、そのうちの約 1/4 では購入した野菜が利用されていた。

4.『越後関川村佐藤家年中行事覚帳』

　天明 3 年（1783）分の岩船郡関川村の豪農佐藤家で働く奉公人の祝日の朝・

昼・夕の食事記録が『新潟県史資料編 8 近世 3 下越編』に翻刻されている（新潟県, 1980）。これによると、ダイコンの出現数が 22 で最も多く、以下カブが 14、ササゲが 9、ヨモギ（草餅）が 8，サトイモ、菜、ユウガオが各 6、ゴボウが 3、ナス、セリ、ワラビ、ゼンマイが各 1 例であった。種類数は 12 で、種類の面からみると、極めて単調である。また、ダイコンは 22 例中 13 例が酢大根、カブは 14 例すべてが汁、ササゲは 9 例中 8 例がササゲ飯、ユウガオは 6 例すべてが汁としての利用で、調理の面でも単調さが見える。また、これとは別に年賀・婚礼の時の振舞料理の献立の記述もある。魚が供されている点は使用人への祝日の食事と異なるが、使用された野菜はダイコンだけであった。

5.『酒井伴四郎日記』

　紀州藩の下級武士であった酒井伴四郎が万延元年（1860）5 月 11 日に和歌山城下を出発した後、5 月 29 日に江戸に到着するまでの道中記、5 月 29 日から 11 月 30 日までと翌文久元年 11 月 24 日から 12 月 3 日までの江戸単身赴任中の日記であり、本文とは別に小遣い帳が残されている（小野田と高久, 2014）。日記本文に記載された野菜の買物が小遣い帳にも記載されている例が 7 例あるが、残り 87 点の買物については日記には記述されていない。第 31 表では、日記本文と小遣い帳で重複記載がある場合には 1 と数え、両者を合わせて各野菜の出現数を数えた。これによると、サツマイモの出現数が多いが、幕末になると、おやつとして焼芋などが盛んに食べられるようになったことによるもので、サツマイモは後に述べる『路女日記』でもよく食べられている。青木（2016）は、日記に記されたサツマイモを使った食べ物には、芋羹、芋饅頭、芋饅頭の油揚などがあると述べている。8 月 25 日の日記には、「芋かん 迚（とて）琉球芋江栗砂糖入，練堅メたる物三ツ喰（芋羹といってサツマイモにクリと砂糖を入れ、練り固めたものを三つ食べた）」との記述がある。しかし、「いもに牛房之揚物」のように、サツマイモ、ヤマノイモ、サトイモのいずれを指すのかが不明のものについては芋として集計した。

　サツマイモに次いで頻度の高い野菜はネギ（根深）である。『大和本草』巻之五の葱の項には、「八九月苗ヲ分栽フ，冬春サカンナリ．肥地ニフカク

ウヘテ漸々ニ培ヘハ白根長大其味ヨシ（8、9月に苗を分けて植えると、冬春に
盛んに成長する。肥沃な地に深く植えて徐々に土寄せを行うと、白根の部分が長
く太くなり、味がよい。）」とあることから考えて（貝原, 1709）、『酒井伴四郎
日記』にいう根深は、土寄せを行って軟化したネギのことであろう。なお、
6月19日の日記には、四ツ谷でけし人形、箱入人形とともに塩入根深等を

第31表　酒井伴四郎の江戸詰め日記と小遣い帳に記された野菜

種類	数	内訳 *	出現月
サツマイモ	20	焼芋 (13)、いもかん/芋かん (4)、琉球芋・いもまんしう・同油揚 (各1)	8〜11
ネギ（根深）	19	根深 (18)、雑水 (1)	6〜10
ツケナ	15	漬菜 (13)、菜したし物 (2)	7〜11
芋	12	芋 (7)、芋甘煮 (2)、揚物・寄せ物・蒸 (各1)	5〜11
ダイコン	9	浅漬 (3)、味噌漬・漬・おろし・煮〆・白髪大根・大根酒 (各1)	6, 8, 9
ニンジン	7	にんじん (4)、飯・煮物・煮〆(各1)	9〜11
ナス	6	芥子漬 (3)、浅漬・塩押漬・茄子 (各1)	6〜8
サトイモ	6	都芋・ずいき酢漬 (各2)、とふの芋・ずいき (各1)	7,8 (ずいき) 9,10 (イモ)
ゴボウ	6	牛房 (5)、揚物 (1)	5, 6, 7, 10
ヤマノイモ	6	長芋 (3)、長芋甘煮・砂糖煮・寄せ物 (各1)	8, 10, 11
コンニャク	6	コンニャク (5)、糸コンニャク (1)	7, 9, 10, 11
セリ	3	芹/せり (3)	10, 11
ハス	3	蓮根油揚・蓮根甘煮・蓮根長芋 (1)、	5, 8
インゲン **	3	いんけん・いんけん豆砂糖煮・寄せ物(各1)	7, 10, 11
シイタケ	3	椎茸 (3)	11
キュウリ	2	き瓜もミ・胡瓜 (各1)	5, 9
ホウレンソウ	2	法連草・はうれん草したし物 (各1)	10, 11

* 内訳の括弧内はそれぞれの出現数を示す。上記以外に出現数2の野菜にササゲ
　（7月）、ショウガ（8,9月）、エダマメ（8月）、出現数1の野菜にワラビ（5月）、
　ゼンマイ（6月）、スイカ、トウガラシ（以上7月）、ワサビ（9月）がある。
** フジマメの可能性も考えられる。

購入したとの記述がある。文政 7 年（1824）10 月に武州足立郡と豊島郡内の荒川流域 3 町、4 宿、5 新田、53 村の名主らが連名で「千住大橋下之方、綾瀬川落合吐出し口、浅草橋場町地内字塩入と唱候場所（千住大橋の下方、綾瀬川と荒川の合流点〈鐘ヶ淵と言われた付近〉に近い浅草橋場町字塩入という場所）」にできた寄洲に橋場の者たちが新しく田畑を開いて水除土手（堤防）を築いたため、川幅が狭まり、水害に悩まされるようになったので寄洲浚普請（寄洲を浚って取除くこと）を行って欲しいとの訴状を伊奈半左衛門代官所に提出したが（蕨市史編纂委員会, 1967）、塩入とは、この地のことである。千住の青物市場にはネギを扱う問屋があったが、千住に近い塩入の地で作られた根深のことを塩入根深と呼んだのであろう。なお、日記にはインゲンの記録が見られたが、これが私たちに馴染みのあるインゲンマメ（*Phaseolus vulgaris* L.）であるとは断定できない。というのは、付録 1 で紹介するように、京でインゲンマメと呼ぶのは、別種のフジマメ（*Lablab purpureus*（L.）Sweet）で、紀州藩士であった伴四郎がフジマメをインゲンマメと呼んだ可能性も否定できないからである。なお、下川（1926）によれば、フジマメの用途はインゲンマメ（菜豆）と同じであるとしており、若莢を煮て料理に使う外、完熟した種子を煮豆として利用したと思われる。

6.『石城日記』

　武蔵国忍藩（現在の埼玉県行田市）の下級武士である尾崎石城が、文久元年（1861）6 月から翌年 4 月にかけて書き記した絵入りの日記で、石城の友人との暮らしの風景が描かれている。この間、178 日についての日記が残されており、うち 91 日分については『武士の絵日記』（大岡, 2014）に一部ないし全部が翻刻され、解説されている。また、『江戸の食生活』（原田, 2009）には 86 日分の食事内容が一覧表としてまとめられている。原本は慶応義塾大学文学部古文書展示会資料として公開されている（尾崎, 1861 - 1862）。ここでは、これらの資料を用いた。

　原田（2009）の表では 12 月 13 日、26 日、1 月 26 日の食事が抜けているが、これを加えた 89 日分について見ると、それぞれの日の記述の最後、もしくは絵の説明文に朝、昼、夕、夜の食事内容が記されていることが多い。夜食

は友人宅、寺、料亭などで友人たちとの酒食が多く、はしご酒になることも
あるが、その場合には複数回の夜食として数えた。原田は「たら三つ葉」、「む
きみうとぬた」、「まくろなます」を一つの料理、大岡は二つの料理（材料）
としており、逆に原田は「なまりふし」と「なす」を二つに分けているが、
大岡は一つの料理としている。このように両者の間でいくつかの違いがみら
れるが、ここでは、いずれも一つの料理とみなした。その結果、記載された
食事の回数は計173、料理名（もしくは材料）では340となった。このうち、
71回の食事（41%）、94の料理（28%）で野菜の出現が見られた（一つの料
理に複数の野菜が使われる場合があるため、野菜の出現総数は105であっ
た）。野菜のうちでは菜が16で最も多く、次いでダイコン12、ネギ11、ナ
ス10、芋6、ゴボウ6、ミツバ6と続き、サトイモ（5）、マメ（4）、ハス（4）
までが「重要野菜」の基準値（0.2N＝3.2）以上となった（第32表）。なお、
7月3日条の夜に「茶碗蒸〈さきうと〉」と記載されているが、この「さきう
と」が何を指すのか不明である。ただ、『成形図説』巻之二十五の獨活の項
に「六月白き小花 攅開、色黄なると紫とあり．實を結ぶに葉黄なるあり．
こは石の上に生ふる所なり．又夏より秋まで青色の莖を取りて皮を削すてた
る白穰を 奇蔬 となすことなり（六月に白い小花が集まって咲く。[『本草綱目』
には、花] 色が黄色のものと紫色のものがあり、結実すると葉が黄色くなるもの
があるが、これは石の上に生えたものである [と記されている]。また、夏から秋
まで青色の茎を採って皮を剥き捨て、白い [髄の] 部分を初物の野菜とすること
がある；穰とは禾茎〈穀物の茎〉のこと）」とあるので、皮を剥いたウドのこ
とを「さきうど」と呼んだのかも知れない（曽槃ら，文化年間）。

　菜については、浸し物、汁の実、漬物、さらには菜飯の具として利用され
たが、種類についての記載はない。菜に次いで多いダイコンについては、
1643年に刊行された『料理物語』に「汁，なます，にもの，香の物，ほし
ていろいろにつかふ（汁、鱠、煮物、香の物に、また、干したものを種々に利用
する）」とあるが（著者未詳，1643）、『石城日記』でもダイコンは煮物や汁と
しての利用が多かった。ネギは約半数が汁の具として用いられており、残り
は鶏ねぎ（鍋）、目黒ねぎ鍋、雑炊として用いられている。大岡（2014）は
鶏ねぎとは鶏肉とネギをまぜて煮込んだものと考えている。目黒ねぎ鍋はネ

ギの他に何をいれたか、記載がなく、不明である。ネギに次いで多く利用されたナスは、煮物、汁の具、香の物など、その用途は多様であった。一方、ナスと同じ果菜類である瓜（マクワウリ、シロウリ）の記述は『石城日記』では一例も見られなかった。この点に関連して興味深いのは、石城日記ではマクワウリだけでなく、果物の記述が全く見られないことである。これは、他の日記類と比べ、特異なことである。また、漬物として利用されるシロウ

第32表　『石城日記』に記された野菜

種類	数	内訳	出現月
菜	16	菜汁 (7)、菜したし (5)、こましたし・玉子とぢ・菜めし・菜新つけ（各1）	9, 11, 12, 1, 2
ダイコン	12	煮つけ (4)、大根 (3)、汁 (2)、姥貝大根・羹・おろし（各1）	11, 12, 2, 4
ネギ	11	ねき汁 (5)、鶏ねき/鶏ねき鍋・目黒ねき鍋・ねき雑水（各2）	9, 11, 12, 3, 4
ナス	10	茄子 (3)、煮物 (2)、汁・羹・なまりふし茄子・香の物・からし茄子（各1）	6, 7, 9, 11
芋	6	芋汁 (3)・芋 (2)、芋煮付 (1)	9, 11, 2, 4
ゴボウ	6	炒付 (2)、牛房・汁・牛房泥鰌・にしめの具（各1）	6, 9, 1, 3
ミツバ	6	三つ葉・たら三つ葉（各2）、羹・茶椀蒸（各1）	12, 1, 2
サトイモ	5	里芋 (3)、里芋煮付 (2)	9, 11
マメ	4	にまめ	11, 12, 1
ハス	4	蓮根 (2)、にしめ・藕〈ちらしずしの具〉（各1）	2, 3, 4
ウド	2	獨活〈ちらしずしの具〉・うどぬた（各1）	2, 4
タケノコ	2	筍甘煮・笋（各1）	4
マツタケ	2	松茸茶椀蒸・松蕈	12, 1
ショウガ	2	生姜・薑〈ちらしずしの具〉（各1）	9, 4
フジマメ	2	藤豆 (2)	9
ユリ	2	百合・にしめ（各1）	2, 3

他に出現数1の野菜として、カボチャ、ニンジン、カブ、クワイ、ヤマノイモ（つくいも）、サツマイモ、セリ、ジュンサイ、フキ、カンピョウ、ワサビ、シイタケ、コンニャクがある。

リの記述もなかったが、香の物も茄子香の物の一例だけなので、石城は香の物を記述しなかったのかもしれない。

『石城日記』において、芋には種類が明記されているもの（里芋、さつま芋、つく芋がそれぞれ 5、1、1 例）と単に芋と記したもの（6 例）があった。ここで、つく芋とは、ヤマノイモの品種群の一つ、イチョウイモ群の品種（仏掌薯）である（付録 2 参照）。『物類称呼』の佛掌薯の項には、「つくねいも○東國にて○つくねいも、又つくいも、又山のいも、又やまとなどと稱す（つくね芋は、東国でツクネイモ、ツクイモ、ヤマノイモ、ヤマトイモなどと呼ばれる）」との記述がある（越谷, 1775）。『石城日記』の「芋」がサトイモ、ヤマノイモ、サツマイモのいずれを指しているか分からないので、芋としたが、多くはサトイモのことであろう。『石城日記』では、ゴボウの料理法として、「炒付、汁、にしめ」が挙げられているが、炒付が油を使って炒った料理なのか、どうかは明らかでない。冨岡（2015）によれば、「'きんぴらごぼう'のおいしさは食材であるごぼうの香りであり、適度の油で炒りあげた歯ごたえのある調理法にある。（中略）しかし、江戸時代において、庶民の日常の調理法は汁や煮もの、あえものが主流であり、当時の'きんぴらごぼう'は油で炒めたものではなかったようで、煮物や煎り煮であったらしい。」とのことなので、石城は煎り煮したゴボウを炒付と記したものと思われる。ミツバに関しては、『農業全書』の野蜀葵の項に「鱠、ひたし物、魚鳥の汁煮物などに加えてことに能きものなり（鱠、浸し物、魚や鳥の汁や煮物に加えると格別によいものである）」と記されており（宮崎, 1936）、『石城日記』にいう「たら三つ葉」とは鱈の汁か、煮物にミツバを添えたものであろう。

7.『桑名日記』と『柏崎日記』

桑名藩の下級藩士である渡部平大夫の養子勝之助は、出産間際の妻を桑名に残して天保 10（1839）年 2 月に藩の飛び地である越後の柏崎陣屋に単身赴任したが、5 月には桑名に帰り、長男 鐐之助を平大夫に預けて、妻と生後 70 日余の娘を連れて柏崎に戻った（加藤, 2011）。『桑名日記』と『柏崎日記』は、この平大夫と勝之助の間で互いの家族の様子を伝えるために始められた交換日記であるが、単にそれだけに留まらず、日々の食べ物、行楽、近

隣の人たちの動静、仕事の内容、社会情勢など内容は多岐に渡っている。『桑
名日記』は天保10年2月24日から9年後の嘉永元（1848）年3月4日まで
の記述があり、柏崎日記は、勝之助が柏崎に戻ったおよそ2か月後の天保
10年8月6日に始まり、平大夫逝去の知らせを受ける直前の嘉永元年3月
22日で記述が終わっている（渡部勝之助, 1984；渡部平大夫, 1984）。また、
柏崎は桑名に比べ、親戚、同僚、知友を招いての宴会が盛んで、その料理も
豪華であったため、食べ物についての記載は『柏崎日記』の方が多く、宴会
での料理を見劣りせぬよう、いかに安く済ませるかについて腐心する様子が
記されている。

　第33表は『桑名日記』、第34表は『柏崎日記』の記事の中で、食事（ご
馳走したものを含む）の材料となった野菜を月別に示したものである。なお、
ダイコンについては切干、漬物（沢庵）、葉ダイコン、サトイモについては
ズイキ、ユウガオについてはカンピョウを含めたが、表ではこれらを内数と
してイタリック体で示した。これによると、桑名ではヤマノイモ、サツマイ
モ、ダイコン、スイカ、カボチャ、サトイモ、菜類、ヨモギ（ここまでが
0.2N=11.2以上）、ナス、ササゲ、タケノコ、ネギ、ゴボウ、三度豆、マツタ
ケの順に利用が多く、柏崎ではダイコン、ヤマノイモ、ナス、カボチャ、サ
トイモ、菜類、フキ、ワラビ、コンニャク（ここまでが0.2N=23.8以上）、
ゴボウ、タケノコ、シイタケ、ウドの順に利用が多かった（第33、34表）。
このうち、ダイコン、イモ類（ヤマノイモ、サトイモ）、カボチャ、ナス、
菜類は桑名、柏崎のいずれにおいても利用が盛んであったが、サツマイモと
スイカは桑名でのみ利用が多かった。サツマイモとスイカの利用が桑名で多
かった理由については、後述するように孫の鏻之助の存在が関連している。

　次に、個々の野菜について見ると、ヤマノイモは桑名では6月、柏崎では
7月を除き、ほぼ年間を通じて利用されている。『百姓伝記』には、「春過夏
のうちは古根くさりて、わか根にて用に不ﾚ立なり。山のいもは春つるを出
す時、白根のきはより若根出、古根はみなくさり、そのあとへ若根はいこみ、
依て数年を経て大いもとなる也（[ヤマノイモのイモは年々新旧交代が起こる。]
春過ぎから夏の間は古いイモが腐り、新イモは発達が不十分で利用できない。春
に蔓が出ると、古いイモは養分が失われて腐り、代りに新しい根の腋に若いイモ

169

第33表　『桑名日記』に記された野菜（食事に供されたもの）

種類／月	1	2	3	4	5	6	7	8	9	10	11	12	計
ヤマノイモ	7	8	2	2	6		1	3	5	5	9	8	56
サツマイモ		1		1				9	14	12	6	1	44
ダイコン	7	2		2	1		1		2	5	8	7	35
切干	*1*												*1*
漬物				*2*	*1*								*3*
葉ダイコン							*1*			*1*			*2*
スイカ						8	16	1					25
カボチャ						2	6	3	2	2	3		18
サトイモ		1	1	1			2	2	4	1	2	2	16
ズイキ												*1*	*1*
菜類	3	5	1	1				1	1	3			15
ヨモギ	1		6	7						1			15
ナス						3	2	4	1	1			11
ササゲ				2	3	2	1	1					9
タケノコ		1	1	5				1					8
ネギ	2			1	1				1	2	1		8
ゴボウ	1	1							1		2	2	7
三度豆				6	1								7
マツタケ								1	6				7
セリ	1	1	1	1							2		6
ニンジン	1	1									2	2	6
ウド	1	1	1	1									4
シイタケ			*2*			*1*				*1*			*4*
ゼンマイ			*1*			*1*				*2*			*4*
フキ			*1*	*3*									*4*
トウモロコシ						*1*	*3*						*4*
ハツタケ								*1*	*3*				*4*
キシメジ										*3*	*1*		*4*
コンニャク		*1*									*2*	*1*	*4*
ラッキョウ				*1*		*1*		*1*				*1*	*4*

この外に、カブ（3）、ハス（3）、瓜（2）、トウガン（2）、ミツバ（2）、キュウリ（1）、マクワウリ（1）などがある。なお、斜体は内数を示す。

第 34 表　『柏崎日記』に記された野菜（食事に供されたもの）

種類／月	1	2	3	4	5	6	7	8	9	10	11	12	計
ダイコン	17	7	9	5	6		3	3	6	18	30	15	119
切干	*6*	*2*	*5*	*5*						*1*		*3*	*22*
沢庵				*2*									*2*
葉ダイコン							*3*	*3*	*4*		*1*		*11*
ヤマノイモ	3	7	2	5	1	1		5	9	13	6	1	53
ナス						3	23	16	6		1		49
カボチャ				1*		2	10	17	5	1	12	1	49
サトイモ	2							5	14	11	5	5	42
ズイキ										*1*	*1*	*1*	*3*
菜		2	6	9	5	2		1	6	2	5		38
フキ		2	3	12	9	3	1	2			1		33
ワラビ	1		10	9	2	1		1	1		3	1	29
コンニャク	5	3	1	1			1	3	2	6	3	1	26
ゴボウ	6	1	1						1	2	10	2	23
タケノコ			2	8	4	1							15
シイタケ				1	1		1	2	1	2	2	1	12
ウド			3	7	2								12
ゼンマイ	2		3	1*					3		1	1	11
ネギ	3					1			1	3	1		9
セリ			2	1						4	2		9
ユリ			2						1	2	3	1	9
ヨモギ			3	5									8
ササゲ	1						2	3	1				7
キュウリ						4	3						7
ユウガオ				1		3	2					1	7
カンピョウ							*1*					*1*	*2*
ボウフウ	1	1	2	1*							1		6
スイカ						1	4						5
トウガン							2		1		1		4

＊の付いた数字は香の物の材料として利用されたもの。

この表には示していないが、外に、香の物（原料が示されていないもの,45）、のっぺい（同、35）、したしもの（同、19）、従弟煮（同、8）、瓜（3）、サツマイモ（3）などがある。なお、斜体は内数を示す。

が形成され、数年を経て大きなイモに発達する。)」との記述があるように、夏にはまだ根の発達が不十分で収穫することができない（古島, 2001）。これが6月あるいは7月にヤマノイモの利用が見られなかった理由であろう。『桑名日記』には、つくね4例の外、じねんじょう（3例）、長いも（1例）、松坂いも（1例）の記述がある。つくね、長いもは、それぞれイチョウイモ群、ナガイモ群の品種名と思われる（付録2を参照して頂きたい）。また、天保14年2月6日の条には「松阪いもニてとろゝ汁ニて夕飯食。…じねん生よりうまひねへと言て（松坂芋をとろろ汁にして夕飯を食べる。…ジネンジョよりうまいと言って）」鐐之助が飯を4、5膳食べたとの記述があるので、松坂いもとは、粘りがあって味も濃厚なヤマトイモ群の伊勢芋のことではないかと思われる。一方、『柏崎日記』ではじねんじょう3例の外、長いも6例、山のいも2例があり、ツクネイモの利用が見られない。ヤマノイモの用途について見ると、桑名、柏崎ともに大部分が摺ってとろろにして利用されており、少数ではあるが、「そばのつなぎ」としての利用がみられた（第35表）。この他に柏崎では、「長いも」の記述が4例あるが、これがどのように調理されたものかは明らかでない。また、とろろ、とろろ汁、とろろ飯と区別して記載されているが、それらの違いも明確ではない。

　桑名でヤマノイモに次いで利用が多い野菜はサツマイモで、8月から11月までの利用が多く、それ以外には12、2、4月に1例ずつの利用が見られた。調理法が明らかになっているものの内訳を見ると、蒸が43％、茹が20％、生での利用とさつまいも飯が各10％であった。なお、サツマイモの利用例44のうち半数以上（26）は鐐之助に与えられたもので、例えば天保12年10月29日の条には「御蔵日ニ而（て）おまんまたくときハ、さつまいもをわぎりニして、火をひくとき、かまの中へ入、むして鐐ニたべさせるなり（御蔵への出勤日のため、飯を炊くときにはサツマイモを輪切りにし、火を弱める時に釜に入れて蒸して鐐に食べさせる）。」、また天保11年4月16日の条には「鐐之助ニおばゞさかやきすつてやる。すりちんがたんと入ニハこまる。今ふもちいさけれどさつまいもをやいてやると…（妻が鐐之助の月代を剃ってやる。何かと剃賃を要求するので困る。今日も小さなサツマイモを焼いてやると…）」との記述がある。このように、鐐之助の目覚ましや月代を剃る（さかやき）褒美などとして饅頭

第35表　『桑名日記』、『柏崎日記』における主な野菜の用途

	桑名	柏崎
ダイコン	大根飯 (8)，おろし (6)，煮付 (6)，大根汁 (3)，煮物 (2)，沢庵 (2)，赤漬 (1)，ふろ吹 (1)，葉漬 (1)，切干したし物 (1)，不詳 (4)	あへもの(12)，おろし(12)，煮付(12)，切干したし物 (12)，大根汁 (11)，葉漬 (6)，大根飯 (4)，大根葉したし物 (3)，ふろ吹 (2)，にしめ (2)，煮物 (2)，沢庵 (2)，浅漬 (2)，香物 (2)，白髪大根 (1)，にがり大根 (1)，大根煮干 (1)，のつへい (1)，落し味噌 (1)，切干鱠 (1)，大根葉煎り (1)，不詳 (大根，20；切干8)
ヤマノイモ	とろろ (35)，とろろ汁 (11)，とろろ御ぜん/飯 (7)，そばのつなぎ (1)	とろろ汁 (34)，とろろ (9)，そばのつなぎ (3)，とろろ飯 (2)，長いもあんかけ (1)，不詳 (長いも，4)
カボチャ	にしめ (7)，かぼちゃ汁 (6)，煮物 (2)，不詳 (3)	にしめ(20)，煮付(6)，かぼちゃ汁(4)，煮物 (3)，かぼちゃ飯 (1)，のつへい (1)，切身 (1)，不詳 (12)
サツマイモ	蒸 (13)，茹 (6)，生 (3)，さつまいも飯 (3)，焼 (2)，葛粉用 (2)，煮 (1)，茶かけ (1)，不詳 (13)	不詳 (3)
菜類	菜ひたし物 (5)，菜飯 (3)，煮物 (1)，漬物 (1)，不詳 (5)	菜ひたし物 (12)，菜汁/吸物 (10)，菜飯 (3)，あへもの (2)，あんかけ (1)，葛引 (1)，菜漬 (1)，不詳 (8)

やサツマイモなどを与えていたが、このことがサツマイモの利用例が多くなった一因であろう。

　サツマイモと同様、柏崎での利用は少ないが、桑名での利用が多い野菜にスイカがある。スイカの利用は、ほとんどが6、7月の2か月に集中している。それにもかかわらず、利用例が多いのは、スイカは鐐之助の好物で、ねだられた平大夫が買い与えたためである。鐐之助があまりたくさんスイカを食べることを心配した平大夫が人からスイカはマクワウリと違っていくら食べても害はないと聞いて安心したとの記述もある（すいくわハまくわとちがひ、なにほどたべてもどくでなへげな；天保12年6月30日）。なお、『桑名日記』では

マクワウリの利用はわずか 1 例だけであった。

　柏崎で最も多く利用された野菜はダイコンである。切干、沢庵、葉ダイコンを除くと、ダイコンの利用時期は、柏崎では 9 月から翌年 3 月までと 5 月の二つの時期に集中しており、12 月〜4 月と 10 月には切干、7〜9 月と 11 月に葉大根の利用が見られた。桑名でも 9 月から翌年 2 月までの利用が多く、それ以外には 4、5 月に漬物、7 月と 10 月には葉大根の利用があるに過ぎない。『桑名日記』によると、平大夫は御蔵の小使に手伝って貰い、内の畑、裏の畑、下の畑、さらには西龍寺から空き地を借りるなどして、ダイコン、菜類、カブ（ナ）、カボチャ、ナス、三度豆などを栽培した。第 36 表によると、桑名におけるダイコンの播種は旧暦 6 月 16 日から 7 月 25 日の間、8 月 27 日から 9 月 13 日の間、閏 1 月 27 日から 2 月 27 日の間に行われ、収穫は 5 月 7 日と 9 月 18 日に行われた。また、頻繁に利用する野菜については不足分を購入したが、ダイコン購入の記録は天保 12 年 7 月 29 日と 12 月 18 日を除き、11 月 5 日から 29 日に集中しており、これは秋ダイコンに相当する。『百姓伝記』には、「夏大こんは正月廿日比よりもまきはじめ、三四五月まで蒔なり（夏大根は 1 月 20 日頃から播種を始め、3、4、5 月まで［時期をずらして］播種を続ける）」と年が明けてから播種する栽培方式が説明されている（古島, 2001）。桑名で 5 月に利用されたダイコンはこの栽培方式（杉山〈1998〉は春まき栽培と名付けている）によって生産されたものと考えられる。また、秋冬期に生産されるダイコンは、「暖地では冬もそのまま畑におくことができ、寒地でも凍結しないように貯蔵すれば、2、3ヶ月くらいは生ダイコンが 利用することが可能」（杉山, 1995）なので、2 月あるいは 3 月まで利用されたダイコンは収穫せずに畑に置いたもの、あるいは凍結を防いで貯蔵したものと考えられる。貯蔵の具体的な方法について、『桑名日記』天保 13 年 11 月 26 日条には「いけ大根も裏の畑日当り能処へいける（いけ大根にする大根を裏の畑の日当たりのよいところに埋める）」との記述がある。「いけ大根」とは、畑の日当たりのよいところに穴を掘り、収穫した大根を埋め、土をかぶせて翌春まで貯蔵するものである（赤羽, 1960）。さらに、桑名で 8 月末から 9 月中旬に播種したダイコンについては、収穫の記述がないが、これは杉山（1998）の言う春ダイコン栽培で、秋ダイコンより少し遅く蒔いて冬を越

し、旧暦3月を中心に収穫されたのではないだろうか。『百姓伝記』の三月大根という品種の説明には「此種も今世間にひろまり多く有。八九月にまきて、畠に其まゝ置、雪霜のうち土をかぶせ、春に至てやしなひを置、二月下旬より三月になりてつかふに、根葉ともによし（この品種も今、世に広く作られている。8、9月に播き、畑にそのままにしておいて、雪や霜の降りる時期には土をかぶせ、春になって肥料を与える。2月下旬から3月になって利用すると、葉、根ともに品質がよい）。」とあるので（古島, 2001）、桑名で12月から翌年2月にかけて利用したダイコンの一部は三月大根だったと思われる。三月大根の記述は、『親民鑑月集』、『大和本草』、『本草綱目啓蒙』、『成形図説』など、多くの農書、本草書に見られる。一方、柏崎では、渡り畑（藩から貸与された菜園と思われる）と借畑でダイコン、菜類、ナスなどを栽培した。第37表によれば、柏崎でのダイコンの播種は旧暦6月14日から7月13日の間、収穫は閏9月27日から10月21日の間、購入は閏9月27日から10月26日の間に行われた。以上を纏めると、桑名、柏崎ともにダイコン栽培は旧暦7月頃に播種、寒さが厳しくなる前に収穫を行う秋ダイコン栽培が一般的であったが、この他に桑名では春ダイコン栽培や旧暦2月以降に播種して4月から6月にかけて収穫を行う春まき栽培が行われていたと考えられる。ただ、『柏崎日記』弘化3年5月30日条に「にしんニこんぶなつ大根汁ニて一盃為飲て遣り（ニシンとコンブ、夏ダイコンの汁で［縁側の普請をしてくれた大工に］酒を飲ませてやり）」との記載があるので、柏崎でも春まき（夏ダイコン）栽培が行われていた可能性がある。

　桑名では、カボチャは7月を中心に6月から11月までの利用が見られる。後述するように、『柏崎日記』にもカボチャの記述が多数見られることから19世紀中頃には広く各地で作られていた重要な野菜であったことが窺える。特に、『柏崎日記』天保10年8月17日条には「もはやいもかぼちやもあき候へとも外ニたべるものハ無御座候（もうサトイモとカボチャも食べ飽きたが、外に食べる野菜はない）」、天保15年7月16日条には早魃で「菜之ものゝ飢饉ニ逢ひ申候。内ニ有合のものハ米と味噌汁、香のものなし。汁の実なし。かぼちやも三ツ斗買置候所、是もなく成り候所へ、追々盆礼ニ参り、困り入候（菜類はほとんど入手できず、有り合わせの米と味噌汁だけで香の物もない［食

第 36 表　『桑名日記』におけるダイコンと菜類の栽培記録

種類	播種	収穫	購入
ダイコン ・秋	・6/16（弘2），7/18（弘3），7/25（弘4）	9/18（弘3）	7/29（天 12），11/5（天14），11/10（弘3），11/14（天10），11/16（天10，弘 3），11/19（天 10），11/29（天11），12/18（天12）
・春	・8/27（天14），9/6（天15），9/13（天14）		
・春まき	・閏1/27（天12），2/13（天 13），2/22（弘5），2/27（天14），2/27（天15）	5/7（弘2）	
菜類 ・菜	11/2（天15）	10/15（弘4），10/16（弘3），10/25（天15），11/7（天10），11/7（天13），11/11（天12），11/18（弘2），12/22（天12）	9/6（天 15），11/11（天12）； 9/18（天15，抜菜）
・漬菜	7/30（弘3）		10/22（天15），11/11（天12），11/21（弘2）
・カブナ	8/8（弘4），8/11（天12），8/12（天15），8/21（弘2），8/22（天11），8/30（天14）	10/20（天14），11/19（天11）	11/16（天10）

・6 / 16（弘 2）は弘化 2 年 6 月 16 日、8 / 27（天 14）は天保 14 年 8 月 27 日。第 37、38 表も同様。
・1 月 23 日〜2 月 27 日にウグイスナの播種記録が 6 例、9 月に水菜、水京菜、紫菜の播種記録が各 1 例あったが、省略した。

事をしている]。カボチャも三つほど買っておいたが、これもなくなってしまった。徐々に盆の訪問客が来るのに困ったことだ)」との記述があり、貯蔵性のあるカボチャは野菜の不足しがちな冬だけでなく、乾燥が続いたときなどに使われる重要な野菜であったと思われる。カボチャの調理法としては煮しめが最も多く、外に煮付、煮物、かぼちゃ汁などとして利用された（第 35 表）。なお、『図説江戸時代食生活事典』によれば、「大切りにした材料を調味液で直接弱

第 37 表　『柏崎日記』におけるダイコンと菜類の栽培記録

種類	播種	収穫	購入
ダイコン	6/14（天12）, 6/18（天13）, 6/18（弘2）, 6/24（天14）, 6/28（天11）, 7/13（天15）	閏9/27（天14）, 10/6（弘4）, 10/7（天10）, 10/9（天12）, 10/17（天12）, 10/18（天13）, 10/20（天11）, 10/21（天15）	閏9/27（天14）, 10/7（弘3）, 10/7（弘4）, 10/12（弘3）, 10/15（天15）, 10/19（天13）, 10/26（天12）
菜類	8/2（弘3）, 8/7（天12, 蕪な）	10/9（天12）, 10/9（天15）, 10/16（天13）, 10/18（天14）	
・鶯菜	2/26（天15）		

火で煮詰め、煮汁から取り出して汁をき」ったものが煮しめ（煮染め）で、「煮つけは煮染めと違って煮汁の残っている煮物である」とされる（日本風俗史学会編, 1978）。なお、『桑名日記』天保 14 年 4 月 22 日と 15 年 4 月 12 日条には「かぼちゃ植」との記述があり、定植されたものと思われる（第 38 表）。

　菜類は、桑名では 1〜4 月と 8〜10 月、柏崎では 2〜6 月と 8〜11 月の二つの時期に利用された（第 33, 34 表）。その用途をみると、桑名、柏崎ともに「ひたし物」としての利用が多く、次いで柏崎では「菜汁」として利用されるものが多いが、桑名では「菜汁」としての利用は見られなかった（第 35 表）。菜の漬物（菜漬）としての利用について、『桑名日記』天保 15 年 10 月 23 日条に「小使ニ塩を米浅より買ふて来て貰ひ、昨日の菜川ニ而洗ひはなしゆへ、井戸水ニ而すゝぎ漬る（小使に米浅で塩を買ってきて貰い、昨日川で洗っておいた菜を井戸水ですすいで漬けた）」、『柏崎日記』天保 11 年 11 月 3 日条に「茄子畑ケの菜ヲ取り洗て漬ル（ナス畑の菜を取り、洗って漬けた）」との記述がある。また、桑名では自家栽培したものだけでは足りず、御米蔵で働く仲仕に仲介してもらって漬菜を購入していること（天保 15 年 10 月 22 日）から、10〜11 月に収穫あるいは購入した菜（ツケナ）は菜漬にされたが、それを食した場合には日記に記載しなかった可能性が考えられる。菜類の利用は 8、9 月にも見られるが、『桑名日記』弘化 4 年 8 月 25 日条には「今日ハ寄合会亭ニ付おはゝ菜をすくりひたしものニする 迚（とて）、裏の畑不残すくり、内の分

も勝り候積り之処、吐そうて吐かす甚不気分しや迎寝てゐる（今日は寄合の
会合があるので、おばばは裏の畑の菜を残らず間引いてひたし物にする予定であ
ったが、吐き気がして気分が悪いと言って寝ている）。」との記述があることから、
8〜9月に利用した菜は間引いた菜（原文では、菜をすぐると記されている）
と考えられる。『桑名日記』天保15年9月18日条に抜菜を買ってひたし物
を作ったとの記述があるが、抜菜というのも間引き菜のことと考えられる。
次に桑名で1〜4月、柏崎で2〜6月に利用された菜の種類について、1〜4
月に利用された菜類の一部は1〜2月に播種されたウグイスナと思われる。
ウグイスナとは、第6章第5節4で述べたように春の初めに播種し、苗が二、
三寸になった幼植物のことである。また、『桑名日記』天保15年2月8日条
には、くき立した菜（ククタチ）を取って漬けたという記録、天保12年2
月8日条にはキョウナの薹（とう）が立ってしまったので隣人にあげたという記録
があり、8、9月に播種した菜類を最後はククタチとして翌春まで利用した
と思われる。なお、『桑名日記』には、天保15年11月5日条には「裏の畑
より菜を引て来てふせ（裏の畑から菜を持って来て伏せ）」、弘化4年10月23
日条には「菜を取候跡へ引残りの菜を少しふせる（菜を収穫した跡に収穫しな
かった菜を少し伏せた）」という記述の他、天保13年11月9日、14年11月
2日、15年11月3日に「菜をふせ（る）」、天保15年11月2日に「菜を植」
との記述がある。『本朝食鑑』巻之三、蕪菁の項には、「或冬采-葉莖-，復
糞-其根-，以-馬屎中之稲草-，而厚覆拒-霜雪-，則至-春二三月-生-苗，
肥高中立，起-薹，其味柔脆，此亦莖立也（あるいは、冬に茎葉を取って、そ
の根に馬尿をかけた稲わらを肥料として厚く覆い、霜や雪を防いでおくと、春二、
三月に苗を生じ、その茎が肥大伸長して花茎を形成する。食感は脆く柔らかい。
これもククタチである）」との記述があるので（人見, 1967）、春にククタチを
利用するために11月に収穫した菜類の根の部分を地中に植え直すことを「菜
をふせる」と表現したと考えられる。

　『桑名日記』において、ネギの収穫日としては唯一、弘化3年6月23日に
根深ネギの例が報告されている。『百姓伝記』巻十二の「ねぶかを作事」には、
「ねぎを植付のまま置て、春より夏に至てかりぎのごとくにつかひ、秋になり
植直し、ふとねぎにする（ネギを植え付けたままにしておき、春から夏にか

第38表　『桑名日記』におけるカボチャ類、豆類、ネギの栽培記録

種類	播種	定植	収穫	購入
カボチャ	2/8（天12）, 2/13（天13）, 2/27（天15）, 3/8（天14）	4/12（天15）, 4/22（天14）	7/29（天12）	6/21（天12）, 8/7（弘4）
三度豆	10/11（弘2）, 10/13（弘3）, 10/21（天11）, 10/27（弘3）, 11/5（天15）, 11/10（天13）, 11/13（天12）		4/6（天12）, 5/7（弘2）, 5/12（弘3）, 5/17（天14）	
ネギ		2/13（天15）, 2/18（天12）, 2/27（天14）, 2/28（弘5）, 7/25（弘4）, 7/28（弘4）		8/26（天15）
根深ネギ		3/26（弘3）、閏5/13（弘3）, 8/16（弘2）	6/23（弘3）	

＊桑名日記のネギ、根深ネギの欄で下線を引いたものは「ふせ替」と記述されている。また、収穫の項の6/23（弘3）は収穫だけでなく、ふせ替も行っている。

けては刈葱のように利用し、秋に植え直して太ネギにする）」と記されているが、この方法では夏に根深ネギを収穫することは困難である。柘植（1926）はネギの播種時期は春秋の二回で、春播は3、4月頃播種、7月頃定植、11、12月頃収穫、秋播は9月播種、翌春3、4月頃に仮植、7、8月頃に畑に定植するとした上で、春播、秋播とは別に夏に収穫する方法として夏ネギ栽培を紹介している（月の表示はいずれも新暦）。それによれば、夏ネギ栽培では秋播栽培同様、9月頃に苗床に播種し、冬には苗を落葉などで覆って越冬させ、翌春に60cm間隔で浅い植溝を掘り、9cm間隔で苗を植付けて6、7月頃収穫する。この方法で根深ネギを作るためには、通常の土寄せではなく、麦わらで株の基部を覆い、その上から土をかけ、高温による葉鞘部の腐敗を防ぐことが必要で、そうすると1週間ほどで軟白されるとしている。桑名の旧暦3月定植の根深ネギは、こうした方法で軟白され、6月に生産された可能性が

考えられる。『桑名日記』のネギ栽培に関して今一つ注目すべき方法として、春又は夏秋季に株分けし、夏から秋に葉ネギとして利用する株ネギ栽培がある（大鹿, 1977）。株ネギ栽培は自家用での栽培に広く利用されたと言われるが（大鹿, 1977）、ふせ替えは、この株ネギ栽培の株分けのことである。ふせ替えと記されていることからすると、根深ネギでも株分け繁殖が行われたのかもしれないが、詳細は不明である。なお、数は多くないが、桑名では 4、5 月に三度豆というマメが利用されている。三度豆とはインゲン、あるいはエンドウの別名とされているが（青葉、1982）、第 38 表によれば、このマメの播種時期は 10、11 月である。インゲン、エンドウのうち、越冬栽培が可能なのはエンドウで、インゲンは越冬が難しいことから、桑名ではエンドウのことを三度豆と呼んでいたと思われる。現在のエンドウの栽培でも 10〜11 月播種、4〜6 月に収穫される秋まき栽培が多い。一方、柏崎では 4〜6 月に三度大豆の利用例（天保 14 年 6 月 6 日、天保 15 年 5 月 24 日、弘化 4 年 4 月 24 日、同 5 月 13 日）が見えるが、これが大豆の一種なのか、それとも別種のマメなのかは不明である。

8.『路女日記』

　瀧澤馬琴は『南総里見八犬伝』執筆の終わり近くになって失明したが、長男宗伯の嫁だった路に口述筆記させて、これを完成させた。路は、息子太郎と交代で馬琴日記の代筆も行ったが、馬琴死後も日記を書き続けた。嘉永 2 年（1849）6 月以降、安政 5 年（1858）12 月までの分が残っており、『路女日記』と呼ばれている（柴田と大久保, 2012 - 2013）。日記には家庭内の出来事、行事、来客、日々の食事の状況、贈答、買物などが詳細に記述されている。購入、自給、あるいは知人から貰った野菜とその調理品も食事に供されたと思われるが、『酒井伴四郎日記』に比べ、食事の記録との突合が容易ではないため、別々に集計した。ただし、スペースの関係から貰った野菜や調理品、購入したものは月別ではなく、年間の合計値で示した。また、おすそ分け、あるいは贈物とした野菜は数が少ないので、ここでは省略した。

　食事（仏前などに供えたものを含む）、購入あるいは知人から貰った野菜について、頻繁に利用された野菜を見てみると、サツマイモとダイコンが著

しく多く、これらに次いでサトイモ、ナス、ササゲ、菜類、シイタケが多かった（第39表）。食事についてみると、上記の外、ハス、ニンジン、ヤマノイモ、トウガン、スイカ、シロウリ、セリ、ウドが「重要野菜」の基準値（0.2 N=11）以上となった。購入または知人から貰った野菜についてみると、サツマイモ、ダイコン、菜が著しく多く、次いでサトイモ、ナス、ササゲが多かった。また、キュウリ、カボチャ、タケノコ、エダマメについてみると、食事の記録は少なかったが、購入あるいは知人から貰ったものは比較的多かった。

　ここで特筆すべきは、家庭菜園で作られた菜類を贈られた例が頻繁にみられたことである。例えば、アオナについては、知人が手作りの菜を持参してくれた例が11、蔓菜、つけ菜を贈られた例が各2、からし菜を贈られた例が1あった。また，嘉永5年（1852）11月17日には「今朝高井戸下掃除定吉納干大根〈二百四十六本〉持参。当年も不作の由にて，大こん細し。（今朝厠掃除を行う高井戸の定吉が干ダイコン246本を持参した。今年も不作とのことでダイコンは細い）」と厠掃除を行う高井戸の農家から沢庵用のダイコンを下肥料として貰ったことが記載されている。また、菜類を漬けることも盛んに行われ、自家菜園で作ったタカナを漬けた記述が6、漬菜購入の記述が3、三河島菜購入の記述が1あった。

　ゴボウは江戸時代の料理書でも最も利用頻度の高い野菜の一つであったが、路女日記でのゴボウの出現数は食事の記録として1、知人から貰ったもの10例（歳暮祝儀6例、上巳祝儀［3月3日］2例）で、正月儀礼に使うゴボウを年末に贈る風習があったようである。通常の食事にゴボウが利用されなかった理由については分からないが、路女はゴボウ好きではなかったのかも知れない。また、サツマイモは焼芋としてこの時代には人気があったようで、特に手土産として貰うことが多かったようである。

　以上のように、江戸時代になるとトウガラシ、サツマイモ、カボチャ、ニンジン、スイカ、クワイなどが新たに「重要野菜」となった。これは、一つには16世紀に南蛮貿易によってわが国に伝えられた野菜や14〜17世紀初めに数度にわたって中国などから渡来したと思われる野菜が徐々に人々にも受

第39表　『路女日記』の食事に現れた野菜

種類／月	1	2	3	4	5	6	7	8	9	10	11	12	計	入手
ササゲ	1	11	6	1	8	1	8	3	6	3	3	4	55	38
ダイコン	1	6		1	4		8		6	6	6	10	48	123
サツマイモ				3		1	25	12		2	2	3	48	135
サトイモ		3		2	2	1	15	4	5	5	1	4	42	68
ナス					1		36	1	3		1		42	47
菜		7		2		1	1		2	6	4	6	29	98
シイタケ		2		2	2		3		3	2	2	11	27	24
ハス		1		2			10	2	1	1	4	3	24	19
ニンジン		2		1				1		5	6	4	19	16
ヤマノイモ	3	3		1	2		3	1			2	2	17	17
芋	1						5	1	8		1		16	12
トウガン							11	4	1				16	4
スイカ							15						15	9
シロウリ							8	1		1		3	13	17
セリ		3	1							2	1	4	11	11
ウド		6		1								4	11	3
キュウリ					5		4						9	23
カボチャ						1	8						9	22
エダマメ							1	2	6				9	14
ショウガ							6						6	
マクワウリ					1		4						5	
キクラゲ											2	3	5	
ユリ					1		1	2	1				5	
十六ササゲ							5						5	
ミョウガ				1			4						5	
ミツバ		3							1			1	5	
ナタマメ							5						5	
タケノコ				4									4	21

右欄の「入手」は、購入あるいは知人から貰った野菜の合計値（スペースの関係で月別に表示していない）。

け入れられるようになった結果である。しかし、それ以外にも、① 農業技術が発展し、ダイコン以外にも菜やネギなどが様々な栽培方法で生産されるようになり、多くの種類で品種の分化が見られるようになったこと、② 市場経済が発展した結果、販売を目的とした生産が行われ、舟を利用してかなり遠方からも野菜が運ばれるようになったこと、③ 経済的にゆとりのある町人層が生まれ、料理茶屋などの飲食店で、ハレの食べ物が普通に供されるようになり、ケの食事では用いることが少ない野菜も利用されるようになったことなどが相まって、この時代に「重要野菜」の数が増加したと考えられる。

第8章　まとめ

　飛鳥・奈良時代〜江戸時代の人々がどのような野菜をよく食べていたのか
を推定するため、本書では、① 日記類、帳簿類、手紙などで、食事内容や
利用した食材を調べる方法A、② 半数以上の料理書で記載があるか、どう
かを調べる方法B、③ 半数以上の村方明細帳で記載がみられるか、どうか
を調べる方法C、④ 地誌、歴史書、物語、詩歌など、①〜③で利用しなか
った史料のうち、半数以上の史料で記載があるか、どうかを調べる方法D
を採用した。ただし、鎌倉時代には方法Dで利用できる史料がなく、また、
村方明細帳は江戸時代限定の史料であり、他の時代には方法Cを適用でき
なかった。このため、方法A〜Dで「重要野菜」として検出された野菜は
飛鳥・奈良、平安、鎌倉、室町、江戸時代でそれぞれ26、28、11、33、51
種類となり、鎌倉時代には「重要野菜」を見落としている可能性が高いと思
われた。このことを考慮すると、第40表で「重要野菜」と認められた野菜
は次のように分類できるであろう。

① 飛鳥・奈良時代から江戸時代まで、いずれの時期においても重要性を維
　持し続けてきた野菜
　　ハス、瓜、ダイコン、ナス、タケノコ、ショウガ、ヤマノイモ。
　　なお、鎌倉時代が空欄となっているが、ワラビ、シロウリ、カラシナ（カ
　ラシ）、アオナ（ツケナ類）、ササゲ、サンショウ、セリもこのグループに
　入るものと思われる。
② 平安時代に空欄があるが、恐らく①と同じグループの野菜と考えられる
　野菜
　　タデ、サトイモ。
③ 平安時代以降に「重要野菜」になった野菜
　　ゴボウ。

第40表　各時代の「重要野菜」[z]

科名	和名	飛鳥・奈良	平安	鎌倉	室町	江戸
トクサ	ツクシ					*
コバノイシカグマ	ワラビ	†	†		1/5†	1/8*
ハス	ハス	1/2	1/3†	1/2	2/5	3/8*
スイレン	ジュンサイ	†				*
ナデシコ	ハコベ		1/3			
タデ	タデ	†		1/2*	*	*
アオイ	フユアオイ		1/3			
ウリ	トウガン		1/2		†	1/8*
	スイカ					2/8
	瓜	2/2	3/3†	1/2*	1/5	2/9
	シロウリ	1/2	2/3†		1/5†	1/8*
	マクワウリ	†	1/3		1/5†	
	カボチャ					2/8
	ユウガオ				2/5*	2/8*
アブラナ	カラシナ	1/2	1/3		*	1/8*
	ククタチ				1/5	
	アオナ	2/2†	2/3		4/5†	8/8*#
	カブ		1/3†			1/8*
	ナズナ		1/3			
	ダイコン	1/2†	2/3†	1/2	2/5*†	8/8*#
	ワサビ			*	*	1/8
マメ	リョクトウ					*
	ササゲ	1/2	2/3		1/5	2/8*
ミカン	サンショウ	†	1/3		1/5*	*
ウコギ	ウド					2/8*
セリ	ミツバ					1/8*
	ニンジン					3/8*
	ハマボウフウ					*
	セリ	1/2†	1/3†		1/5	2/8*
ナス	トウガラシ					*
	ナス	2/2	2/3*	*	3/5*†	5/8*#
シソ	シソ					*
ヒルガオ	サツマイモ					3/8
キク	ゴボウ		1/3	1/2	2/5	3/8*#
	ヨモギ		1/3		1/5	1/8

第 40 表の続き

科名	和名	飛鳥・奈良	平安	鎌倉	室町	江戸
キク	ヨメナ y	†				*
	チシャ		1/3			*
	フキ	†	1/3			1/8*
	アザミ	1/2				
	ノゲシ	1/2				
オモダカ	クワイ				†	2/8*
サトイモ	サトイモ	1/2		2/2	2/5	8/8*#
	コンニャク				2/5	3/8*
イネ	タケノコ	†	1/3	1/2	3/5*†	2/8*
ショウガ	ショウガ	2/2†	1/3	1/2	*	1/8*
	ミョウガ				†	*
ミズアオイ	ミズアオイ	1/2†				
ユリ x	ネギ				1/5	3/8*
	アサツキ					*
	ニラ	†	1/3			
	蒜	†	1/3			
ヤマノイモ	ヤマノイモ	†	2/3†	*	2/5	6/8*
	トコロ		†		†	
キクラゲ	キクラゲ					1/8*
イボタケ	コウタケ					*
キシメジ	シイタケ				2/5	2/8*
	マツタケ		†		4/5†	1/8*
	シメジ					*
	エノキタケ				†	*
ヒラタケ	ヒラタケ				1/5†	
ベニタケ	ハツタケ					*
ショウロ	ショウロ					*
イワタケ	イワタケ				1/5	*
—w	蘭	†				

z　3/8 は 8 史料中、3 史料で出現数が基準値を超える野菜があることを示す。
　＊は使用した料理書、♯は村方明細帳、†は詩歌、物語などの半数を超える史料で出現が認められたことを示す。

y　オハギのことで、奈良時代には、ヨメナのことか、どうか不明

x　APG IV でユリ科ネギ属はヒガンバナ科になった。

w　不明

④ 16 世紀から 17 世紀初めに利用が始まり、江戸時代に「重要野菜」になった野菜

　カボチャ、トウガラシ、サツマイモ（以上、新大陸起源）、

　スイカ、ニンジン。

⑤ 江戸時代に料理茶屋などで使われる食材として重要度を増した野菜

　クワイ、ツクシ、ハマボウフウ（24 種類の料理本で出現が認められたマツナ、22 種類の料理本で出現が認められたチョロギも料亭などで供される特別な料理に用いられたのであろう）。

⑥ 古い時代には「重要野菜」であったが、その後重要性を失った野菜

　ノゲシ、アザミ、ミズアオイ（以上、飛鳥・奈良時代）。

　杉山（1995）は『江戸時代の野菜の品種』の中で、江戸時代の野菜のうちで品種がもっとも多彩であったのはダイコンであるが、「ダイコン以外で品種の多かった種類としてはサトイモ、ナス、カブや菜類を挙げることができよう。いずれも栽培の多い重要野菜であり、全国的に広く栽培され、用途も多岐にわたった種類である。」と記している。用途が多岐にわたる野菜は使い勝手がよいため全国各地で栽培され、その結果として、それぞれの地域に向いた品種が分化し、また育種が盛んに行われて、多くの品種が分化したのであろう。さらに、① 貯蔵性が高い（ダイコン、サトイモ、ヤマノイモ）、② 漬物として利用される（ナス、ダイコン、アオナ）、③ 利用できる期間が長い（アオナは既に奈良時代から 3、4 月を除き、ほぼ一年を通じて利用された）等の特性も、利用が多かったことに寄与したものと考えられる。

　アオナ（カブナ）、ダイコン、ナス、サトイモの外に、いずれの時期においても重要性を維持し続けてきた野菜として、ハス、シロウリ、ショウガ、ヤマノイモ、ササゲ、サンショウ、セリが挙げられる。これらの野菜について、江戸時代の 8 つの日記の中、「重要野菜」の基準を満たしたものがいくつあるかを調べてみると、アオナ、ダイコン、ナス、サトイモは 5〜8 であったが、他はヤマノイモの 6 を除くと 3 以下で、サンショウは 0 であった。また、「村方明細帳」で半数以上の村で記載が認められたのは、アオナ、ダイコン、ナス、サトイモ以外にはゴボウだけであった。このように「重要野

菜」とした野菜の中でも、その重要度には差が認められたが、その原因として、① 日記の筆者（記主）は香辛野菜を記載しなかった場合があったこと、② 江戸時代になると、新たな香辛野菜としてトウガラシが出現したこと、③ セリに類似した種類としてミツバ、シロウリに類似した種類としてキュウリの利用が増えたこと、④ タケノコは季節性の高い野菜であったことなどが考えられる。ここで、ヤマノイモとササゲについては言及しなかったが、少なくとも江戸時代には、ヤマノイモとササゲの重要度はサトイモやナスと同程度に高かったかもしれない。そう考える理由は、ヤマノイモの場合、用いた 8 つの日記中 6 つで「重要野菜」の基準を越えているからである。ササゲに関しては、農政全般にわたる解説・手引書である『地方凡例録』巻之六下の作徳凡勘定之事に 5 人家族（働き手 3 人）で田 4 反（約 40 アール）の外、畑作としてダイズ 5 畝、ヒエ、アワ各 3 畝、アズキ 1 畝、サトイモ 2 畝、菜、ダイコン、ササゲあわせて 1 畝、計 1 反 5 畝を耕作する経営モデルが紹介されている（大石, 1969；水本, 2015）。そのモデルでは、「作徳勘定ハ不足立て、百姓世話に引合がたしと雖も、夫食の儀ハ麦計利を食するにもあらず、粟・稗・菜物・木葉・草根をも加へ、又は米拵への砕、粃等の落溢れも取集めて食することなれバ、前書積り丈の夫食入用ハ掛らず（収支勘定は赤字で、引き合わないが、食糧はムギだけを食べるのではなく、アワ、ヒエ、菜、木の葉、草の根なども食べ、砕米や粃なども集めて食べるので、前記ほどには食費は掛からないであろう）」とした上で、それでも不足する分は養蚕や煙草作、機織りなどの稼ぎを充てることができるとしている。他の時代についてはデータが不足しており、十分な考察できなかったが、「重要野菜」の間でも重要度に差があるのは、いずれの時代にも見られる現象だと思われる。

　石毛（2015）は 16 世紀から 17 世紀前半が日本の食文化にとっての変動の時代であったとし、① 農業生産力が増大し、また全国規模での商品の大量輸送が行われるようになったこと、② ヨーロッパ人が渡来し、新しい文化がもたらされ、また新大陸起源の野菜が導入されたこと、③ 新しい文化の創造が盛んとなり、茶の湯が確立したことが食文化の大変動をもたらす要因になったと考えている。第 40 表において、江戸時代になると、古くから「重要野菜」の地位を維持し続けてきた基幹的な野菜（ダイコン、ナス、ツケナ

類、ショウガ、サトイモ、ヤマノイモなど）に加え、ニンジン、カボチャ、サツマイモなど多くの野菜が新たに「重要野菜」の仲間入りをするなど、16世紀から17世紀前半を境に、「重要野菜」の面でみても、大きな変化が起こったことが明らかであった。また、そうした大変動とは別に、よく似た性質をもつ野菜の間で、新野菜の渡来や栽培技術の発展を契機として、次に示すような「重要野菜」の地位の交代が起こったことも指摘しておきたい。

ユリ科野菜：飛鳥・奈良、平安時代にはニラ、蒜（ニンニクと思われる）が「重要野菜」であったが、室町、江戸時代になると、それらの重要性は低下し、代わってネギの重要度が増した。ユリ科野菜ではないが、羹（吸物）として利用されたミズアオイが重要性を失ったのも、同じ用途に使うことができるネギの利用が進んだことが関連しているのではなかろうか。

ウリ科野菜：マクワウリは飛鳥・奈良〜室町時代には「重要野菜」であったが、江戸時代になると重要性が低下し、スイカの重要度が高まった。

　なお、キク科の野菜であるノゲシ、アザミは、『正倉院文書』での出現数は多かったが、平安時代になると、ノゲシは史料中にほとんど見られなくなり、アザミも『延喜式』内膳式の供奉雑菜、耕種園圃、漬年料雑菜には名があるものの、一般的ではなくなった。それらに似たキク科の野菜であるチシャは平安時代には「重要野菜」であったが、以後、ノゲシ、アザミに代替したと言える程まで一般的にはならなかった。あるいは、品質的に優れたアオナ（ツケナ類）の栽培がより一般的となり、ノゲシやアザミの地位が低下したのかも知れない。

　ところで、近藤（1976）は、「日本列島の味覚文化を支えたものは、日本列島の人口の九十パーセント以上をしめる民衆であった」と述べ、そうした「俗人とは縁遠い世界の文献資料を頼りに議論が展開され」た「料理文化論」を批判している。本書の目的とするところは、民衆がよく食べていたと思われる野菜を明らかにすることであるが、支配階級とそれに連なる人々の手になる文献史料に基づいて作成された第40表は、人口の大部分を占める農民（江戸時代には80〜85％が農民であったと推定されている〈関山, 1948〉）に

とっての「重要野菜」とは乖離している可能性がある。そこで、最後に、この点について検討してみたい。

　古島（1975）は、中世前期の公田の正租や荘園の年貢は米であるが、「京の市における取引を除いて、物資の流通の乏しかった当時においては、朝廷にせよ庄園領主にせよ、その消費物資の大部分を、市場、特に中央において得ることは容易でなかった。ある物は直営の農園で栽培し、あるものは貢租の形で受納した。」と述べ、貢租として納められた畑や山野の産物（野菜や山菜など）が支配層の生活を支えたことを指摘している。ところが、中世後期（古島によれば、鎌倉〜戦国時代）になると、「領主の所領の大きさ、生活上の必要、各庄園の自然的特質等によって、各庄園の正租の納入形態は多種多様であった。畑地については畑の産物が納められ、あるいは代銭納され、あるいは田畑の年貢がともにその庄園の特産物たる絹・糸・綿・布・塩等で納められる場合も少なくなかった」とした上で、商品経済はまだ十分発達しておらず、「領主の要求に基づいて、貢租分のほかには自給分の生産に止まるのが常態であったと思われる。」と記している。年貢や公事として納入されたものの残りは、一部、三斎市（月に3回開かれる市）、六斎市で販売されたと思われるが、古島（1975）の言うように、多くは自給用として利用されたと考えるのが妥当であろう。木村（2000）は、荘園村落を集落や菜園、畑地が存在するムラ、集落の後に存在する薪や草を採集する場であるヤマ、耕地の中心である水田が存在するノラの三重構造としてとらえ、ムラやヤマが農民の生活を支える重要な基盤であり、新たな耕地開発の基礎となったとしている。さらに、鎌倉時代にはサトイモ、室町時代には瓜、ナス、菜類などで品種の分化が見られるようになるが、これは農民自らが育種を行った結果であり、領主の要求に応えるためだけにこれらの野菜を作っていたわけではないことを示唆している。

　江戸時代になると、都市近郊では外部から購入した肥料を投入して綿、タバコ、野菜などの栽培が行われるようになったが、商業的農業の展開から取り残された農村では、農民生活を維持するため自給的色彩の強い畑作が行われた（古島, 1975）。古島が一例として挙げている信州上穂村の地主経営は近世後期のものであるが、コメ、オオムギ、コムギ、ソバ、ヒエ、アワ、エゴ

マ、ダイコン、カブ、ダイズ、アズキの他、家の周囲の畑でササゲ、サトイモ、ナス、ゴボウ、ヤマノイモ、ゴマ、タバコなどを栽培しており、畑地で作られる野菜が自給用として利用されることはこの時代も続いていたと思われる。一方、商品貨幣経済の発展した地域についてみると、例えば、江戸の市場向けに瓜、ナス、ゴボウ、ネギを出荷している葛飾郡の上小合村では市場出荷する野菜の他にダイコンや菜類が作られていたことが報告（延享3年上小合村明細帳）されている（東京都葛飾区, 1958）。したがって、商品作物として野菜を作っている場合でも、気候条件や土壌条件等が許す範囲内で生活に必要な野菜の生産が行われていたと考えられる。

　ところで、柳田（1962）は、『餅と臼と擂鉢』の中で史書文献に伝わっているのは特別な日（晴）の食事であって、例えば『料理物語』などに記述されている食事は常の日（褻）の食事ではないと述べている。また、ハレとケの食材は本質的な違いではなく、手間をかける度合いの違いによるとしているが、『食制の研究』では、魚類は古くから正式食品の主要なもので、「野菜海草その他の副食物は、是に對して寧ろ常の日の食品」であると考えている。確かに、盂蘭盆会に蓮飯として食べられたハスの葉の他、江戸時代後半の料理茶屋で食材として利用されたクワイ、ハマボウフウ、マツナ、チョロギのように、ハレの野菜と思われるものもあるが、下級武士を記主とする日記の記述からすると、大部分の野菜はハレ、ケに関わらず利用されているように思われる。ただ、前章『西松日記』の項で推察したように、村の支配層がハレの日の食事に利用した20〜30種類の野菜のうち、約1/4は商人からも購入しており、上層の農民はハレの日には自らが栽培していない野菜（気候条件や土地条件から当該地域では栽培しにくい野菜など）も利用していたようである。しかし、中下層の農民たちがハレの日の食事のために、こうした野菜を購入したとは考えにくい。恐らく、中下層の農民たちはハレの日の食事に特別な野菜を用いることはなく、ケの日の食事に使う野菜を通常よりも手間をかけて調理していたのであろう。以上、記録が残っていないので明確なことは言えないが、少なくとも野菜について見る限り、第40表に見られる「重要野菜」は江戸時代の一部野菜を除き、生産者である農民も日常的に利用していた野菜であると考えてもよいのではなかろうか。

付録　新たに生じた疑問について考える

1. フジマメとインゲンマメの呼称の混乱はなぜ起きたのか？

　『本朝食鑑』巻之一、黒大豆の附録、藊（じゃくず）豆の項には「源順曰藊豆. 籬上豆也. 和名阿知萬米俗稱籬豆. 大抵扁豆有二白黒赤斑一, 而白者入レ薬, 其余不レ用, 惟種レ籬辺而賞レ花耳（これは『和名抄』にいう藊豆で、籬上豆のことである。[マメの色は] 通常、白、黒、赤、斑で、白いものは薬として利用されるが、それ以外のものは利用されない。ただ、垣根の近くに植えて花を愛でるだけである）」との説明があるので、平安時代の藊豆は江戸時代には、食用としての利用はあったとしても、ごくわずかであったと思われる（人見, 1697）。『農業全書』の【禾扁（へん）】豆（う）の項には、「民俗には八升豆とも云ふ。甚だ多く實り、一本に八升もなると云ひならはせり。又天竺豆近時渡る南京豆、隠元、ささげなど云うも此類なり。扁豆に黒白の二種あり。白きは白扁豆とて藥種に用ゆる物なり。凡此類甚だ多し。其中に南京豆極めて味よし（俗にハッショウマメともいう。一本で八升も稔ると言われている。また天竺豆、近年渡来した南京豆、隠元さゝげなどもこの類である。アヂマメに黒白二種あり、白いものは薬として用いる。アヂマメの類は大変多いが、その中では南京豆の味が特に優れている。）」と、新たに中国から渡来した南京豆や隠元ササゲ（『言海』によれば、インゲンササゲはインゲンのこと）も藊豆の類で、食用にすることが記されている（宮崎, 1936）。八升豆、南京豆、隠元豆の由来については、『長崎夜話草』巻之五、長崎土物産の八升豆の項に、「隠元和尚持来りて, 種を南京寺に植置れしより世に流布す. 此故に隠元豆といへり. 又南京豆共いへり（隠元和尚が持ってきて南京寺に植えたことから世に広まったので、隠元豆あるいは南京豆と云う）」との記述がある（西川, 1720）。また、『大和本草』巻之四の豇（サ）豆（ケ）の項には「隠元豆豇豆ノ類ナリ. 漢名未レ詳. 近年異國ヨリ来ル（イ

ンゲンマメはササゲの類で、漢名未詳、近年、異国から渡来した）」、また眉兒豆（別にインケンマメのフリガナもある）の項には「救荒本艸ニ出タリ．近年中華ヨリ來ル．春子ヲウフ．秋ノ末ニイタリ實多シ．花紫ナリ．蔓生ス．ワカキ時莢トモニ羹テ食ス．扁豆ノ類ナリ．扁豆ヨリ味ヨシ．京都ニテハ隠元豆ト云．筑紫ニテハ南京豆ト云．（『救荒本草』に記載がある。近年中国から渡来したもので、春に播種し、秋の終わりに結実する。花は紫で、叢生し、未熟な莢を食べる。扁豆の類であるが、扁豆より味がよい。京都ではインゲンマメという。筑紫ではナンキンマメという。）」と隠元豆と呼ばれる二種類のマメ（前者がインゲンマメ *Phaseolus vulgaris* L.、後者がフジマメ *Lablab purpureus* (L.) Sweet のこと）が紹介されている（貝原, 1709）。このように、鵲豆あるいは藊豆は平安時代から利用されていたが、江戸時代になると、新たに藊豆の一種が導入され、またそれとは別にインゲンマメが導入された。江戸時代に新たに導入された、この二種類のマメは同じ名前（インゲンマメ、ナンキンマメ）で呼ばれただけでなく、『物類称呼』巻之三の眉児豆の項に「ゐんげんまめ。京にて。ゐんげんまめといふ．江戸にて。ふぢまめと云（インゲンマメ、京ではインゲンマメと言い、江戸ではフヂマメという）」、また黎豆の項に「ゐんげんささげ。近江にて。はつしやうまめと云，關西にて。ふぢまめといふ．（インゲンササゲ、近江ではハッショウマメと言い、関西ではフヂマメという）」（越谷, 1775）とあるように、京と江戸ではインゲンマメとフジマメの呼び名（通称）が入れ替わったことも混乱を助長したと思われる。江戸時代の本草書でフジマメとインゲンマメをきちんと区別するようになるのは、19世紀前半になってからである。例えば、『本草図譜』の巻之四十三の藊豆の項には「薬用にする．白藊豆は官園に漢種のものあり（薬用にする。白藊豆は官園に中国原産のものがある）」、「一種ふじまめ〈江戸〉，眉児豆苗〈救荒本草〉，鵲豆〈集解〉，籬豆〈秘伝花鏡〉（その一種に江戸でフジマメと呼ぶものがあり、『救荒本草』で眉児豆苗、［『本草綱目』藊豆の］集解で鵲豆、『秘伝花鏡』［巻四］で籬豆という）」、「形状漢種に異ならす，花紅紫色，莢熟すれは実褐色なり，いまた熟さる時煮て食す（形状は漢種と同じで、花は紅紫色、莢は熟すと褐色になる。未熟な時に煮て食べる）」との記述がある（岩崎常正, 年代未明）。また、同書ササゲ（豇豆）の項には「一種いんげんまめ，いんけんささげ，五月まめ〈尾州〉，菜

豆〈盛京通志〉（ササゲの一種にインゲンマメ、インゲンササゲ、尾張で五月マメ、『盛京通志』で菜豆と呼ぶものがある）」、「又蔓なしいんけんと呼ものは蔓をなさずして、特生なるものなり（又ツルナシインゲンと呼ぶものは蔓を伸ばさず、特別に莢を付けるものである）」とツルナシインゲンについても言及している。

2. 『和名類聚抄』の瓜、蒜、山芋は、どんな野菜の総称なのか？

瓜

　『和名抄』で取り上げられている瓜類のうち、冬瓜はトウガン（*Benincasa hispida* (Thunb.) Cogn.)、胡瓜はキュウリ（*Cucumis sativus* L.）のことで、他はシロウリ（*Cucumis melo* L. Conomon Group）とマクワウリ（*C. melo* L. Makuwa Group）のことと思われる。ここで、学名の後に付けられた Group（群）は、国際栽培植物命名規約で「類似した品種や個体の集合である」と定義されており（池谷、2007）、シロウリとマクワウリは植物分類学的に見れば、どちらも同じ *C. melo* L. であるが、異なる群に属することを示している。これら二つの瓜の違いは、『和名抄』より少し前に上梓された『本草和名』では明確に意識されていたようで、漢方薬として用いる瓜の種子（白瓜子）や瓜の果柄（瓜蒂）を除き、瓜を越瓜と熟瓜の二つに分けている。越瓜の項には一名として春白、女臂、羊角などの名が挙げられているが、「女臂、一名羊角」は『和名抄』では白瓜のこととされている。また、熟瓜の項には一名として蜜筒が挙げられているが、中国元代の『農書』二十九、穀譜集之三の甜瓜の項には形状をもとにした品種名の一つとして蜜筒の名が、また色をもとにした品種名として黄瓠、白瓠、小青、大斑などの名が挙げられている（王禎, 1617）。『本草和名』の熟瓜の項では和名に続けて、「又寒瓜有」とし、その一名として斑瓜、【失瓜】瓜（𤬛𤬜）、青瓜の名を挙げているが、『本草綱目』三十三巻、果之五の甜瓜の項には「永嘉之寒瓜」という記述がみられ（李, 1590）、寒瓜も甜瓜のことと思われる（西瓜の項にも「永嘉之寒瓜」が見られるが、本草和名の時代、わが国にはスイカは伝来していない）。𤬛𤬜<ruby>たちふうり</ruby>が、マクワウリ群に属する小型で香りのよい瓜と思われることは、第4章第2節に述べたとおりである。王禎が『農書』で挙げた小青という品種は、小型で

緑色の甜瓜（マクワウリ）と思われるが、16世紀の中国の本草書、『本草綱目』二十八巻、菜之三の越瓜の項には、「夏秋之間結瓜，有青白二色（夏から秋にかけて結実する。緑色のものと白色のものがある）」と、白色と緑色の二種があることが記されている（李, 1590）。したがって、『和名抄』の青瓜はマクワウリ、シロウリ、いずれの可能性も考えられる。『延喜式』大膳式下「七寺盂蘭盆供養料」には「熟瓜三十六顆、青瓜一百十顆」との記述があるが（藤原ら, 1648）、盂蘭盆会の行われる7月15日はマクワウリ、シロウリともに利用可能な時期であるから、少なくとも『延喜式』の青瓜は熟瓜とは別の瓜と考えた方がよいであろう。なお、第4章第2節で述べたように黄𤓋はマクワウリのことと思われるが、『和名抄』では黄𤓋について「〈和名木宇利〉陸詞切韻云，𤓋黄瓜也（和名きうり、陸詞切韻によれば、𤓋は黄瓜のことである）」、また胡瓜の名として曽波宇里、俗名木宇利との記述があって、和名の木宇利が胡瓜（現在のキュウリのこと）を指すのか、マクワウリを指すのか、はっきりしない。関根（1969）は『大日本古文書（編年）』に取り上げられた黄瓜の価格が他の瓜よりも高いことに注目し、黄瓜をマクワウリのように甘みのある瓜ではないかと考えている。1717年に成立した『東雅』でも、根拠を示してはいないが、『和名抄』の黄瓜は胡瓜ではなく、熟瓜の一種であると記している（新井, 1903）。以上、『農書』、『本草綱目』を手掛かりにして『和名抄』や『本草和名』に取り上げられた瓜をマクワウリとシロウリに分類してみたが、青瓜のように、はっきりしないものもあった。また、本草書を除く多くの史料では、シロウリとマクワウリの識別はさらに難しく、本書では正体不明の瓜を纏めて瓜とした。

　ところで、シロウリは『和名抄』では白瓜、『本草和名』では越瓜と表記されている。さらに、『本草綱目』二十八巻、菜之三の越瓜の釋名には菜瓜とあるが、白瓜、越瓜、菜瓜の間には以下に述べるような関係がある。

　Makino（1906）は、シロウリ（当時の植物命名の規則によって *Cucumis melo* L. var. *conomon* (Thunb.) Makino としている）を3つの forma（f. *albus*、f. *viridis*、f. *variegatus*）に分類している。f. *albus* は果皮色が淡緑色で、シロウリ、アサウリと呼ばれているもの。f. *viridis* はアオウリ、ツケウリ、マルヅケと呼ばれ、果形は楕円から楕円円柱状で、先端が少し窪み、基部に緩や

かな窪みがある。果皮は深緑色で暗緑色の線が縦に 10 本入り［安井（1977）
は、果皮は淡緑色で濃緑の線がたてに入ると記している］、長さ 28～35㎝、
径 10～12 cm と大きく、果肉は厚く硬く、外側に向かうにつれて白から緑色
になるが、甘味はない。f. *variegatus* は果実の形や大きさは f. *viridis* に似て
おり、淡緑色と緑色が縞状に交互に入る。前二者に比べると栽培は少なく、
通常は酒の粕に漬けて奈良漬にされ、シマウリと呼ばれる。安井（1977）は、
牧野が分類した 3 群をシロウリ、カタウリ、シマウリ群にあてている。

　江戸時代の農書、本草書でも越瓜（シロウリ、アサウリ）と菜瓜（アオウ
リ、ツケウリ）は別種類とされている。『農業全書』巻三では菜瓜の説明は
ほとんどないが、越瓜については「越瓜又白瓜とも云ふ。京都にてはあさう
りと云ふなり。あつ物にし、膾に加へ、あへ物にし、ほし瓜とし漬物とす。
常の瓜より大にして、わかき内は色青く、後は色白く、肉あつく，皮うすく，
食味に用ひて味よし（越瓜は白瓜ともいう。京都ではアサウリという。羹にし、
膾に加え、和え物にし、干瓜にし、漬物にする。普通の瓜より大きく、果皮は若
い時は緑色であるが、後に白くなる。果肉は厚く、果皮は薄い。食用として味が
よい。）」との説明がある（宮崎, 1936）。また、『和漢三才図会』巻百の蓏菜
類では、越瓜について「其瓜生食, 可㆑充㆓果蔬㆒, 醬豉糖醋蔵浸皆宜, 亦
可㆓糟蔵㆒可㆑作㆑菹（その瓜は果実的野菜として生食することができる。醬、豆豉、
甘酢の漬浸しのいずれもよい。また酒糟に漬けたり、菹を作ることもできる）」、
菜瓜については「六七月結㆑実, 似㆓甜瓜㆒皮厚深青色, 有㆓縦白紋㆒, 肉似㆓
越瓜㆒而不㆑宜㆓羹食㆒, 蔵㆓糟及糖㆒〈俗名㆓之香之物㆒〉（6、7 月に結実する。マ
クワウリに似て果皮は厚く深緑色で、縦に白い紋がある。果肉は越瓜に似ており、
煮食するのはよくない。糟と糖に漬け［て食べ］る。これを俗に香の物という。）」
との説明がある（寺島, 1824）。杉山（1995）は江戸時代の農書や本草書のシ
ロウリの記述を纏め、① シロウリ（広義）は、(a) シロウリ（狭義）あるい
はアサウリ、(b) ツケウリあるいはアヲウリという二つの品種群に分けられ
ること、② a、b いずれの品種群も果皮色や大きさにかなり差のあるものが
含まれているが、シロウリは一般に小型で早生、果皮色が淡く、多くは漬物
として利用されるが、生でも煮ても食べられるのに対し、ツケウリ、アヲウ
リ、ナウリは緑色で、もっぱら漬物として利用されるという違いがあると述

べている。

蒜

　『和名抄』では大蒜を「本草云葫（『本草和名』の云う葫）」、小蒜を「生葉時可羹和食之．至五月葉枯，取根曝之．甚薫臭性辛熱者也．（葉がある時には葉を煮和えにして食べ、5月になって葉が枯れたら鱗茎を採って食べる。薫臭があり、その性質は辛く温める働きがある）」としており、別に獨子蒜、澤蒜、島蒜の項も設けている。その『本草和名』葫の項には、「葫〈崔禹曰独子大者〉蒜〈小如百合片者〉（崔禹錫が言うには、独子［葫］の大きなものは葫、百合片のように小さいものが蒜である）」、「和名於保比留（和名オホヒル）」との説明がある（深江, 1796）。また、蒜の項では「一名乱子〈根名也五患反出陶景注〉一名蘭葱〈小蒜〉一名蒜夘〈已上出兼名苑〉和名古比留（乱子は陶弘景によると根の名で、反切［大槻〈1891〉によれば反切とは漢字二字の音で一音を表す方法のこと］によると字韻は五患である。一名蘭葱で小蒜のこと、兼名苑では蒜卵と云い、和名はコビル）」という説明がある。『本草和名』の説明は分かりにくいが、『新修本草』巻十八の葫の項には「其條上子初種之．成獨子葫，明年則復本（花茎の上にできる子球（珠芽）を初めて植え付けると、［鱗片が一つの］独子葫ができるが、翌年には元のように［鱗片数の多いものに］なる）」と記されている（李, 1889）。これからすると、蒜には鱗茎の大きな 葫（オオビル）と小さな小蒜があり、葫のうち鱗片が一つのものを獨子蒜（葫）と言ったのではないかと思われる。

　『令義解』僧尼令には飲酒、肉（宍（しし））と五辛を食べることを禁ずる規定の解説として、五辛とは大蒜、茖葱、慈葱、蘭葱、興蕖であるとの記述があり、それぞれにオオヒル、コヒル、ネキ、アサツキ、クレノオモというフリガナが付記されている（清原, 1650）。また、人見（1697）は、茖葱を行者蒜（ギョウジャニンニク）、蒜を「訓_比流_或曰仁牟仁久（ヒルと読む、あるいはニンニクという）」とし、「根葉倶小而辨少辣甚者小蒜也．根茎倶多而辨多辛中帯_甘者葫也．大蒜也．今多用_大蒜_而用_小蒜_者希矣（鱗茎、葉ともに小さく鱗片が少なく、辛さの甚だしいものが小蒜、鱗茎が大きく鱗片が多く、辛さの中に甘味のあるものが葫であり、大蒜である。今、大蒜を用いることが多く、

小蒜を用いることは稀である）」と述べている。『多識篇』では蒜を「仁牟仁久，異名小蒜」（林，1649）、『菜譜』でも蒜にニンニクのフリガナを付記してある（貝原，1714）。以上、述べたことから考えると、葫または大蒜はニンニクのこと、小蒜はニンニクの外にアサツキやギョウジャニンニクなど鱗茎の小さな種類も含めた呼び名であり、これらを纏めて蒜と呼んだ可能性が考えられる。明代に成立した中国の農書『農政全書』巻之二十八の蒜の項には、「按初中國止有小蒜。一名澤蒜。餘唯山蒜石蒜。自張騫使西域。得大蒜種。歸種之。今京口有蒜山。多出蒜。蒜有大小之異。大曰葫。即今大蒜（思うに初め中国には小蒜だけがあった。一名は沢蒜で、外には山蒜、石蒜だけが存在した。張騫が西域に使いして大蒜の種［球］を持ち帰り、栽培した。現在、京口（現在の鎮江市）には蒜山というところがあり、蒜を多く産する。蒜には大きさの異なったものがあり、大が所謂、葫で、今に言う大蒜である）。」と述べているが、沢蒜が何かについての説明はない（徐，1843）。牧野（2008 a）も、大蒜は漢代に西域から来たもので、学名は *Allium sativum* var. *pekinense*（Prokh.）Maekawa であり、それ以前に中国にあった在来種の *Allium sativum* L. が小蒜であるとしている。

山芋

　現在、わが国で栽培されているヤマノイモ属（*Dioscorea*）の植物はヤマイモ（*D. polystachya* Turcz.）、ジネンジョ（*D. japonica* Thunb.）、ダイジョ（*D. alata* L.）の 3 種である。ジネンジョはわが国原産の野生種で、ヤマイモは中国から伝来したものとされる（熊沢，1965）。ヤマイモとジネンジョは染色体数も異なる別種であるが（吉田，2019）、「やまのいも，むかしは山に有り之をほり取て喰いひけるが、何国にも，いかなる山中にも人家近処はほりつくし、大いもすくなし。また，はやく大になる故、今はさとさとまで是をつくる（昔、ヤマノイモは山にあるものを掘取って食べていたが、いずれの国の山中でも人家に近い所は掘りつくしてしまい、大きな芋は少ない。また、早く大きくなるので、今は里でこれを栽培している）」との『百姓伝記』の記述からも明らかなように（古島，2001）、江戸時代には両種はしばしば混同された（杉山，1995）。また、ヤマイモをナガイモと呼ぶことがあるが、ナガイモはヤマイ

モ（*D. polystachya*）の一品種群のことで、ヤマイモには、この外にイチョウ
イモ群、ヤマトイモ群に属するものがある。これら三つの品種群を比較する
と、ナガイモは長柱状、イチョウイモは扁平な掌状・扇状、ヤマトイモは団
塊状または球状でイモの形が異なるが、それだけでなく、イモの粘度、ムカ
ゴの着生程度、早晩性などに違いがある（吉田, 2019）。粘りの程度はヤマト
イモ群の品種がもっとも強く、ナガイモは粘りが最も弱い。また、ナガイモ
は早生で生育が早いので、現在では北海道、青森などの寒冷地を中心に広く
栽培され、中晩生のイチョウイモは主に関東地方、晩生のヤマトイモは近畿
地方で栽培が多い。なお、『園芸学用語集』では *D. polystachya* をヤマイモ、
別名ヤマノイモ、ナガイモとしているので（園芸学会編, 2005）、本書では
D. polystachya をヤマイモと記し、ヤマイモとジネンジョの総称としてヤマ
ノイモを用いた。

　なお、食用とされるヤマノイモ属（*Dioscorea*）の植物にはヤマイモ、ジ
ネンジョの他、ダイジョ（*D. alata* L.）、トコロ（*D. tokoro* Makino）、カシュ
ウイモ（*D. bulbifera* L. f. *domestica* Makino et Nemoto）がある。このうち、ダ
イジョについては、19世紀の本草書『成形図説』巻之二十二の 捧芋（ツクネイモ）の項に
「拳芋（コウシャイモ）〈南島土名，此芋頭の手を屈（かかめ）しやうなる故に名つく〉（コウシャイモは奄
美、沖縄の俗名である。この芋頭〈塊茎〉が掌を曲げたように見えるので、この
ように呼ばれる）」との説明があり（曽槃ら，文化年間）、熊沢（1965）はこ
れをダイジョのことであるとしている。しかし、東南アジアを原産とするダ
イジョは奄美、沖縄のような暖地以外では馴染みのないイモであったと思わ
れる。これに対して、トコロは「野老、薢」、カシュウイモは「黄獨、何首烏」
などとして、古くから文献に現れている。例えば、17世紀の本草書『本朝
食鑑』巻之三の薢の項には「訓‗土古呂‗（ところと読む）」、「野老處處家圃
多種∟之（トコロはあちらこちらの家の畑に多く植えられている）」（人見, 1697）、
『百姓伝記』には「ところにつくねところといひて、毛もすくなく、にがみ
うすきものあり。今京・大坂・江戸近辺の在々にて多く作る。（トコロの中に
はツクネトコロと言い、毛が少なく、苦みの少ないものがある。今、京、大坂、
江戸近在の村々で多く作られている。）」との記述があり（古島, 2001）、自生の
ものを採取するだけなく、栽培もされていた。また、『和漢三才図会』巻

百二の黄獨の項には「其根如┐芋魁┌而有┐硬鬚┌，煮則皮毛自脆，肉白味淡甘美，處處皆有，藝州廣島多出┐之．藥肆有┬以┐黄獨┌稱┐何首烏┌販者┴，大僞也（芋はサトイモの親芋のようであるが、硬いひげ根があり、煮ると皮や毛は脱落する。あちらこちらにあるが、特に広島に多い。薬種店の中にはケイモをカシュウと言って売る者があるが、はなはだしい偽りである）」との記述がある（寺島, 1824）。

3. 慈姑、烏芋、慈仙とは何か？

16世紀の中国の本草書、『本草綱目』巻之三十三の烏芋の項では「烏芋，慈菇原是二物．慈菇有葉，其根散生．烏芋有莖無葉，其根下生（クログワイとクワイは別の物である。クワイには［矢じり型の］葉があり、塊茎は［匍匐茎の先端に出来るため］株の周囲に散在する。一方、クログワイには茎はあるが、葉がなく［葉は退化し、茎の基部に鞘状に残る］、塊茎は下方に分布する。)」、「別録誤以藉菇爲烏芋，謂其葉如芋．陶、蘇二氏因鳧茨、慈菇字音相近，遂致混注（『名医別録』［を著した陶弘景］は誤って藉慈菇を烏芋とし、その葉がイモの葉のようであると記している。鳧茨、慈姑の字音が近かったため、陶弘景、蘇敬の二氏は注に混乱を生じてしまったのであろう。)」と述べている（李, 1590）。しかし、『新修本草』果部巻第十七の烏芋の項には「今藉姑生水田中，葉有椏，狀如澤瀉，不正似芋．其根黄似芋子而小，饋食之乃可噉，疑其有烏名．今有烏者，根極相似，細而美，葉乖異狀，頭如莞草，呼爲鳧茨，恐此非也．（今言うクワイは水田に生え、葉［の基部］は二又に別れ、オモダカに似ている。葉がイモに似ているというのは正しくない。根［塊茎］は黄色で芋に似ているが、小さい。煮て食べれば、沢山食べることができる。烏芋という名には疑問がある。今言う烏芋の根はクワイに似て、細く美しいが、葉は通常とは異なっており、先端には［葉身がなく］イグサのようである。鳧茨と呼ばれるが、これは恐らく間違いである。)」、「謹案此草槎□［横に牙の字がある］（中略）澤瀉之類也（思うに、これ〈藉姑のことを指していると思われる〉は一名を槎牙といい（中略）オモダカの仲間である)。」と記されており（李, 1889）、少なくとも、蘇敬はクワイとクログワイを烏芋として纏めることに疑念を抱いていたと思われる。

なお、クワイ（*Sagittaria trifolia* L. 'Caerulea'）は、オモダカ（*S. trifolia* L.）の栽培変種なので、「澤瀉之類也」という記述があるのは当然である。畔田（1934）は、『古名録』草部第二十三の久和井の項で「觀ﾚ此則和名鈔蘇恭ノ説ニ據テ誤リ、烏芋ト慈姑ヲ混ズルモノ也（この［本草綱目の］記述を見ると、『和名抄』は蘇恭［蘇敬のこと］の説に依拠したために誤ってクログワイとクワイを混同してしまった）」と述べている。すなわち、『新修本草』で蘇敬が烏芋と藕姑を同一種とした誤りを源順（和名抄の撰者）がそのまま受け入れた結果、クワイとクログワイの名称をめぐる混乱がわが国にも持ち込まれたとしている。ただ、クワイとクログワイが共に水中に生え、また、よく似た塊茎を作るので、両者の総称として烏芋という名前を受け入れることに、それほど抵抗を感じなかったのかも知れない。既述したように 17 世紀の農書、『百姓伝記』でも「くわいを植る事」にクワイとクログワイを纏めて記載している。

　『嘉元記』や『多聞院日記』には慈仙やイリシセン（煎慈仙のことと思われる）という食べ物がでてくるが、川上（2006）は『茶道古典全集』第 9 巻に収録された『松屋会記』の一つ、『久政茶会記』永禄 4 年 1 月 24 日の記述の頭注に「シセン、慈仙、くわい」とあることから（千, 1957）、これをクワイのことだとしている。ただ、この頭注は『茶道古典全集』の編者によって付されたものである。一方、藤代（1914）は、興福寺に伝わる室町時代の献立を再現した晩餐で慈仙羹という豆腐片に少量の汁が入った料理が出たと記し、豆腐を慈仙と名付けたものであろうと述べている。15 世紀半ばに成立した『春日拝殿方諸日記』には、計 11 日に慈仙（うち 2 日はジセン）一あるいは二箱との記述があり、中に「下行料足一貫文（樂屋へ）送了」などという文章が続くものがあるので、神楽などの催しの際に購入したものと思われる（塙, 1978）。『七十一番職人尽歌合』三十七番の豆腐売りには奈良から運んだ豆腐を京都で台に載せて売る女性が描かれているが、台の上には豆腐が入っていると思われる箱が置かれている（塙の群書類聚の図には色彩が施されていないが、古摸本を参考に豆腐には白、台と箱には薄墨という説明がなされている）（塙, 1932）。この図から考えると、豆腐は箱に入れて運ばれたため、慈仙一箱という記述になったものと思われる。クワイを箱に入れて

運んだとは考えにくく、慈仙を豆腐とする藤代の説を支持したい。

4. 野菜の名前はどのように変遷してきたのか？

　『和名抄』には、大和言葉での呼び方が現在の呼称とは大きく異なっているものがある。それら野菜の呼び名の変遷を明らかにするため、『和名抄』以降に作られた辞書に記載されている野菜の呼称について調べてみた（第41表）。取り上げた辞書類は以下に示した通りである。なお、『多識篇』には、この書で初めて和名のつけられた野菜も多いと考えられてきた（杉山, 1998；青葉, 2000 a）。しかし、古くから栽培されてきた野菜については、『多識篇』でも『和名抄』に準じた呼び名が記載されているので、改めて掲載する必要はないと考え、第41表では省いた。また、辞書ではないが、17世紀末に成立した『農業全書』は多くの人々に読まれ、その後の農書にも影響を与えたとされるので、参考までに、その呼び名を付け加えた。

類聚名義抄
　12世紀頃に成立したと考えられる。撰者は法相宗関係の僧侶とも菅原是善とも言われる。『玉篇』に倣って120の部首に分けて漢字を分類し、漢字の下に仮名で音と訓を記している。当初は万葉仮名と片仮名が混在する形になっていたが、間もなく大増訂が行われ、片仮名に統一された（築島, 1953）。ここでは、鎌倉時代中期の写本（東寺観智院蔵本）を昭和12年（1937）に写真複製したものを用いた（菅原, 1937）。

色葉字類抄
　それまでの辞書とは異なり、国語の最初にくる仮名にしたがって全体の語をイロハ47部に分け、また各部を天象、地儀、植物等に分けて漢字とその音や訓を片仮名で示した辞書で、平安末期に成立したと考えられる。橘　忠兼の編。2巻本、3巻本、10巻本がある。国会図書館デジタルコレクションには鎌倉時代初期の写本である3巻本の尊経閣叢刊丙寅本（前田本）の上下2巻があるが、中巻の全部と下巻の一部（メとミのすべて、ユとシの一部）が欠けている。そこで、この部分については、前田本と

同系統で江戸時代の写本である黒川本を利用した（橘；1926, 1926-1928）。

字鏡集 (じきょうしゅう)

菅原為長（すがわらのためなが）によって鎌倉時代に編纂されたと伝えられ、漢字を天象部、植物部等に分け、さらに偏と旁によって分けたもので、写本に 7 巻本と 20 巻本がある。ここでは、大和文華館鈴鹿文庫本 20 巻本を用いた（菅原，1245）。

下学集 (かがくしゅう)

室町時代の国語辞書で、東麓破衲の著とも言われるが、未詳。漢籍、仏書中の用語をはじめ日常使用の用語など、約 3,000 語を天地、人倫、草木などの 18 門に分類し、用字、語源などを簡略に記したもの。古写本の伝本が多く、40 種近いとされる。ここでは室町末期に書写されたと推定される写本（東麓破衲，室町末期写）を用いた。

節用集

室町時代中頃に、国語の発音から漢字を求める目的で作られた辞書。語の最初の仮名によって「いろは」に分け、さらに各項を天地、時候、草木等に分けてそれぞれに属する漢字を列挙し、片仮名でフリガナを付したものである。異本が非常に多く、印度本、伊勢本、乾本の 3 系統に分けられるが、ここでは伊勢本である天正二十年（1592）本類の一つ、阪本龍門文庫善本電子画像集（古写本の部）に所収されている室町時代中期の写本を用いた（著者未詳，室町中期写）。

日葡辞書 (にっぽじしょ)

イエズス会の複数の宣教師が日本語習得のために 1590 年頃から編纂作業をはじめ、慶長 8 年（1603）に長崎で刊行された日本語・ポルトガル語辞書。翌年には補遺も刊行された。畿内での口語を中心に布教の中心であった九州における方言、文書語、詩歌語、卑俗語なども採録し、ローマ字綴りの日本語の見出し語にポルトガル語で説明を加えたものである。特別の綴字を考案するなどして、当時の日本語の発音を正確に写すことに努めており、当時の日本語の発音を知る重要な手がかりを与えてくれる史料である。岩波書店から『邦訳 日葡辞書』（土井ら編, 1980）が出版されているので、これを利用した。

多識篇

　林道春（羅山）が『本草綱目』に収録されている物産の漢名に和名を付した辞典（『多識篇』）で、慶長 17 年（1612）に著述された。その後、寛永 7 年（1630）に王禎の『農書』や南蛮、採集場所などの情報を加筆修正した、古活字本が刊行され、翌年には、この古活字本にはないフリガナが付けられ、異名が増補された整版本（これを『新刊多識篇』という。整版とは版木を使って印刷すること）が刊行された。ここでは、寛永 8 年本をかぶせ彫りした慶安 2 年（1649）本を用いた（林, 1649）。

和爾雅
　　わ　じ　が

　貝原好古が元禄 7 年（1694）に中国の辞書『爾雅』を見習って作った辞書で、漢語を 24 門に分け、片仮名で訓を付けるとともに漢語での説明を加えたもの。元禄 7 年版を用いた（貝原, 1694）。

農業全書

　元禄 10 年（1697）に刊行された農書である。著者の宮崎安貞が西日本各地を訪れ、老農の話なども聞いて纏めた書である。このため、先行する農書である『親民鑑月集』や『百姓伝記』が地方限定的な農業技術書であるのに対し、より広い地域に対応しうる技術書になっている。岩波文庫本を用いた（宮崎, 1936）。

　第 41 表によれば、ミョウガ、ゴボウの読みが初めて見られるのは 12 世紀に成立した『色葉字類抄』で、15 世紀に成立した『下学集』になると、サンショウ、ジュンサイ、ショウガが現在の呼び名に変化する。これに対して、シソ、ダイコンの呼び名が変化するのは『下学集』よりも後に成立した『節用集』以後のことである。沖森（2017）によると、漢字尊重の風潮は既に平安時代にみられたが、平安末期から鎌倉時代になると、文章に用いられる漢語の語彙が増え、その傾向は室町時代にも引き継がれた。ジュンサイ、シソなどは、漢名（蓴菜、紫蘇）が音読された結果、現在の標準的な和名に近い呼び名になったものである。また、和語が漢字表記され、それを音読した結果、返事や火事のような和製漢語も作られた。大根は「おほね」の漢字表記に由来する和製漢語の一つで、室町期に作られたことが指摘されている（沖

第41表　時代とともに呼び方の変わった野菜

和名	漢名	和名類聚抄	類聚名義抄	色葉字類抄	字鏡集
サンショウ	蜀椒	ナルハシカミ，フサハシカミ	ナルハシカミ，フサハシカミ	フサハシカミ，ハシカミ（椒）*	ナルハシカミ，ハシカミ（椒）
コエンドロ	胡荽	コニシ	コニシ，コシ（荽）	コニシ	ワサヒ（荽）
シソ	蘇	ノラエ，ヌカエ	イヌエ，ヌカエ	ヌカエ，ノラエ	ヌカエ（蘓）
クログワイ／クワイ**	烏芋	クワイ	クワイ・ナマイ（鳧茈）	クワイ・ナマイ（烏茈）	クワイ（鳧）
ニラ	韭	コミラ	コミラ，ニラ	コミラ，ニラ	コニラ
ラッキョウ	薤	オホミラ	オホミラ，ナメミラ	オホニラ，ニラ，ミラ	ニラ，ヲホニラ，ナメミラ
ジュンサイ	蓴	ヌナハ	ヌナハ	ヌナハ，ネヌナハ（根蓴）	ヌナハ
ダイコン	蘆	オホネ	オホネ（蘆蕧・蘿蔔・莱蕧）	オホネ（大根・莱蕧・蘿蕧）	ヲホネ（蕧）
ミョウガ	蘘荷	メカ	メカ	メカ，ミヤウカ	（蘘字音；シヤウ，ニヤウ）
ショウガ	薑	クレノハジカミ	クレノハシカミ，ツチハシカミ，ハシカミ	ハシカミ，クレノハシカミ，アナハシカミ（生薑）	クレノハシカミ，アナハシカミ，ツチハシカミ
ゴボウ	牛蒡	キタキス，ムマフフキ	ムマフフキ	コハウ，キタキス，ウマフフキ	ウマフフキ，キタキス（蒡）
ノゲシ	茶	オホツチ	オホトチ	ヲホトチ（【木茶】）	（字音；サ，タ）
不明	薺蒿	オハギ（一名莪蒿）	オハキ（莪蒿）	オハキ（莪蒿）	オハキ（莪・蒿）
アヂマメ	【艹偏】豆	アチマメ	アチマメ	アチマメ	アチマメ

＊（　）は『和名抄』とは異なる漢字表記を示す。

＊＊クログワイ／クワイとしたものは、／の前がクログワイ、後がクワイの呼び名。／のないものは、どちらか不明。

下学集	節用集	日葡辞書	和爾雅	農業全書
サンシヨウ（山椒）	サンセウ（山枡）	Sanxô（サンショウ）	アサクラザンセウ	アサクラサンセウ，サンセウ（山椒）
				コスイ，コエンドロ
	ヌカヘ***，シソ（紫蘇）	Xiso（シソ）	シソ（紫蘇）	シソ（紫蘇）
	クワイ	Cuuai（クワイ）	クロクハイ/シログハイ（慈姑）	クロクハイ/クハイ（慈姑）
	ニラ***	ニラ（Nira）	ミラ，ニラ	ニラ
ニラ（薤葱）	ニラ		ラツケウ（辣韮）	ラツケウ，ヤブニラ
エグ，ジユンサイ（蓴菜）	ヌナワ***		ヌナハ，ジュンサイ	ヌナハ，ジュンサイ
	タイコン（大根）	ダイコン（Daikon）	タイコン，ヲホネ（莱蔔）	ダイコン（蘿蔔・大根）
ミヤウガ（或名し作）	ミヤウカ（名荷，或作蘘荷）	ミヨウガ（Miôga）	メガ，ミヤウガ	ミヤウガ
ハジカミ，シヤウカウ，（生薑）	ハシカミ，シヤウカ，シヤウキヤウ（生薑）	ショウガ（Xôga）	クレノハジカミ，シヤウガ（母薑）	ハジカミ，シヤウガ
	コバウ	ゴボウ（Gobô）	ゴホウ，ムマフブキ	ゴバウ（悪實）
			ニガナ，ケシアザミ（苦菜）	ニガナ，クサイ（苦菜）
			ヨメナ，ヨメガハギ（雞兒腸）	
			ヒラマメ，アヂマメ（藊豆）	アヂマメ（藊豆），****

*** 易林本節用集（易林，1597）による。
**** 他に、タウマメ（たう豆）、ハッショウマメ（八升豆）ナンキンマメ（ナンキンマメ）、インゲン（隠元）などの語も紹介されている。

森, 2017)。鎌倉時代末期に成立した『徒然草』68 段には、筑紫の押領使が「つちおほねを萬にいみしき藥とて朝ことに二つつやきてくひける事年ひさしくなりぬ（土大根を万能薬だといって毎朝二本ずつ焼いて食べる事が何年にも及んだ）」との記述があり、鎌倉時代末期には、まだ、「おほね」がダイコンの呼称としては一般的であった（吉田, 慶長・元和年間）。

　このように、第 41 表に示した野菜には、平安時代から室町時代にかけて、漢名あるいは漢字表記した和名が音読された結果、現在の標準的な和名に近い呼び名になったものが多い。ショウガも、そうした変化を起こして現在の呼び名になったが、その過程は次に示すように複雑である。『下学集』におけるショウガの読みは「しやうかう」であるが、本来、生薑の音読みは「しゃうきゃう」である。「しゃ」や「きゃ」を拗音というが、古代日本語には拗音だけでなく、促音（っ）や撥音（ん）もなかった。このため、これらの音をもつ語彙は中国語のように発音されていた。しかし、平安時代になると、次第に日本語の音韻になじむようになり、初夜をそや、病者をぼうざというように拗音を直音に変え、発音しやすい形で定着させた。ただし、沖森（2017）によれば、サ行拗音は日本語本来の「さ（ʃa）、す（ʃu）、そ（ʃo）」と同じものだったので、直音化する必要はなく、そのまま直音で発音できたとされる。『悉曇初心抄』では拗音に対応する直音（拗音、促音、撥音以外の音）を示しているが、「きゃ」に対応する直音は「か」なので（正智房, 1604；沖森, 2017）、「しゃうかう」は「しゃうきゃう」が直音化したものと考えられる。山田（1940）は、ショウガは「しゃうかう」が訛略して（う音が脱落して変化したの意か）、「しやうが」になったと述べている。なお、「しやう」も拗音であるが、迫野（1968）は御物本更級日記のヤ行を用いた拗音仮名書きの例として「すいしやう（水晶）」など 4 例、またキヨウ・シヨウのようにイ段の仮名＋ヨウで表されるものとして「けう（興）、れうせられは（揆）、けんそう（顕證）」があるとした上で、「けんそう（顕證）の一例は、サ行の直音化表記の例で周知の如く平安時代の仮名文に普通に見られたものである[。]或いはこれは更級日記成立時の表記を留めているのかも知れない」と記している。これを踏まえて考えると、生薑は平安時代には「しやうかう」あるいは「そうかう」と表記され、「ショウカウ」と読まれていたが、「下学集」

の時代になると、「しやうかう」と表記されるようになったと考えられる。

　大槻（1889）は『言海』の凡例において、漢字を「和漢通用字、漢ノ通用字」と「和ノ通用字」に区分し、後者として辻、峠のような国字と杜若のような誤用字を挙げ、語釈によって、それらに相当する字句（十字街、燕子花）を掲げると記している。そこで、さんせう（山椒）を『言海』で引いてみると、見出し語に続く山椒の字には和の通用字、文末に掲げられた秦椒の字には漢ノ通用字の印があるので、大槻（1889）は山椒を和製漢語とみていたと思われる。サンショウに相当すると思われる植物として、『和名抄』では蜀椒、『本草和名』では蜀椒、秦椒の二種が挙げられている。Fengら（2016）によれば、中国におけるサンショウ属（*Zanthoxylum*）の栽培種としては、カホクザンショウ（*Z. bungeanum* Maxim.）とトウフザンショウ（*Z. armatum* DC.）の二種が重要で、ともに貴州省、雲南省に起源があり、前者はその後、中国全土に分布したのに対し、後者は北西部に分布したとされる。これら二種のうちトウフザンショウの変種であるフユザンショウ（*Z. armatum* DC. var. *subtrifoliatum*（Franch.）Kitam.）はわが国の関東以西の山野に自生するが、カホクザンショウは、わが国にはない。北村（1985）は、秦椒、蜀椒にカホクザンショウを当て、崖椒にフユザンショウを当てている。現在、わが国でサンショウと呼ばれているのは別種の *Z. piperitum*（L.）DC. で、『農業全書』では、但馬の朝倉地区で生まれ、品質の優れた品種（アサクラザンショウ）を蜀椒、普通のサンショウを秦椒としている（宮崎, 1936）。『和漢三才図会』巻之八十九、朝倉椒の項には、「蜀椒不ㇾ華結ㇾ子，朝倉椒有ㇾ花亦無ㇾ針（蜀椒は花を開かず実を結ぶ。アサクラザンショウは花が咲き、また枝に棘がない。）」と、蜀椒との違いが記されている。また、秦椒に「さんしやう」のフリガナ、冬山椒の項に「此秦椒之別種也」との記載があり、普通のサンショウを秦椒、フユザンショウを秦椒の別種としている。平安時代末期〜鎌倉時代にかけて和製漢語が作られるようになったことは既述したが、山椒の語は『下学集』以降見られるようになるので、この頃、蜀椒、秦椒などの総称として山椒という和製漢語が使われるようになったものと思われる（第41表）。しかし、二条大路から出土した天平8年（736）6月27日付の木簡には「山桝一升」と記載されており、山に生える椒（蜀椒、秦椒）という意味で山椒という語

は古くから使われていた可能性も考えられるが、これについては、よく分からない。なお、『日本書紀』斉明二年に「山椒埋矣」とあるが、この「山椒」は山の頂の意味で、宋代の詩人、謝壮の月賦にも「菊散芳於山椒（菊は芳香を山頂に散らし）」と詠われている（神田喜一郎, 1949）。

　呼名の変化には、漢名あるいは和製漢語の読み方に変わったものの他に音韻変化によるものがある。その一つがニラで、『和名抄』では「こみら」と呼ばれていたが、『類聚名義抄』には「こみら」、「にら」の両方の呼び名が見られるようになる。ミラ mira がニラ nira に変化したのは、音感の近似した音韻の交代（鼻音と鼻音の交替による音韻相通の一つ）が起こったことによるとされ（金田一, 1963）、他に蜷（ミナ→ニナ）、零余子（ムカゴ→ヌカゴ）、終日（ヒネモス→ヒメモス）などの例が指摘されている。音韻相通とは、五十音図の縦列（五音）、横列（同じ段）の音同士が交代しても意味が通じるとみなすことであるが、前者を五音相通、後者を同韻相通として区別される（山田, 1943）。

　和製漢語を含む漢名の音読によるものか、音韻交代によるものか、はっきりしない例としてミョウガがある。橋本（1980）によると、平安時代になって漢語の使用が増えると、他音の下にイ音やウ音の来る語彙が多くなったが、このうち、ウ音は直前の音の影響を受け、① ou が ō に、② eu が yō、またはその前の子音と共に拗長音（-yō）、③ au → ao → ō（o の長音）、④ i が u と合体してヤ行長音または拗長音（iu → yū または -yū）となった。なお、①、② の変化は鎌倉時代に完成し、② によって出来たショー、ミョー、リョーなどの音と ① によって出来た拗長音のショウ、ミョウ、リョウは全く同音になった。また、②、④の音変化によって、直音であったものが新たに拗音となった。さらに、平安時代には、音便といわれる音変化（主としてイ段、ウ段に属する音がイ・ウ・ンまたは促音に変化すること）が起こったことも指摘されており（橋本, 1980）、ウ音便の中には辨（マウケ）や与宇佐利登利（ヨウサリトリ）など、ウ音の挿入と思われるものもあるとされる（肥爪, 2010）。以上から考えると、ミョウガは「めが」にウが挿入して「めうが」となり、さらに eu がヤ行拗長音（-yō）となって「みやうが」と呼ばれるようになったのではないかと考えられる。「みやうが」の呼び名が見られるよ

うになるのは 1144～1181 年に成立した『色葉字類抄』（橘, 1926）が初めであるが、eu と jou［yō］の混乱は 11 世紀頃から見えはじめるとされる（沖森, 2017）。ただ、『色葉字類抄』およびそれ以前の辞書に「めうが」という途中経過の呼び名が見られない点は釈然としない。ところで、新井白石（1903）は、理由を挙げていないが、『東雅』において、「メガとは茗荷の字の音を呼ぶなりといふ．然るべしとも思はれず（ミョウガは蘘荷を音読したものと言われているが、そうとは思えない）」と述べている。しかし、『字鏡集』には蘘の呉音として「によう」が挙げられており、「にやうか」という読みが「みやうか」に転訛した可能性（前述した「ヒネモス」から「ヒメモス」の変化で見たように、同韻相通で「n」が「m」に変化した可能性）も否定できない。

コエンドロやウイキョウ（懐香）のように野菜としては古くから利用されていたが、一般にあまり馴染みのなかったものについてみると、コエンドロは 16 世紀にポルトガル人など、ウイキョウは 15 世紀に中国人などによって再度わが国にもたらされ、それぞれポルトガル語由来の名前と中国語の茴香（唐音でウイキョウという）という呼び名に変わったのである。なお、ラッキョウは「おほみら」とよばれていたが、ラッキョウに近い呼び名が現れるのは『親民鑑月集』で、五辛之類に「らんきやう〈ニラ也, ニンニク片云〉（ラッキョウ。ニラのこと、ニンニク片をいう。）」との記述が見られる。貝原（1714）は、『菜譜』で「薤（ガイ）一名藠（ケウ）子俗にらつけうと云は辣藠（ラッケウ）の字なるべし（薤は一名藠子という。俗にラッキョウというのは辣藠の字に由来するのであろう）」と記しており、『言海』も「らつきよう、薤」を「辣韭の轉（辣韭が変化した）」としている（大槻, 1891）。しかし、『菜譜』の記述は、「らつけう」という呼び名から辣藠という漢字を類推したというふうに読み取れるので、辣藠、辣韭の音読によってラッキョウという呼び名になったか、どうかは判然としない。

上述したように、平安時代におけるサ行子音は［ʃ］であり、さすそはシャ［ʃa］、シュ［ʃu］、ショ［ʃo］、し、せはシ［ʃi］、シェ［ʃe］と発音されていた。これと関連して、『和名抄』の漢名が現在の漢字表記と同じで、大和言葉の呼称も現在の呼称に似ているチシャの発音の変遷について説明しておきたい。チシャは『類聚名義抄』では萵にチサ、苣にチシヤ、『色葉字類抄』では萵苣、苣にチサ、『字鏡集』では萵にチシャ、苣にチサ、下学集では苣

にチサ、チシャのフリガナが付けられている。『日葡辞書』でも Chixa（チシャ）と表記されている。青葉（1983）は、「平安時代の終り頃からチサが訛ってチシャと呼ぶようになったらしい」と記しているが、上述の点から考えると、仮名表記は別にして、発音そのものは『和名抄』以来、少なくとも 16 世紀末まではチシャと発音されてきたと思われる。江戸時代の農書、本草書ではチサと表記されているが、『本草綱目啓蒙』巻之二十三の萵苣の項には「チサ〈和名鈔〉，チシャ〈今名〉」と記されており、『和名抄』に従ってチサと表記したもののチシャと呼ぶことが多かったのではないかと考えられる。

5. 7、8世紀の中国では、どのような野菜を苣と呼んでいたのか？

　『本草和名』には、苣に関して「牛肚苣〈葉大〉索苣〈葉薄〉白苣〈似蔓菁已上二名出蘇敬注〉…和名多加奈（葉が大きい牛肚苣、葉の薄い索苣、蔓菁に似た白苣があり、これらは蘇敬の注した『新修本草』に出ている。…和名はタカナ）」の記述があるに過ぎず、これだけでは苣がどのような野菜か、よく分からない（深江, 1796）。そこで、引用元の『新修本草』を見てみると、その十八巻、蕪菁の項に「謹案，蕪菁北人又□蔓菁，根，葉及子，乃是苣類（思うに、北方の地に住む人は蕪菁を蔓菁、蔓菁根、蔓菁葉（菜か）、蔓菁子などと言う。これは苣の類である；『本草綱目』に引用された文によれば欠字は名、乃は皆になっている）」、また苣の項に「菜中有苣，最爲恒食性和人无餘逆忤，今人多食（菜の一つに苣がある。これは最も普通に食される菜で、その性質は温和で、穏やかで、今の世の人に多食される。）」との記述がある（李ら, 1889）。さらに、「苣菜不生北土，有人□子北種，物一年半爲蕪菁，二年苣種都絕，將蕪菁子南種，亦二年都變（苣は北方の地にはない。北地でこの種を育てると、初めの 1 年で半分はカブとなるが、二年目には途絶えてしまう。カブを南で栽培すると、やはり 2 年ですべて変わってしまう；物一年は、『本草綱目』の引用では初一年になっている）」との記述がある。しかし、李時珍（1590）は『本草綱目』第二十六巻苣の正誤で、「北土無苣者，自唐以前或然，近則白苣、紫苣南北通有，惟南

5. 7、8世紀の中国では、どのような野菜を菘と呼んでいたのか？

<u>土不種蔓菁種之亦易生也</u>（菘が北方の地にないというのは唐代以前については当てはまるが、現在では白菘も紫菘も南方、北方の地ともにある。ただ、南方の地ではカブを栽培しない。しかし、播種すれば、栽培は容易である）」、また、蕪菁の集解で「蔓菁是芥屬（カブはカラシの類である）と記し、『新修本草』の記述を正している。さらに、「菘性凌冬晩凋，四時常見，有松之操，故曰菘．今俗謂之白菜，其色青白也（菘は冬の寒さに耐え、萎れないので、一年中いつでも［畑で］見ることができる。そうした特性は松のようなので、菘という。今俗にいう白菜のことで、［葉は］緑白色である。）」、「菘有三種，牛肚菘葉最大厚味甘，紫菘葉薄細味少苦，白菘似蔓菁也（菘には三種類ある。牛肚菘は葉が最大で厚く、味は甘い。紫菘は葉が薄く細く少し苦味がある。白菘はカブに似ている。）」、「白菘，即白菜也．牛肚菘，即最肥大者，紫菘即蘆菔也，開紫花，故曰紫菘（白菘は白菜、牛肚菘は最も肥大するもの、紫菘は蘆菔のことで、紫の花を着けるので、紫菘という）」と述べ、白菘とは白菜のことで、紫菘と呼ばれるものはダイコンのことであるとしている。杉山（1995）は、ツケナ類トウナの説明の中で「中国で菘と云う名称は、もともとこの葉柄の幅の広い、ハクサイの類に対してつけられたものである」と述べているが、中国の本草書には菘を白菘に限定する記述は見当たらないので、菘は牛肚菘、紫菘を含めた呼び名であったと考えた方がよいであろう。

　ところで、既に述べたように『本草和名』、『新撰字鏡』では菘の和名をタカナとしている。また、『和名抄』の辛芥の項には、「方言云趙魏之間謂蕪菁爲大芥，小者謂之辛芥〈音介，和名多加奈〉（『方言』によれば［豊は蕪菁のことで］趙と魏の間ではカブのことを大芥、小さなカブを辛芥という。音は介、和名はタカナ）」との記述がある（源，1617）。『方言』とは楊雄が前漢時代の各地の方言を纏めた書であるが（王謨，1791）、これによれば、辛芥（タカナ）もカブの一種ということになる。また、江戸時代の本草書『成形図説』巻之二十一の安袁奈の項でも『和名抄』、『本草和名』、『方言』を引用して、「古の時に多加奈と云ものは即菘類にして芥葉の輩にあらず（昔、タカナと呼んだものは菘の類で、カラシナの類ではない）」（曽槃ら，文化年間）と、記されている。以上からすると、わが国では『本草綱目』伝来以降も蕪菁を菘類とする『新修本草』の見解が受け継がれ、また『和名抄』の時代には蕪菁の一

種がタカナと呼ばれていたと考えられる。

6. ククタチ（茎立）とウンダイ（薹臺）の関係

　『和名抄』では巻第十六、菜蔬類の蕪の項に「和名久々太知，俗用茎立二字（和名ククタチ、俗に茎立の二字で示される）」とあり、蔓菁苗のことであると説明されている（源，1617）。蕪を蔓菁としたのは、『本草和名』の蕪菁の項で「蕪菁一名蕪〈陳楚名也〉（［カブ］一名蔓菁あるいは陳楚では蕪という）」（深江，1796）、さらには、前漢の揚雄が『方言』巻三で、蕪について「蕪菁也，陳楚之郊謂之蕪，魯齊之郊謂之蕘，關之東西謂之蕪菁（カブナのことである。陳や楚［の国］では蕪といい、魯や斉［の国］では蕘、［函谷］関の東西ではカブという）」と記載していることによるのであろう（王謨，1791）。『和名抄』で「俗用茎立二字」と表記されていることからみると、ククタチとは抽苔して花茎が伸び出したカブのことを指しているものと推察されるが、抽苔との関連が明記されるのは 17 世紀に出版された『本朝食鑑』が初めである（人見，1697）。ところで、カブと同じ種（*Brassica rapa* L.）の中には抽苔した花茎を食用にするもの（『和名抄』、『本草和名』の芸薹）がある。16 世紀の中国の本草書である『本草綱目』第二十六巻には、芸薹について「此菜易起薹，須采其薹食，則分枝必多，故名薹薹，而淮人謂之薹芥，即今油菜，爲其子可榨油也（この菜は抽苔を起こしやすいので、その薹を摘み取って食べるべきである。そうすることによって必然的に分枝が多くなる。そのため薹薹の名があり、淮の人は薹芥ともいう。現在のアブラナのことで、その種子から油を搾ることができる）」と、花茎（薹）を食用にすることが記されている（李，1590）。17 世紀の農書『農業全書』巻三の油菜の項には、「其葉茎かぶらな，水なに同じ。能くこやしてもその根大きにはならず。又其味もおとれり。（その茎葉はカブやミズナと同じ。よく肥培しても根は太くならず、味も劣る。）」、「かぶらな、水なも皆其子に油あり。されども油菜の榮へ安くして子おほきにしかず。（カブもミズナも種子に油があるが、生育しやすく、種子も多いという点で［油料作物としては］アブラナには及ばない。）」と、茎葉は似ているが、根の大きさや種子量に違いがあることが指摘されている（宮崎，1936）。

　ところで、カブとアブラナのように、植物学的には同じ種であるが、種内に大きな変異が見られるものがある。そのような種では品種や系統を纏めて栽培品種群（グループ）として分類し、それぞれに国際栽培植物命名規約に基づく学名をつけるのが一般的である。第42表は『園芸学用語集・作物名編』に記載された *Brassica rapa* L. 群の和名と、それらの群について熊沢（1965）や永吉（1977）が記述する植物学的特徴を一覧にしたものである。和名のうち、＊を付けたククタチナ、キサラギナ、長崎白菜は『園芸学用語集・作物名編』にその名がないが（園芸学会, 2005）、熊沢（1965）はコマツナ類をククタチナ群とコマツナ群に分け、塌菜類をキサラギナ群とヒサゴナ群に細分しているので、これに従ってククタチ(ナ)、キサラギナを加えた。熊沢（1965）は、ククタチナを古来のククタチの「残党」で、古来のククタチからコマツナが生まれたと考えている。長崎白菜については、松村（1954）が「明治以前長崎に於いて輸入土着したもので黄葉の早生系と黒葉の晩生系に大別されるが、各地に広まって関東では縮緬白菜または唐菜」と呼ばれたとし、「葉部外展し、葉柄肥厚し、外葉は内葉と均質で全株利用に適する（地上部は外側に広がり、葉柄は肥厚し、また内外の葉は均質で、すべての葉を利用できる）」点でハクサイよりもヒサゴナに近く、莢の形もヒサゴナに類似していると述べている。熊沢（1965）は、「長崎白菜はいわゆる古来の唐菜であり、徳川時代恐らく長崎を経て中国から渡来したものであろう」と記しているが、ヒサゴナに類似しているという点を考慮して、長崎白菜をヒサゴナ群とハクサイ群の間に置いたものと思われる。

　永吉（1977）は、ツケナ類のわが国への伝来について「B.C. 900年以前、カブに近いと思われる'あおな'、クキタチナやハタケナにあたる'うんだい'、キョウナやミブナにあたる'みずな'が現われ、徳川時代に長崎ハクサイの原型である'トウナ'（唐菜）、ハクサイに属する'シログキナ'などが加わり、明治初年には'タイサイ'や'サントウサイ'が導入された。」と記している。永吉のこの考えに従えば、奈良・平安時代に利用されたカブ・ツケナ類（*Brassica rapa* L.）はアブラナ、コマツナ、ククタチ、キョウナ、カブの5群で、他は江戸時代または明治以降にわが国に伝来したものということになる。

第42表　カブ、ツケナ類（*Brassica rapa* L.）の分類

Group（群）	和名	特徴	別名
Oleifera	アブラナ	小型、ロゼットを作らず、早期に抽苔	畑菜
Perviridis	コマツナ	葉は長く、やや薄型。葉柄基部まで葉片か連続。直根がやや肥大する。	冬菜・鶯菜
	ククタチ*	葉には欠刻があり、肉質は粗剛。抽苔は遅い。	
Japonica	キョウナ	分げつ性が強く、細かく切れ込みを持つ葉を多数つけるものをミズナ、葉に切れ込みのないものをミブナという。	水菜
Chinensis	タイサイ	中国揚子江中・下流域で多く作られ、明治時代にわが国に導入された。	シャクシナ・チンゲンサイ・パクチョイ
Parachinensis	サイシン	タイサイに比べ、葉は細く、やや分げつして葉数が多い。抽苔した花茎を利用する。	コウタイサイ
Narinosa	ヒサゴナ	葉はへら形、葉柄は純白で肥厚する。昭和になって中国から導入された。	タアサイ・キサラギナ
	キサラギナ*	葉はさじ形で、縮緬状の皺がある。昭和に入って、わが国に導入された。	
	長崎シロナ*	葉は立つが、上方は開帳し、周縁部は外側にまくれ、表面は縮緬状となる。	唐菜
Pekinensis	ハクサイ	結球性、非結球性のものがある。明治8年にわが国に導入	
Rapifera	カブ	カブナは葉がよく成長し、根もかなり肥大する。	

*『園芸学用語集・作物名編』にはないが、熊沢（1965）の分類にしたがって加えた。

　貝原（1714）は、『菜譜』の蔓菁の項で「根は冬月にいたりて味よし．春は 菫 (クンタチ) を生す．菜中乃上品とす（根は冬になると味がよくなる．春には抽苔してククタチを生じる．菜の中でも品質の優れたものである。）」と記している．また、 菘 (ウキナ) の項では「種をまきたる所にそのまゝ置,しけきを早くはふき［省き］去もよし．味よき事，蔓菁にまされり．又飢饉を救ふによし．根葉茎ともに食す．但白朮蒼朮を服する人はいむへし．又ほし物として其葉も根も大根にまされり．正二月に 菫 (タウ、クンタチ) 出つ．味尤よし．たねをとるには茎をおるへからす．枝を去へし．京都の水菜味すくれたり．次に近江菜根大にして味よし．天王寺菜江戸菜なともよし．江戸菜は根長くして 蘿蔔 (ダイコン) に似たり（種を蒔き，そのままにして置く．葉が茂ってきたら早く収穫してもよい．味はカブナよりも優れる．また、救荒作物として役立つ．根、葉、茎を食べる．ただし、白朮、蒼朮を服用している人は食べるべきではない．また、乾燥すると、葉、根ともにダイコンより優れる．1、2月に薹立ちするが、薹は最も味がよい．種を採る場合には茎を折ってはいけない．［余分な］枝は間引くべきである．京都の水菜は味が優れており、次いで近江菜は根が大きく味もよい．天王寺菜、江戸菜などもよい．江戸菜は根が長く、ダイコンに似ている）」と、近江蕪、天王寺蕪とも呼ばれる近江菜、天王寺菜を菘とし、その薹をククタチと呼んでいる．小野蘭山を始め、江戸時代後期の本草学者の多くはククタチをアブラナ（蕓薹または芸薹）の薹に限定しているが、『農業全書』や『菜譜』の記述からすると、元来、ククタチは広くカブ・ツケナ類一般の薹を指す言葉として用いられていたのであろう．ただ、薹の利用を目的とするククタチ栽培には、カブ・ツケナ類の中でも抽苔しやすく、早く収穫することのできるアブラナ群が向いていると思われる（第42表）．また、東北などの寒冷地では耐寒性の強いククタチ群を使って早春に若い葉や薹を利用する栽培が行われていたようである（永吉, 1977；杉山, 1995）．

7. ゑぐはセリなのか、クログワイなのか？

　「ゑぐ」がどのような植物であるのかについては古くから議論がある．平安末期に成立した『万葉集抄』には万葉集1839番の歌の説明で「エクトハ

セリヲ云也．風土記ニ見タリ（ゑぐとはセリのことを言う．風土記［所属不明
の逸文］に記載がある）」とあり、古い時代から「ゑぐ」はセリと考えられて
いたと思われる（藤原盛方，江戸時代写）．しかし、12世紀後半の文治年間
（1185〜1190年）に成立した歌論書である『袖中抄』第十六には、「ゑく
とはショ女菱と書てゑことよめり．くとこと同音なり．花すはうにさく草の水辺
にある也．或はゑくとは芹を云と義あれと、六帖には芹のほかに別にゑくを
あけたり．但古き文はくはしくあきらめすして物の異名をもたたさす．名の
かはりたれば別にかける事もあれは一定にあらす．（「ゑぐ」とは女菱と書い
て「ゑご」と読む．「く」と「こ」は同音相通である．蘇芳色〈暗赤色〉の花が咲く．
草は水辺にある．あるいは、ゑぐをセリとする説もあるが、六帖和歌集にはゑぐ
とは別にセリを詠んでいる歌がある．ただし、古い時代の書物は詳しく解明する
ことをしないし、物の異名を調べることもしない．名前が変わってしまうと、別
のことを書く場合もあるので、一定しない．）」とセリ説への疑問が述べられて
いる（顕昭，1651）．なお、女菱とは、『本草綱目』には第十二巻、山草類の「菱
蕤」の釈名に女菱とあり、第十八巻、蔓草類に「女菱」の項がある．エグは
蔓草ではないと思うので、顕昭のいう女菱は山草類の菱蕤（『牧野日本植物
図鑑』によれば、ユリ科アマドコロの漢名）のことであろう．しかし、アマ
ドコロは「山野或ハ原野ニ生ズル多年性草本」であるという『牧野日本植物
図鑑』の説明からすると（牧野，1940）、エグをアマドコロとするには無理が
あると思われる．仙覚（1926）は13世紀に成立した『万葉集註釈』巻第六
において「エクトハ、芹ヲイフ」と明確にセリ説を採っている．また、13
世紀前半に、佐渡に配流された順徳天皇が著述した歌論書（『八雲御抄』）の
芹の項には「ゑく，せりつむ，はたもつむ，又恋心によむは有因縁，心に物
のかなはぬなり，祢，ふか，乃（セリはゑぐで、セリを摘む、畑セリも摘む．
また、恋心を詠ったものは、業によって思い通りにならないことを示す．［和歌に
用いられる語に］根セリ、深セリ、野セリがある）」との記述があり、「ゑぐ」
をセリと特定している（順徳天皇，写年未詳）．その後も多くの万葉学者は「ゑ
ぐ」＝セリ説を採っている．これは、地下にある塊茎を収穫するクログワイ
には摘むという語がふさわしくないと考えたためと思われる（廣瀬，1998）．
　これに対して、「ゑぐ」＝クログワイに似た植物説を唱えたのは賀茂真淵

が初めで、『万葉考』巻四において「ゑぐ」は「澤にもやま田にも生る物也、黒久和爲といふ物に似て、葉も根もいとちひさし、芋も黒からす、さてこれらをば蘭の類として、芋の味もゑぐゝ葉弱ければゑぐよわゐてふを略て、ゑぐわゐといひ、又 略（き）てゑぐとのみもいへり、是にはいふべき事多ければ、別記に擧たり（「ゑぐ」は沢にも山の田にも生えるもので、クログワイというものに似ているが、葉も根もクログワイに比べると、ずっと小さい。イモも黒くはない。これらはイグサの仲間で、イモは［クログワイと異なり］えぐく、葉は軟弱なので、「ゑぐよわゐ」という。これを略して「ゑぐわゐ」といい、また略して「ゑぐ」ともいう。これに関してはいうことが沢山あるので、『万葉考別記』でも取り上げた）」とし、さらに、「採の字はとるともつむとも，ことによりて訓り、是は葉を摘にあらず、浅き水の内に有を指もてつまみとれば，つむとも訓べし（採の字は場合によってとるとも、つむとも読む。葉を摘むのではなく、水底に浅く埋まったイモを指で摘みとるので、［ゑぐ掘りでなく，］ゑぐ摘みというのだ）」と説明している（賀茂, 1977）。その『万葉考別記』四には「和名抄芋類に、烏芋〈和名久和井〉、生_水中_澤瀉之類也、これは本艸にてはさても有べきを、和名を擧るときは先恵具和爲をいひて、次に烏芋〈俗久和井〉とこそかめ、此久を清ていふは後世の俗なり、且烏芋はゑぐからねど、葉も芋も似て 烏（クロ）ければ此名をつけし事しるし、又澤瀉はおもだかにて、其類に芋有のみ、是をもくわゐといふは、其芋かの恵具和爲、烏芋に似たるをもつて、いと後の俗の呼ぶ名也、和名抄は委しからぬ事多し（『和名抄』の芋類に烏芋、和名クワイ、水中に生え、オモダカの類とある。これは本草書ではよくあることだが、和名を挙げる時は先ず、エグワイと言い、次に烏芋、俗名クワイと書くべきところをこう書いたのである。この久を濁らずにクというのは後世の俗称である。さらに烏芋にえぐみはないが、葉、イモともに黒いので、この名を付けたのである。澤瀉はオモダカで、その類にはイモができるが、これもクワイというのはイモがエグワイ、烏芋に似ているから後世こう呼ぶようになったのである。『和名抄』には細かい点まで言及していないことが多い。)」との記述がある（賀茂, 1977）。『万葉考』と『別記』の記述からすると、真淵は「ゑぐ」をクログワイに似ているが、クログワイと異なり、イモに少しえぐみがある別種と考えていたと思われる。鹿持雅澄（かもちまさずみ）（1898）は『万葉集古義』で「恵具

は芹の類なり（ゑぐとセリとは同類である）」と述べ、この歌はゑぐの若菜を摘む歌であると説明している。しかし、その付録である『万葉集品物解』では、常陸で「ゑご」、上総武蔵では「よご」というオモダカに似たものがあり、また土佐ではゑぐ芋といい、沢辺に生え、根はクワイに似て白く、シュロの毛のようなもので包まれているものがあると説明し、「名義は未詳ならず（名前については未だ明らかになっていない）」と述べている（鹿持, 1891）。また、セリ、クログワイ説の他、北村季吟（1688）はゑぐを詠った万葉集1839番の歌の説明で、上記『袖中抄』の文章を引用した後、「俊頼朝臣はわかなをゑくとよめり（源俊頼朝臣はわかなをゑくと読んでいる）」とセリ説の他、若菜説を紹介している。季吟がこのように述べた根拠ははっきりしないが、恐らく、俊頼が藤原仲實へ七草祝いの菜を贈った時の歌「岡見河，む月に映る，ゑこの畦を，つみしなへても，そこの御爲そ（岡見河の一月の月に映えるゑぐの生えている田の畝で、あなたのために「ゑぐ」を摘みました。;〈しなす〉は言海によれば、為す〈スル、ナス〉の意とされる）」と仲實の返歌「心さし深きみたにゝ，つみためて，いしみゆすりて，洗ふね芹そ（あなたに贈ろうと、深い谷に摘みためておいた根ぜりを笊を揺すって洗いました）」という『散木奇歌集』（塙, 1954 a）の和歌を根拠にしていると思われる。現在ではクログワイ説がほぼ定説となっているとされるが（中根, 2001）、『袖中抄』の記述からみても、平安末期には既に「ゑぐ」が何かが分からなくなっていたようである。

8. 蘇良自ニンジン説について

『大日本古文書（編年）』十六巻の「造金堂所解案」には「冊八文買蘇良自三圍直〈圍別十六文〉（48文で蘇良自3圍を購入した。1圍16文）」と、市場で蘇良自を購入したとの記録がある。関根（1969）は、これを『和名抄』巻二十、草類の薰本の項に「和名，佐々波曽良之，一云，曽良之（和名ササハソラシ、一名ソラシ）」と記された植物のことで、薰本はセリ科のカサモチに比定されていると記している。『本草和名』第八巻では「和名，加佐毛知，一名，佐波曽良之（和名カサモチ、一名サハソラシ）」と、薰本の和名として

カサモチを挙げている（深江, 1796）。しかし、牧野（1940）は『牧野日本植物図鑑』のカサモチの項で漢名の蒿本は誤用であるとしている。

ところで、『古名録』巻第三十八、蘇良自の項には「新撰字鏡曰、菥。女加反、蘴茹、曽良自。芟、曽良自○按字典曰、菥。按、藷菥本作_藷蓁_、見_蓁字註_。又蓁字註曰、爾雅釋草、蘮蒘竊衣、註、似レ芹可レ食。子大如レ麥著_人衣_。（『新撰字鏡』に見られる菥という字は ná と発音し、蘴茹、和名、ソラシのことである。また、芟という字にもソラシとの説明がある。字典では菥と言っている。思うに、藷菥はもともと藷蓁と記した。蓁の字を［康煕字典で］調べてみると、その字註には『爾雅』釋草編の蘮蓁、竊衣［和名ヤブジラミ］のことで、［爾雅］註にセリに似て食べることができ、種子の大きさは大麦程度で、衣服にくっつく［と説明されている］；『康煕字典』で蘮蒘竊衣は菥ではなく、蓁の字になっている。また、芟はどのような植物か不明」等の記述を引用しながらも、「又藥本佐波曽良之〈古ヨリ救荒本草所レ載野胡蘿蔔ヲ藥本トス〉ト云ヲ以テ考レバ、曽良自ハ胡蘿蔔也（また、藥本［和名］サハソラシが古くから『救荒本草』に掲載されるノラニンジンに比定されていることから考えて、ソラシはニンジンである。）」と断じている（畔田, 1934 - 1937）。さらに、畔田（1934 - 1937）は、『駿河風土記』の鳥渡郡西島に胡蘿蔔［江戸時代の写本（DOI, 10 . 11501 / 2539757）には蔔の字なし］牛房を産するとの記載があることを挙げ、わが国では古くからニンジンが栽培されていた証しとしているが、古島（1975）によれば、『駿河国風土記』は江戸時代の偽書とされる。また、畔田（写年未詳）自身、『救荒本草紀聞』巻之六の野胡蘿蔔（ヤブニンジン）の項で「是ヲ誤テ藥本ト云非ナリ（これを藥本というのは間違いである）」と記している。『牧野日本植物図鑑』のヤブニンジン（一名ナガジラミ）の項には、野胡蘿蔔はニンジンの野生品（ノラニンジン）のことで、ヤブニンジンの漢名ではないと記されており、ニンジン（*Daucus carota* L. ssp. *sativus* (Hoffm.) Arcang.）の項では「野ニ生ズル者ヲのらにんじん（*D. Carota* L.）ト云フ、城州・攝州・播州邊ニ之ヲ見ル、畢竟圃品ノ逸出シテ自生化シタル者ナリ（野に自生しているものをノラニンジンという。京都、大阪、兵庫辺りで見かける。これは畑で栽培されていたものが逸出し、野生化したものである）」と、野生化したニンジンの存在が記されている（牧野, 1940）。ニンジンの中国への渡来

は元代（13～14世紀）のこととされ（李, 1590）、わが国へ渡来したのはそ
れ以降と思われるので、『正倉院文書』や『延喜式』で蘇良自と呼ばれてい
る野菜が野生化したニンジンであるはずがない。

　伊藤（1837）は、天保の飢饉がピークを迎えた天保8年に、飢饉に際して
利用できる植物の和名、漢名、諸国の方言、利用部位、料理法などを纏めた
一枚刷りの『救荒食物便覧』を作成したが、その中に「のにんじん，竊衣，
一名やぶにんじん，苗」との記述がある。また、太平洋戦争の戦況が悪化し、
食料不足がより深刻化した昭和19年（1944）に出版された『戦時国民栄養
問題』には、昭和初めの北海道、東北地方の飢饉の際に作成された救荒食品
の一覧表が転載されているが、そこに「野人参（やぶじらみ），葉と根，茹
でる」との記載がある（原と早川, 1944）。以上述べたことからすると、ヤブ
ジラミ（*Torilis japonica*（Houtt.）DC.）とヤブニンジン（*Osmorhiza aristata*
（Thunb.）Rydb.）は救荒作物として利用された野草であるが、これらが蘇良
自という名で、奈良、平安時代に野菜として利用されていた可能性を考えて
もよいのではなかろうか。

9.『本草和名』の布都久佐はフダンソウか？

　12世紀頃に成立したとされる漢和辞書、『類聚名義抄』には【艸㢝】（恭）
の字のところに「⊥［字音の略号］甜－菜」と書かれているが、訓はない（菅
原, 1937）。『本草和名』に次いで、わが国の文献に「蒜菜（あるいは【艸㢝】
菜）、和名布都久佐」が現れるのは、13世紀に成立した『本草色葉抄』天部
の菜部（惟宗, 1968）、さらに1612年に著述された『多識篇』である（林,
1649）。『多識篇』は、儒学者の林羅山が『本草綱目』を読解するために見出
し語に和名と異名を付した書である。その『本草綱目』第二十七巻、菜之二
の蒜菜の項には「併入嘉祐碁蓬菜（『嘉祐本草』の碁蓬菜を蒜菜の項に併合した）」、
「其葉青白色，似白菾菜葉而短，茎亦相類，但差小耳（葉は緑白色で、白菜に
似て短い。茎も同様で、その差は僅かである；茎が短いとの記述は、葉が地際部
から叢生している状態の植物〈ロゼット型〉であることを示す。）」、「四月開細白花，
結實狀如茱萸，梂而輕虛，土黄色，內有細子（［二月に播種をすると］四月に［花

被の］細い白い花を開き、結実した状態はサンシュユのようである。果実は軽く
空ろで、黄土色、内に小さな種子がある；ここに言う茱萸はグミ科のグミのこと
ではなく、ミズキ科のサンシュユの開花時の状態を念頭においていると思われる)」
という蓊菜（莙蓬菜）の記述はフダンソウの特徴を表している。しかし、唐
の陳藏器が739年に撰した『本草拾遺』では、菜部中品の蓊菜には解熱作用
や血を止め、傷を早く治す作用（主冷熱痢，又止血生肌）があるのに対し、菜
部下品の莙蓬には腹やそれ以下の部分の具合や脾の生理機能を整え、頭痛を
取除き、五臓を益するが、気味は冷なので、多食するべきでない（補中下氣,
理脾氣，去頭鳳，利五蔵，冷氣，不可多食，動氣［動気の意は不明]）と異なる
効能が記されている（陳，江戸時代写）。また、11世紀の『嘉裕本草』（掌，
2009）にも、蓊菜と莙蓬、両方の記載があり、蓊菜の項では「［謹案］此蓊
菜似升麻苗，南人蒸炮［【艹圭】］又作羹食之，亦大香味［之］也（考えるに、
この菜はサラシナショウマの苗に似ている。南方の人たちはこれを蒸し焼きにす
るか、羹にして食べるが、大変美味しい；『新修本草』の原文には［　］内の文字
があり、下線の文字がない)」という『新修本草』の説明が引用されている。
一方、莙蓬の項では『本草拾遺』の記述が引用されている。さらに、11世
紀末に成立した『重修政和経史証類備用本草』巻二十八の蓊菜の項には「蜀
本圖經云高三四尺莖若蒴藋有細稜夏盛冬枯（『蜀本図経』によれば、高さは0.9
～1.2 mで、茎にはスイカズラ科［APG分類体系ではレンブクソウ科］のソクズの
ように隆起した線がある。夏に茂り、冬には枯れる。)」、また巻二十九の馬芹子
の項には「唐本注云，生水澤傍．苗似鬼鍼蓊菜等（唐本注によれば、湿地に生
え、苗は［キク科］のセンダングサ、あるいは蓊菜などに似ている)」との説明
がある（唐慎微, 1523）。一方、14世紀に成立した『飲膳正要』には、「莙蓬菜」
としてホウレンソウに似たロゼット型の植物が図示されている（忽思慧,
1782）。これらの記述からすると、14～16世紀には蓊菜、莙蓬がフダンソウ
のことを指していたと思われる。しかし、8～12世紀の中国の本草書では蓊
菜と莙蓬は別種として扱われており、また蓊菜に似ているとされた植物はロ
ゼット型の植物ではない。したがって、『本草和名』で蓊菜に比定されたフ
ツクサもフダンソウではないと考えた方がよいと思う。白井（1929）も
「和名抄にフツクサと訓するもの果して今日のフダンサウナリヤ否詳ならず

（本草和名でフツクサという和名で呼ばれているものが、今日のフダンソウかどうかは不明である；白井は『和名抄』としているが、『本草和名』の誤りであろう）」と記している。

10 . スイカとホウレンソウは何時頃、わが国に渡来したのか？

　中国におけるスイカの初出は天暦年間（1328～30）に呉瑞によって撰述された『家傳日用本草』で、巻之六西瓜の項に「色如青玉，子如金色，或黒麻色，北地多有之，契丹破回紇，得此種，以牛糞覆而種之，大圓如匏（色は青玉のようで、種子は金色あるいは黒麻色で、北方の地に多く、契丹がウイグルを破って、この種子を入手し［、栽培するようになっ］た。牛糞で種子を覆うと、大きな丸形のヒサゴのような果実ができる；黒麻は黒胡麻のことか）」との記述がある（呉瑞, 1525）。この記述がいつ頃のことを指しているのかは不明であるが、『遼史』によれば、聖宗の時代に少なくとも三度（1008、1010、1026 年）ウイグル（回紇）を征討している（托克托, 出版年未詳）。したがって、『家傳日用本草』の記述が正しければ、遅くとも聖宗の時代（11 世紀始め）には中国北部（現在の北京を含む燕雲十六州）に導入されていたことになる。

　わが国でスイカが栽培されるようになった時代については、室町時代初期よりも早いとする説と 17 世紀になってからだとする説がある。前者については、室町時代初期（南北朝時代）の臨済僧、義堂周信（1696）の『空華集』に「和西瓜詩（西瓜の詩を和す）」という七言絶句があり、「西瓜今見生▢東海▢，剖破猶含▢玉露濃▢，種性不▨同▢江北枳▢，益▨人強似▨麦門冬▢（スイカは今、わが国でも栽培されるようになった。割ってみると甘い果汁が含まれており、場所が変わっても、その特性は維持される。麦門冬のように人には有益なものである；種性不同江北枳は『周禮』巻十一の「橘踰淮而北爲枳〈橘は淮河を越えて北に行くとカラタチになる〉」を引用したもので、その性質はタチバナとカラタチのように土地によって変化するものではないという意〈鄭玄, 江戸時代〉）」と西瓜が詠われていることが根拠とされている。したがって、どの程度一般になじみがあったかは別にして、14 世紀中頃にはスイカはわが国に渡来していた可能性がある。

10. スイカとホウレンソウは何時頃、わが国に渡来したのか？

17世紀渡来説については、『百姓伝記』では正保年間（1644〜48）に南蛮国から（古島, 2001)、『農業全書』では寛永の末（1640年代初め）に渡来（宮崎, 1936)、『和漢三才図会』巻第九十では慶安（1648〜1652）の頃に（正しくは承応3年〈1654〉とされる）黄檗宗の隠元が中国から持ってきたとしている（寺島, 1824)。また、『武江年表』寛永4年（1627）の項に「新羅より琉球へ渡りし西瓜の種、薩州へ始て渡る（新羅から琉球へ渡来したスイカの種子が初めて薩摩に渡来した）」に続いて、其角（1719）の『類柑子』の「卅年来のはやりもの」という記述を引いて「三十年来のはやり物とあれは江戸にては万治・寛文の頃より行れしなるへし（三十年以前から流行っているとのことなので、江戸では［類柑子が刊行された宝永4年〈1707年〉から30年以上遡った］万治・寛文の頃〈西暦でいうと1658〜1673年〉から流行するようになったのであろう）」と述べている（斎藤, 1849 - 1850)。しかし、1603年に刊行された『日葡辞書』にはスイクワの項があり、その編集作業は16世紀後半に始まっていたので（土井ら, 1980)、その頃から日本で利用されていたことは確かである。なお、『大和本草』巻八の西瓜の項には「寛永年中初自_異邦_来，義堂後小松院時人，此時西瓜未レ可レ有不レ知，以_何物_稱レ之乎，若ハ古アリテ其種亾テ近年又来レルヤ，イフカシ（寛永年間に始めて外国から渡来した。義堂は後小松天皇の時代の人で、当時、スイカは未だなかったので何を西瓜と呼んだのであろうか。もしくは、昔あったが失われ、近年また渡来したというのであろうか。不審なことだ；亾は亡の古い字形）」と述べているが（貝原, 1709)、複数回にわたって渡来したというのが実態に近いのかもしれない。

中国の文献におけるホウレンソウの初出は、9世紀に成立した『劉賓客嘉話録』で、「菜之菠棱者，本西國中，有僧將其子來，如苜蓿蒲陶，因張騫而至也（菠薐という菜は西域にあり、ある僧が［そこから］種を中国にもたらしたもので、ウマゴヤシやブドウと同じである；因張騫而至也の意味不明、張騫によってもたらされたという意味か）」と記されている（韋絢, 出版年不明)。また、10世紀に成立した『唐會要』巻百に貞観21年（647年）に尼婆邏国（ネパール）の遣使が唐に波稜菜と渾提葱を献上したとの記載があり（王溥, 1884)、これを引用する形で『本草綱目』巻二十七の菠薐の項で、李時珍（1590）は「唐會要云，太宗時尼波羅國獻波棱菜，類紅藍，實如蒺藜，火熟之能益食味，

即此也（『唐會要』によれば、太宗の時代にネパールからホウレンソウが献上された。紅藍の類で、果実はハマビシに似ている。加熱すると食味がよくなる。これはホウレンソウのことである）」と記している。元代（1271〜1368）に成立したとされる『居家必用事類全集』庚集の飲食類の素食には七寶餡と帯汁醎豉という菠菜（ホウレンソウ）を使った二つの料理が紹介されている（著者未詳, 1673）。また、1330 年に出版された『飲膳正要』巻第三巻の菜品には波薐菜が図入りで説明されており、中国では遅くとも 14 世紀には一定程度、普及していたと思われる（忽, 1782）。

　わが国への渡来について、熊沢（1965）は、7 世紀に中国華北へ渡来したが、わが国へは「はるかに遅れて中国より伝わり 300 年前に初めて記載をみる」と記している（300 年前としたのは、1631 年に成立した『多識篇』から計算してということと思われる）。現在では、『多識篇』をホウレンソウの初出とする説が広く流布しているが、鎌倉時代の本草書である『本草色葉抄』の波部の菜部には「菠薐〈仝廿九, 利五臓, 通腸胃〉（ホウレンソウ、證類本草 29 巻に出ている。五臓のためになり、腸胃の働きをよくする）」とあり（惟宗, 1968）、これが初出と思われる。しかし、その後は『多識篇』までホウレンソウの記述はなく、『日葡辞書』にもホウレンソウは見当たらない。ホウレンソウの栽培、利用についての記述が見られるのは 17 世紀前半になってからで、『親民鑑月集』にはフダンソウ（夏菜）とともにホウレンソウ（蒡蓮草）の記述があり（松浦, 成立年未詳）、『料理物語』にもホウレンソウの料理が紹介されている（著者未詳, 1643）。したがって、わが国でホウレンソウの栽培、利用が一般的になるのは 17 世紀初め以降ことであると思われる。しかし、中国からの渡来に数百年かかったと考えるよりは、14〜16 世紀に何度か渡来したものの一般に普及するまでには至らなかったと考える方が穏当であろう。

11.『催馬楽』の「をふふき」はフキなのか？

　近江路の，篠の小蕗，早引かず
　子持ち，待ち痩せぬらむ，篠の小蕗や，さきむだちや
　（近江路の篠に生えている小さなフキをはやく取りに行かないと。私の来るのを

待ち焦がれて痩せてしまっているかも。篠の小蕗は。さきむだちや。；子持ちは合いの手、さきむだちは囃し詞とされる）

　この歌の「篠のをふふき」とは小さなフキのことで、乙女に譬えたものと言われている（廣瀬, 1998；木村, 2006）。しかし、放っておくと待ち焦がれて痩せるのは乙女であり、一方、放っておかれたフキは組織が粗剛になってしまうので、そうならない前に収穫すべきとされる（柘植, 1926）。したがって、「をふふき」を小蕗に比定すると、乙女（＝フキ）が待ち焦がれて痩せると表現したことは適切だったのだろうかという疑問が生じる。

　一条兼良（1668 a）は『梁塵愚案鈔』下巻で「愚案しののをふふきは秋吹風のはけしきを云. 野分なとの類也. はやひかすははやふかす也. 五音の相通也. こもちは子を持たる女也. まちやとぬらん, 待てやねぬらんと云心也（思うに、しののをふふきは秋に吹く風の激しいことを言う。野分などのことである。はやひかずは、早く風が止まないかなということである。［ひかずとふかずは］五音の相通である。こもちは子を持つ女のこと。まちやとぬらんは待って寝ているだろうという意である）」と述べている。賀茂真淵（写年未詳）は『催馬楽考』で「しののをふふきは篠吹風のはけしき也. 雪ませに吹をいへり. はやは者よにて上へつづく言葉. ひかすはふかす也. こもちはこもりの誤. まちはましの誤なるへし. こは近江なる女の歌なり. それかもとへかよふきんたちそのあふみ路の篠原にふふきの吹すもかな, ふふきにこもりましやしぬらむ此ころおとつれ絶たりと云なるへし. （しののをふぶきは篠に吹く風が激しく、雪交りであることを言う。はやは者だで上に続く言葉、ひかずは吹かないこと、こもちはこもりの誤り、まちはましの誤りである。これは近江の女の歌で、その許に通う公達が近江の篠原で吹雪にならないといいなとの願いもかなわず［吹雪に遭遇し］、身動きがとれなくなって死んでしまったのだろうか。この頃は訪れることもないということだ）」と述べている。このように歌の解釈は異なるが、兼良も真淵も「をふふき」を吹雪と解している。

12. アコダウリはカボチャか、それとも小型のマクワウリか？

　アコダウリ（紅南瓜）は苦瓜、甘瓜、生瓢とともに『梁塵秘抄』に詠われているウリ科の果実である。古い時代の野菜を比定する上で、江戸時代に執筆された本草書は重要な手がかりを与えてくれるが、アコダウリの場合には、それらの本草書を利用することはできない。というのは、『成形図説』巻之二十七、安古太瓜の項で「安古太瓜てふは本邦の産にてありしを後に南瓜の渡り来し後は此ものを混れて西州にてはボウブラと呼ひなし、南瓜をカボチャと称へりとそ．しかるに大にして円く味の菲を南瓜とし，小くて頸あり味の膴を番南瓜といふ（アコダウリは元々わが国にあったが、後にカボチャが渡来してからは、これと混同して西国では南瓜を［アコダウリ、］ボウブラと呼び、南瓜［番南瓜の間違いと思われる］をカボチャと呼ぶようになったという。すなわち、大きくて丸く味の薄いものをボウブラ、小さくて首があり味の濃い［とっくり型のもの］をカボチャという；なお、とっくり型のものについては、『大和本草』では南京ボウブラ、『和漢三才図会』では南京瓜、柬埔寨瓜、唐茄子、『本草綱目啓蒙』ではトウナスビ、一名カボチヤ、カボチヤボウブラ、ナンキンボウフラ、『本草図譜』ではナンキンボウブラ、トウナスという名が挙げられており、必ずしもカボチャという呼び名で呼ばれていたのではなさそうである）」と、カボチャの渡来以前と以後とではアコダウリと呼ぶ植物に違いがあると指摘されているからである。『成形図説』では南瓜、番南瓜、金冬瓜の図も示されている。『大和本草』巻之八、蓏類のアコダ瓜には、「京都ニ多シ，南瓜ニ似テ小ナリ，味不レ好，其蔓長ク其葉蜀葵ニ似テ大ナリ．黄花ヲヒラク．南瓜ヲアコダト訓スルハ誤レリ（［アコダウリは］京都に多い。カボチャに似ているが、小型。味はよくない。蔓は長く、葉はタチアオイに似て大きい。黄花。南瓜をアコダと読むのは間違いである。）」とあるように、アコダウリをカボチャとすることに異を唱えた者もいたが、少数意見であった。また、『大和本草』の記述は簡単で、カボチャよりも小型の瓜で味はよくないということが分かるのみである。

　カボチャ渡来以前のアコダウリの記述に関しては、平安時代後期に成立した『狭衣物語』に、入道した女二宮の姿を「額髪のただ少し短く見えたる

御面つき、あこだ瓜に描きたるやうなる（額の上の髪が普通の女性より少し短く見える、その顔つきはアコダウリに描いたように見える）」と描写した記述がある（小町谷と後藤, 2001）。これは、『枕草子』の「うつくしきもの．瓜にかきたるちごの顔。（愛らしいもの。それは瓜に描いた幼子の顔である。）」の記述に通じるものである（池田, 1962）。『枕草子』の瓜は一般に姫瓜のことと考えられているが（田中, 1978）、第6章第2節で述べたように『和漢三才図会』の姫瓜の項には果実は丸く、浅青色で、苦味があり、食べられないとの記述がある（寺島, 1824）。しかし、飯沼（1856）は『草木図説』前編巻二十のヒメウリの項において、「瓜扁圓ニシテ小。色淡黄緑。味略甜瓜ニ似テ淡（瓜は偏円で小さい。色は淡黄緑色で味はマクワウリに似ているが、甘味は薄い。）」と記しており、ヒメウリの中には食べられる系統があったと思われる。

　アコダウリも果実に顔を描いたという記述からすると、ヒメウリ同様、浅青色ないしは淡黄色がかった瓜と思われる。『蔭涼軒日録』の明応2年（1493）5月23日条には、「今年始喫 _阿古陀_ （今年初めてアコダウリを食べた）。」との記載があり、延徳4年（1492）6月22日条には「晩来自 _太極斎_ 贈 _黄瓜一盆_ 。所レ謂阿古陀云者也。先把 _一顆_ 奉レ獻レ佛。々后與 _匠工_ 喫之。（晩になって太極斎から黄色い瓜一盆を贈られた。いわゆるアコダウリである。まず一果を仏前に備え、その後工人に与え、一緒に食べた。）」とアコダウリを食した記録がある（佛書刊行会, 1912 - 1913）。これからすると、色は黄色のものもあったようで、第6章で述べたように早生のマクワウリで、小型の品種と思われる。

　なお、新日本古典文学大系56の『梁塵秘抄』の注では阿古陀瓜を金冬瓜、苦瓜を「つるれいし」とし（小林ら, 1993）、岩波文庫版ではアコダウリを紅南瓜と表記している（佐々木, 1933）。金冬瓜は『本草綱目啓蒙』巻之二十四の南瓜の項に「備前ニ金冬瓜と呼モノアリ．形長ク越瓜ノ如ニシテ皮赤色ナリ（備前にキントウガと呼ぶ品種がある。形は長く、シロウリのようで、果皮は赤色である）」との説明がある（小野, 1805）。また、この文章の前には「アコダウリハ…集解ニ或紅ノ字アレハ紅南瓜ト名クベシ．汝南圃史ニ南瓜紅皮如 _丹楓色_ ト云はアコダウリナリ，北瓜青皮如 _碧苔色_ ト云ハボウブラナリ（[『本草綱目』南瓜の] 集解に [其色或緑或黄] 或紅とあるので、アコダウリ

は紅南瓜と名付けるべきものである。『汝南圃史』[の冬瓜〈南瓜北瓜附〉の項の記述〈周，江戸時代写〉]によれば、南瓜の紅皮で紅葉したカエデ色のものがアコダウリ、緑皮で青々としたコケのような色をしたものがボウブラである)」と記されているが、ここで言うアコダウリはカボチャのことである。杉山（1995）は金冬瓜をニホンカボチャ *Cucurbita moschata* Duchesne ex Poir ではなく、ペポカボチャ *Cucurbita pepo* L. かも知れないとしている。ニホンカボチャにせよ、ペポカボチャにせよ、これらがわが国に渡来したのは 16 世紀半ば以降のことと考えられるので、『梁塵秘抄』に詠われたアコダウリが金冬瓜であるはずがない。

13. かつて、キュウリは黄色く熟したものを利用していたのか？

　キュウリは昔、黄色く熟した果実を利用したため、黄瓜と名付けられたとする説が一部で提唱されている（吉田, 2001）。その根拠の一つは、ルイス・フロイス（1991）の「われわれの間ではすべての果物は熟したものを食べ、胡瓜だけは未熟のものを食べる。日本人はすべての果物を未熟のまま食べ、胡瓜だけはすっかり黄色になった、熟したものを食べる。」との記述にある。しかし、次のような理由から、この記述は当時の状況を反映しているとは思えない。第一に、『日葡辞書』には、アンズ、ブドウ、カキ、クリ、ナシ、モモ、スモモ、リンゴ、ミカン、ウメ、ユスラウメ、ザクロなどの見出し語があるが、ウメ（青梅）を除けば、当時の人がここに挙げた果実を未熟な状態で食べていたとは考えにくい（『尺素往来』には菓子として青梅、黄梅が挙げられているが〈一条，室町末期〉、どのように加工したかは不明）。ただ、ナシ、スモモ、リンゴなどは、日本とヨーロッパでは異なる種を利用しており、例えば日本ナシ（*Pyrus pyrifolia* Nakai）は果肉がしっかりした状態のものを食べるのに対し、西洋ナシ（*P. communis* L.）は果肉が軟化したものを食べるという違いがある。このため、フロイスはわが国の果物は未熟な状態で食べると誤解した可能性がある。第二に、欧米ならびに東アジアのキュウリは ① 温室型、② スライス型、③ ピクルス型、④ 華南型、⑤ 華北型の品種群に大別される（藤枝, 1977）。このうち、①〜③は欧米で発達した品種群

であり、多くの品種は緑色の果皮を持つ。一方、④、⑤は中国から導入され、わが国で発達した品種群である。古来のキュウリ品種は華南型で、華北型の品種は明治以前にも渡来してきているが、裏日本で成立した華南型との雑種群にその血を残したに過ぎない（藤枝, 1977）。華南型のキュウリは、緑色の果皮を持つものが多いが、半白（果頂部側が白、果柄部側が緑色）や黄、白果もある（熊沢, 1965）。温室型は19世紀のイギリスで発達した品種群なので、フロイスになじみのあったのはスライス型とピクルス型のキュウリで、華南型の半白、黄色、白色の果実を見て、成熟果と勘違いした可能性が考えられる。

　キュウリの語源が黄色い瓜に由来するとの説は、『本草綱目啓蒙』巻之二十四の胡瓜の項の「熟シテ黄色ナリ，故ニキウリト呼ブ，生食シ或ハ鹽蔵ス（熟すると黄色になるのでキウリと呼ぶ。生食あるいは塩蔵する）」という記述に依拠しているものと思われる（小野, 1805）。通常、キュウリ果実表面には多くの突起があり、その先端には棘がある。熟したキュウリ果実の色はこの棘（いぼ）の色と関連があり、黒いぼキュウリ（棘の色の黒いもの）は橙色あるいは赤（褐）色、白いぼキュウリは緑白色から黄色になる（Wehnerら, 2020）。華南型のキュウリの多くは黒いぼキュウリなので、熟すると、『和漢三才図会』巻百の胡瓜の項に「按胡瓜形似＿海鼠＿而圓青帯＿白色＿老則黄赤色生和」醋或鱠中入用（思うに、キュウリの形はナマコに似て円［筒］形、［果皮は］白色を帯びた緑色で、成熟すると黄赤色になる。生で酢に和え、あるいは鱠に入れて用いる）」と記されているように黄赤色（寺島, 1824）、あるいは熊沢（1965）の言うように褐色となる。前述のように、わが国に当初、渡来したキュウリは華南型が主体であったとされ（熊沢, 1965；青葉, 1982）、その多くは黒いぼキュウリであったと考えられるので、成熟果の色に着目して名を付けるとしたら、「黄瓜」ではなく、「赤瓜」という名が相応しいと思われる。

　キュウリの和名として、『本草和名』ではカラウリ（加良宇利）、『和名抄』では「和名曽波宇里，俗云木宇利（和名ソバウリ、俗にキウリと言う）」としている。『類聚名義抄』ではこれらの読みを紹介しているが、平安時代末期に成立した『色葉字類抄』幾の項では、「キウリ，又ソハウリ」と、キウリという読みを先に記しており（橘, 1926）、この頃から胡瓜の和名としてキウリが広く認知されるようになったのではないかと思われる。『本草拾遺』胡

瓜の項には「北人亦呼爲黄瓜，爲石勒諱，因而不改（北方の人はまた石勒を憚って胡を使わず、黄瓜と呼ぶ。だから［黄瓜とは］改めない。）」（陳，江戸時代）、『本草綱目』巻之二十八には「隋大業四年避諱，改胡瓜爲黄瓜（隋の大業 4 年〔608 年〕に胡を嫌って避け、胡瓜を黄瓜に改めた）」との記述がある（李，1590）。石勒とは五胡十六国時代に後趙を建国した人物で、その在位期間は319～333 年とされる。また、後者は、『貞観政要』貞観四年の条に隋の煬帝が邪道を信じて胡人を忌み嫌い、長城を築いて胡の進入を防いだだけでなく、胡床を交床、胡瓜を黄瓜と改名させたという唐の太宗の言葉が紹介されていることに基づく記述である（呉兢，2020）。これらのことからすると、① 遅くとも 7 世紀初めには中国で胡瓜と黄瓜は同義の言葉として用いられていた、② キュウリの種子とともに、胡瓜・黄瓜という語がわが国に伝えられた、③ 平安時代になると、黄瓜を訓読した「きうり」がキュウリの和名として使われるようになったのではなかろうか。なお、6 世紀前半に成立した中国の農書『斉民要術』巻二、種瓜第十四には「收胡瓜，候色黄則摘〈若待色赤，則皮存而肉消〉並如凡瓜，於香醬中藏之亦佳（キュウリの収穫は果実が黄色くなり始めたら摘む。もし赤くなるのを待っていると、果皮は残るが、果肉が崩れてしまう。普通の瓜と同様、醬に漬け込むとよい）」との記述があり（賈，1744）、当時の中国では黄色くなった段階（完熟すると黄赤～褐色になる）でキュウリを収穫していたことが明らかである。したがって、胡瓜を黄瓜という名に変更することは中国の人々には抵抗なく受け入れることができたのかも知れない。

14. 木芽漬、烏止布とは何か？

　1185 年に顕昭によって著された『古今和歌集』の注釈書（古今和歌集註）に藤原定家が自説を書き加えた『顕註密勘』には、「霞たつ，木のめも春の，雪ふれは，花なき里も，花そ散ける」という紀貫之の歌の注釈として「このめとは木目也，この葉のめくみ出るをは，この目はるといふ也，春といはんとて，このめはるとつつけたる也，但あけひのつるのわか葉をとりて，つけてくふを木目といふへけれと，件物木目の中に勝れてよけれは，いひならは

せり，其木目をはくらまによくするにや，鞍馬の木目漬といふめり（このめ
とは木の芽のことである。木の葉が芽吹き出ることを木の芽はるというのである。
春と言おうとして、木の芽はると続けたのである。ただし、アケビの蔓の若葉を
採って漬けて食べるものを木の芽というが、アケビが［食用にするには］最も優
れているので、アケビの木の芽を木の芽というのである。鞍馬の特産で、鞍馬の
木目漬という）」との記載があることから（藤原, 1657）、アケビの新芽を漬け
たものと考えられる。17世紀の京都の地誌である『雍州府志』巻六にも
「木目漬、洛北鞍馬土人，春末夏初採₋通草葉₋，與₌忍冬葉木天蓼葉₋合、細
剉レ以₌塩水₋漬レ之，然後陰乾用レ之（木の芽漬とは洛北、鞍馬の里人が春の
末から初夏にかけてアケビの葉をとり、スイカズラやマタタビの葉と合わせて細
かく刻み、塩水に漬けて、陰干しした後に用いるものである）」と、こちらはア
ケビの若葉の塩漬けを陰干しして作るなど、製法についても記している（黒
川, 1686）。一方、山田（1996）は、現在ではサンショウの若い葉の総称であ
るとした上で、『庭訓往来鈔』（著者未詳, 室町末期写）では「鞍馬木牙漬〈葛
實或櫻實塩漬也〉（鞍馬の木芽漬はクズの実あるいは桜の実の塩漬けのことであ
る）」と記されていることなどを挙げ、サンショウの若芽のみを言うもので
はなかったとしている。このように、木目漬がどのようなものの塩漬けなの
かについては諸説あるが、「通草（あけび）または山椒の芽を塩漬にしたもの」
（大野ら, 1990）とするのが一般的であろう。

　烏止布について、谷川（1861）は『和訓栞中編』うどの項で「新撰字鏡倭
名鈔に獨活をよめり。うとめハ其芽也（『新撰字鏡』、『和名抄』では獨活をウ
ドと読んでいる。ウドメはその芽のことである。）」とウドの芽と考えているが、
山田（1996）も指摘しているように、『運歩色葉集』には「烏頭布〈自醍醐
出也，費荒和布也〉（ウドメは醍醐の産で、煮たアラメのことである）」という記
述がある（著者未詳, 1961）。また、『雍州府志』巻六には「醍醐土人製レ之，
多似₌木目漬₋，以₌諸木之萌蘗₌塩蔵者也（醍醐の里人が作るもので、多くの点
で木目漬に似ている。いろいろな木の芽生えを塩漬けしたものである。）」との記
述がある（黒川, 1686）。さらに、『嬉遊笑覧』には「『庭訓往来』に、「醍醐
の独活芽」といへるは、樧木の春の芽出しをタラボウといふ。味土當歸に似
たり（『庭訓往来』でウドメというのは、タラノキが春になって芽吹いたもののこ

とで、タラボウという。味がウドに似ている；なお、内閣文庫本では、春の芽出しの後に〈欵冬花に似たる〉という語が挿入されている）」とあって、タラの芽と特定している（喜多村, 2005；喜多村，年代未詳）。このように、烏止布漬についても諸説があるが、少なくともウド芽の漬物ではなさそうである。

15. 『日葡辞書』のユウガオとニンジンについて

　イエズス会は宣教師たちの布教活動を促進するために日本語教育を行ったが、1580年代になると教育機関であるセミナリオやコレジオを開設し、教育に必要な語学書の編纂を計画的に進めた。1590年代に入ると西洋式の活版印刷機を導入し、キリシタン資料と呼ばれる印刷物を刊行した。1603年に出版された『日葡辞書』もその一つで、京都の話し言葉を中心に32,000語を越える見出し語が収集されており、16世紀末の京都の話し言葉を知る上で貴重なものとされる（土井ら, 1980）。『日葡辞書』解題には「動植物や器具の名称など、物の名であれば、それが何であるかがわかればよいので、簡単な葡語訳で十分である。日本独特の物であっても、ポルトガルに類似のものがあれば、それを言い表わす葡語を適用して、その日本語を理解する上にも使用する上にも不都合がなければ、便宜的手段として採用される。」と述べ、日本の'柿'を'日本のfigos（無花果）'または単にfigosと訳した例を挙げている。青葉（2000 a）は、『親民鑑月集』の夕顔類の項に「南蛮夕顔是ぼうふらとも云. 冬瓜同前也（南蛮ユウガオはボウフラとも言う。トウガンのようなものである。）」との記述があることから、『日葡辞書』にある「Yŭgauo ユゥガヲ（夕顔）夕顔[1]、省略してYŭgŏ（夕顔）と言う。しかし、本来の語はYŭgauo（夕顔）である。 *[1] 原文はAbôbara. abobora［ポルトガル語でカボチャのこと］の古形）」という記述にあるユウガヲは本来、カボチャと訳すべきものと思うと述べている。そして、西日本にはカボチャのことを現在でもユウゴウ、ユウガ、ユゴと呼ぶ地方があることを紹介している。しかし、『日葡辞書』解題の説明からも明らかなように、aboboraはポルトガル人がYŭgauoを理解するための説明に過ぎない。また、『日葡辞書』は京都での話し言葉を中心に採録し、近畿方言にはCami（上）、九州方言にはX、

Ximo（下）を注記していることにも注意を払う必要がある。例えば、Fijna を見ると、「ヒイナ（ひいな）。莧（ひゆ）。下（X）の語。上（Cami）では Fiŭna（ひゆうな）と言う」とあり、また、これとは別に Fiyu と言う見出し語があり、これが京都でのヒユの呼び名であった。Yŭgauo には Cami や Ximo の注記がないので、方言ではなく、京都における標準的な言葉だったと思われる。以上の点から考えると、『日葡辞書』の Yŭgauo はユウガオのことであると素直に考えた方がよいであろう。なお、前記『親民鑑月集』の四季作物種子取事の九月食スル野菜之事には防風（『日本農書全集』では「ほうふら」と記載）が挙げられているが、ハマボウフウの利用時期は『和漢三才図会』巻九十二に「春初嫩時紫紅色作レ菜茹（初春に若い紫紅色の植物を菜として食べる）」とあるように春先なので、防風はボウフウの当て字で、ボウフラのことであろう。したがって、『親民鑑月集』の成立した 17 世紀には、この書が書かれた伊予でもカボチャの栽培が一般的となり、カボチャにはボウフラと南蛮夕顔（あるいは、南蛮かんぴょう）、二つの呼称があったと思われる。ただ、『物類称呼』南瓜の項には「西國にて。ぼうふら．備前にて。さつまゆふがほ」と言うとの記述があることから（越谷, 1775）、カボチャの呼称としてユウガオと言う場合には、南蛮あるいは薩摩をつけて通常のユウガオと区別していたと思われる。

青葉（2000 a）は、ニンジンに関しても『日葡辞書』で初めて記載が見られた野菜であるとしている。しかし、「Ninjin ニンジン（人参）ある薬草で、（野菜の）人参、あるいは、大根のような根のあるもの」という『日葡辞書』の記述からすると、ここで言うニンジンとはコウライニンジンのことで、ニンジンやダイコンはそれを説明するために挙げたものと考えられる。

16. 江戸時代にはどのようなツケナ類を菘としたのか？

江戸時代になると、新たに多くのツケナ類が栽培されるようになったが、農学や本草学に携わる人たちは、それらのツケナ類をすべて菘としたのであろうか。第 43 表は、江戸時代の農書、本草書の菘に関する記述を纏め、第 42 表に示す *Brassica rapa* L. の品種群とその他に分けて記載したものである。

なお、表で添え字（*、**）のないものが菘とみなされたもので、*、** の付いたものは、それぞれ、アブラナ群（蕓薹類）とカブ（蕪菁）に分類されたことを示している。

　第 43 表では 5 種類の本草書、農書を取り上げたが、ツケナ類がそれらの書籍でどのように分類されているのかを順に見ていこう。まず、『農業全書』菘の項には「うき菜と云ふ、京都にてはたけ菜と云ふ。田に蒔きて溝に水をしかけぬるを水菜と云ふ。近江の兵主菜（ひやうずな）、田舎にて京菜と云ふ。ほり入菜と訓ずるは誤なり。江戸菜は其根大根のごとく長し（うき菜、京都ではハタケナという。田に蒔いて、畦間に水を流すものを水菜、近江ではヒョウズナ、田舎では京菜と言う。ほりいり菜と呼ぶのは誤りである。江戸菜は根がダイコンのように長い。；近江の兵主菜は 1815 年版では近江にて兵主菜となっているので、現代語訳はこれに従った）」とあり、キョウナ群、カブナ群の他、アブラナ群に属するハタケナも菘に含めている（宮崎；1815, 1936）。また、油菜、一名蕓薹・胡菜の項を設け、種子から油を搾るアブラナを別に挙げている。なお、兵主菜は近江のカブの一品種で、京都に伝わり、聖護院カブの祖先種になったカブであると考えられているが、現在では絶滅した品種である（佐藤と久保, 2019）。

　貝原（1709）は『大和本草』巻之五の菘（ナ）の項で「京都ノ水菜ハタケ菜天王寺菜近江菜イナカノ京菜白菜ナト云物ハ皆菘ナリ．今人多クハ不 レ 知 レ 菘．ホリイリナト訓シ又コヲホネト訓ス．皆非也．菘ハ大根ノ類ニハアラス．蕪菁ノ類ナリ．蕪菁ト相似テ一類別物也（京都の水菜、ハタケナ、天王寺菜、近江菜、田舎の京菜、白菜などはいずれも菘である。今の人は菘を知らず、ホリイリ菜、コオホネなどと呼ぶが正しくない。菘はダイコンの類ではなく、カブの類である。カブに似てはいるが、別種である。）」、「天王寺菘（ナ）味ヨシ．下総ノ葛西菘（カサイナ）ハ長クシテ蘆菔ニ似タリ．江戸ニ多シ（天王寺菜は味がよく、下総の葛西菜は根が長くダイコンに似ている。江戸に多い。）」と記している。天王寺菘、天王寺菜は天王寺蕪、近江菘は近江蕪のことなので、貝原はカブも菘としていることになる。なお、蕪菁と菘は別物であり、両者の違いとして ① 蕪菁には茎や根の赤いものと白いものがあるが、菘は白いものだけである、② 菘は茎葉が長く、色は淡青であるが、蕪菁は茎葉が短 [く、色の変異が大き]

い、③ 菘の方が味がよいということを挙げており、白いカブは菘、赤や紫のカブは蕪菁と区別している。これに対して、『本草綱目啓蒙』巻二十二の蕓薹・アブラナの項には「一種京ニテ，ハタケナト呼ブモノアリ．和方書ニ眞菜ト云．ソノ形狀アブラナト同シテ色浅シ．又油ヲ採ルベシ．蕓薹ノ一種ナリ（京にハタケナと呼ぶものがある。わが国の医書で真菜という。その形はアブラナと同じで色は淡い。油を採るもので、蕓薹の一種である）」との記述があり、小野（1805）はハタケナを菘に含めていない。一方、菘の項には和名として「トウナ、シロナ、インゲンナ」を挙げ、「城州加茂スイクキナモ菘ノ一種」であるとしている。また、「紫菘，ムラサキナ一名アカナ，アフギナ，近江ナ〈京〉，日野ナ〈江州〉，アカカブラ〈同上〉，葉油菜ニ似テ紫色根長サ五六寸ニシテ圓ナラズ色紫赤用テ 齏 トナス，江州日野産名ナリ（紫菘、ムササキナ、一名アカナ、オウギナ、京で近江菜と言い、近江でヒノナ、アカカブラという。葉はアブラナに似て紫色で根長 15〜18cm、丸くはなく、色は赤紫で、茎漬にする。近江の日野の名産である。）」と記し、貝原（1709）とは異なり、赤や紫色のカブも菘に含めている。さらに「一種ヲランダナ，葉長大ニシテ琵琶ノ形ノ如シ，厚シテ白色ヲ帯ビ，甘 藍 ノ形狀ニ似リ．年ヲ經ル者ハ高サ五六尺，葉皆枝梢ニ聚リテ重，葉牡丹花ノ形ノ如ク冬月觀ニ堪タリ（菘の一種にヲランダナがある。葉は長大で、枇杷の形をしている。葉は厚く、白色を帯び、ハボタンの形に似ている。年月を経ると高さは 1.5〜1.8m に達し、葉は主茎に集まって重なり、ボタンの花のようで、冬季の観賞に堪えるものである）」と、ケール（*Brassica oleracea* L. Acephala Group、観賞用のものはハボタン）も菘の一種に加えている。

　『成形図説』巻之二十一安袁奈の項には水菜、高菜、白莖菜、冬菜、白菜、小松菜、天王寺菜などが挙げられている（曽槃ら，文化年間）。そして、「凡春の初種を下し，三月に苗生て二葉なるを卵割菜と云（中略）又其二三寸延 長 をば 鶯 菜と云（春の初めに播種し、三月に二葉になったものをカイワリナという〈中略〉又 6〜9cm 伸びたものをウグイスナという）」、「京畿の水菜は九條東寺の近郊に 産 るを眞とせり．一本より數十莖を生し，味淡美にして滓なし，春月を盛とす．關東にて小松菜といふは取わけ下總國葛飾郡小松川に作る者名高し．莖 圓 して 微 青く味また美し．今本所亀井戸より隅田川邊に

第43表　江戸時代の農書、本草書で菘とみなされた野菜

和名	農業全書	大和本草	本草綱目啓蒙	成形図説	本草図譜
アブラナ	はたけ菜	ハタケ菜	ハタケナ*		はたけな*
	油菜*	油菜*	アブラナ*	油菜*	あぶらな*
				冬菜 (*)	ふゆな*
	蕓薹*	蕓薹*	蕓薹*	蕓薹*	芸苔*
					をち*
	胡菜*			胡菜*	むらさきな*
コマツナ	江戸菜#			小松菜	
		葛西菘#			葛西菜*
ククタチ			ククダチ*	茎立	
キョウナ	水菜	水菜		水菜	みつな
					水入菜
	京菜	京菜		京菜	けうな
ハクサイ	白菜	白菜	シロナ	白菜	しろな
	晩菜	晩菘		晩菘	
				白莖菜	しらくきな
					ひらくきな
				つけな	つけな
			トウナ		とうな
			インゲンナ		いんけんな
				掘入菜	
カブナ	兵主菜				
		天王寺菘	天王寺カブラ**	天王寺菜	天王寺かぶ**
		近江菘	近江ナ	近江菜	
			近江カブラ**		あふみかぶ**
			日野ナ	日野菜	
			スイクキナ		
			アカカブラ		
	うき菜		ウキナ**		うきな*
				カヒワリナ	貝割菜*
				鴬菜	うくひす菜*
			アフギナ	アオナ	かぶらな**
				高菜	
			ムラサキナ	紫菘	むらさきか
			アカナ		ぶ**
				冬菜 (*)	
ケール		紅夷菘	ヲランダナ	和蘭菜	をらんだな
				牡丹菜	

* 蕓薹類、** 蕪菁に分類される。なお、(*) は菘、蕓薹類の両方に分類されている。

#農業全書の江戸菜、大和本草の葛西菘の所属は、はっきりしない。

蕪菁類については、菘にも分類されているもののみを示した。

皆作れり．又本藩の白莖菜は莖扁大く眞白し．味淡美にて雪霜を經し後は愈よろし．（京畿のミズナは九条東寺の近郊に産するものが真のミズナである。一株から数十の茎を生じ、味はあっさりとしてうまく、食べた時に繊維が残らない。旬は春である。関東でコマツナというものは、下総国葛飾郡小松川産のものが特に有名である。茎は丸くて少し緑色、味はよい。本所、亀戸から隅田川にかけての地域では皆栽培している。薩摩のシロクキナは茎が平たくて大きく、白い。味はあっさりとして美味しく雪や霜に遭った後は特に美味となる。）」、「天王寺菜は浪華わたりに名たゝるもの也．日野菜は淡海日野の良産なり．莖柔にして根ふとく紫色たり．畿内にて冬月その根をつらね用ひ，或は莖葉を陰乾にし收藏む．名て懸菜とも乾菜ともいふ．又醃麴にをさめぬるを莖菹と云．京菜殊に美く、年を經しは愈よろし．近江にてつけるを近江菹とす．（天王寺菜は大坂で著名な菘である。日野菜は近江の良品である。茎は軟らかくて根は太く、紫色である。畿内では冬に根を連ね、あるいは茎葉を陰干しにして収蔵する。カケナともホシナともいう。また、塩麴に入れたものを茎漬という。キョウナは特に美味く、年を経るほど味がよい。近江で漬けたものを近江漬という。）」などと記している。葉柄の幅が広く平たいハクサイ群のシロクキナがここで初めて紹介されている。なお、「菘薹の類，薹を抽出て漸く老なむするを莖立といふ（ツケナ、カブの類で、薹が立ってから、しばらく経ったものをククダチという）」とあり、ククタチも菘に入れられている。一方、油菜、冬菜は『成形図説』でも巻二十五の菠知の項に纏められている。なお、冬菜は『成形図説』では菘と菠知の項に名が挙げられているが、菘の項には「本朝食鑑八九月下種冬苗稍長采莖葉此号冬菜（『本朝食鑑』によれば、八九月に播種し、冬に苗がやや長くなったら茎葉を採る。これを冬菜という；『本朝食鑑』では7月に播種し、冬の半ばに根と茎を利用する栽培法と、8、9月に播種し、冬にやや長くなった茎葉を利用する栽培法を紹介しているが、ここでは後者のことを言っている。）」、菠知の項には「冬生の芥菘と同しく冬を經て生長ものに因て呼べり（冬に生長するタカナと同様、冬を経て生長するものなので、こう呼ばれる）」との説明があることから、冬菜というのは品種名というよりは、冬に生育する菜類一般の呼び名と考えた方がよいと思われる。

　『本草図譜』巻四十六、菘の項には「とうな、いんげんな、しろな、つけな，

箭幹菜〈汝南圃史〉，江戸三河嶋の産肥大にして上品なり．秋月実を栽ゆ．形ふゆなに似て葉立て高さ二尺余，茎白色葉圓し．稍粉色なり．三月花あり．形ふゆなと同し．冬月醃蔵す．これ蘇頌説ところの牛肚菘なり（トウナ、インゲンナ、シロナ、ツケナ、『汝南圃史』にいう箭幹菜である。江戸三河島に産するものは大株となり、品質がよい。秋に播種する。形はフユナに似ており、葉は立って高さ約 60cm 余、中肋は白色で葉身はやや粉色。三月に開花、花もフユナと同じ。これは『新修本草』にいう牛肚菘である；粉色については不明、白っぽいという意味であろうか）」、「一種，ひらくきな，しらくきな，近年唐種渡り栽るものなり（菘の一種のヒラクキナ、シラクキナは近年中国から渡来して栽培されているものである）」との記述がある（岩崎, 写年未詳）。ハクサイ群（白菘）に分類されるヒラクキナ、シラクキナが近年、中国から渡来したことが述べられているが、このタイプのものは江戸時代後半になるまで、わが国になかったことは既述の通りである。また、「三河島の産」と記載されたものが三河島菜のこととすれば、これもハクサイ群に分類される。ただし、喜田（1911）は、昔から栽培されている三河島菜の品種（剣先種）の特徴として、葉柄が扁平で短く、その幅は狭く、淡緑色、葉身は広く、葉縁には少し欠刻があり、平滑で濃緑色であると述べており、ヒラクキナやシロクキナの特徴とは異なっている。さらに、『本草図譜』には菘の一種として抽苔、開花した「をらんたな」、現在のキョウナのように、細かく深い切れ込みを持つ葉を多数つけた「けふな〈江戸〉，水入菜〈本朝食鑑〉，みづな〈京〉，春菜〈長州縣志〉（江戸でいう京菜、本朝食鑑にいう水入菜、京のミズナ、長州縣志にいう春菜）」の図が掲載されている。一方、蕓薹の項に『本草和名』にいう「をち」、「あぶらな」、江戸でいう「ふゆな」の名が記され、また蕓薹の一種として、はたけな、『大和本草』にいう葛西菜を挙げ、「ふゆなの類にして，形同くして，但，葉の色淡緑色なり．江戸小松川の産味ひ良し（フユナの類で、形は似ているが、葉は淡緑色である。江戸小松川に産するものは味がよい）』との説明がある（岩崎, 写年未詳）。

　以上を纏めると、① ハタケナ、冬菜、うき菜（蕪菁(カブ)とする説もある）のようにアブラナ群に属するものを菘に含めるか、どうかは本草学者によって意見が異なる、② 葉柄が平たく、その幅が広いハクサイ群に属するものは

江戸時代後半になってからわが国に渡来した、③『農業全書』、『本草図譜』を除くと、カブを菘に含めるものが多いが、赤や紫のカブを菘に入れるか、どうかは本草学者によって見解が異なる、④ オランダナはケールと思われるが、いずれの本草書でも菘に含めている。このように菘が何かについて、当時、統一的な見解があったとは言い難く、カブを含め、葉を利用するツケナ類を大まかに括る概念として菘が用いられていたと思われる。

17. 葛西菜はコマツナか？

『続江戸砂子』巻之一、江戸名産、葛西菜の項に「或人菜を好んて諸州の菘を食ふ．京東寺の水菜，大坂天王寺菜，江州日野菜なと食くらふるに，葛西菜にまされるはなしといへり（菘が好きで、諸国の菘を食べた人がいた。その人が、京の水菜、大坂の天王寺菜、近江の日野菜などを食べ比べ、葛西菜に勝るものはないと言った）」と品質の優れた菘として葛西菜が紹介されている（菊岡, 1735）。青葉（1983）は、コマツナはこの葛西菜の系統であろうと述べている。コマツナについては、『新編武蔵風土記稿』葛飾郡巻一に「菜，東葛西領小松川邊ノ産ヲ佳品トス，世ニ小松菘ト稱セリ（菜は東葛西領小松川近辺に産するものの品質がよく、一般に小松菜と呼ばれている）」との記述がある（内務省地理局, 1884 a）。しかし、葛西菜とコマツナとの関連を示唆するものは、前述した『本草図譜』の葛西菜に関する「冬菜の類にして…江戸小松川の産味ひ良し」という記述だけである。しかも、根が長くダイコンに似ているという、葛西菘についての『大和本草』の記述からすると、『農業全書』で取り上げられた江戸菜を含め、これらは『日本国語大辞典』にいうように長蕪群に属するカブ（カブナ）の一種だった可能性も考えられる（小学館国語辞典編集部, 2001）。長蕪については、『農業雑誌』526 号に「長蕪菁ハ東京近傍にて多く栽培す．根形細長にして尻端豊肥なり．其長さハ六七寸に過ぎず．鹽漬けとするによろし．脆軟にして其味甚だ美なり（長蕪は東京近辺で栽培される。根は細長く、先端が太くなったカブで、長さは 18〜21cm程度。塩漬けするのに適しており、やわらかく、味がよい）」との説明がある（学農社, 1894）。しかし、『本草図譜』の「はたけな，葛西菜〈大和本草〉」の図では、根はや

や肥大しているようにみえるが、先細りで長蕪とは形が異なる（裏表紙の右図を参照）。したがって、葛西菜は長蕪群に属するカブではない。なお、杉山（1995）は『本草図譜』の「図は葉の周辺が波状になっている」とコマツナとのわずかな違いに言及している。

　明治5年（1871）に陸軍省は各府県の地図と地誌の編纂を企画し、これを受けて東京府でも明治5〜7年にかけて報告書を作成した。これを翻刻した『東京府志料』によると、菜類は冬菜、秋菜、菜、漬菜、漬菘、唐菜、摘菜、皺葉菜、京菜などとして物産の項に記載されているが、江戸波（1997）は、「京菜は別として、どこまで品目として使いわけられていたのか、混同して使っていたものか、資料からは読みとり難い。同系の菜の収穫期や、漬物用・おひたし用といった用途の違いにより使いわけていたようにも考えられる。」と記している。実際、第11大区六小区の説明文中に「就中小松川村ノ地蔬菜ニ宜シ．東京ニテ小松菜トイフ者是ナリ（中でも小松川村は野菜の生産に適しており、東京で小松菜というものはこれである）」との記述があるが、東小松川村の物産としては冬菜、西小松川の物産としては冬菜と秋菜が挙げられており、小松菜の名はない（四小区の奥戸村、下小松村、上平井村には小松菜の名がある）（東京都都政史料館, 1961）。既に述べたように、フユナは品種名ではなく、冬に生育する菜一般を表す言葉と思われるが、このことが名前の混乱を引き起こしている一因であろう。フユナはまた、文政7年（1824）に成立した『武江産物志』でも、「秋菜〈小松川〉」と記されており、少なくとも19世紀初め頃まではフユナは広く用いられた呼称であったと思われる。なお、安永2年（1773）に出版された『料理伊呂波庖丁』には「かさい菜」が冬の浸物、三ノ汁と【前火】（煎）鳥に使われ、一方、小松川菜（コマツナのこと）は春の香物として「一夜みそづけ」に使われている（冷月庵, 1773）。同じ野菜が同一の書籍において別名で記載されることは珍しいことではないが、以上からすると、江戸菜、葛西菜は葛西の地で生産されたコマツナ群に属する、コマツナの類似品種であったが、江戸菜や葛西菜は徐々に人気を失って作られなくなってしまった可能性が高い。

あとがき

　2017 年に東京農業大学を退職後、「重要野菜」が時代とともにどのように変遷したのかについて調べてみようと思い立った。その時点では、古典籍には翻刻されたものも多く、また、『大日本古文書（編年体）』データベースや「摂関期古記録データベース」、『古事類苑』などデータベース化されたものも多いので、崩し字が読めなくても、古典籍でどのような野菜が取り上げられているのか、かなりの程度知ることができるだろうと考えていた。しかし、それが甘い考えだったことは、直ぐに思い知らされた。一部分しか翻刻されていない史料、あるいは全く翻刻されていない史料もあり、これらについては自ら『近世古文書解読字典』（若尾ら, 1972）で似た字を探し、また、人文学オープンデータ共同利用センターのくずし字データベース検索（http://codh.rois.ac.jp/char-shape/search/）を当たるなどして解読するしかなかった。しかし、それ以上に問題だったのは、書かれている文章の正確な意味を知ることの難しさであった。恩師である杉山直儀先生は東京農業大学を退職された後、本書でもたびたび引用した『江戸時代の野菜の品種』の下調べのために、2、3 か月に一度、東京大学農学部図書館にお出でになった。その折、いろいろお話を伺ったが、先生によれば、江戸時代の本草書や農書は辞書などを使わなくても大体読み取ることができるとのことであった。もちろん、先生は歴史的仮名遣い、私は現代仮名遣いで教育を受けた世代という違いも関係していると思われるが、私の場合、中学、高校時代に古文や漢文の授業を真面目に受けていなかった、その付けが回ったのだと思う。大学入学後も日本文学の古典に目を通すことはなく、古典の原典を引用した文章を読むのに苦労してきた。そこで、不適切な訳という批判があることを承知の上で、本書では敢えて引用した原文に続けて現代語訳を付けることにした。また、本書の内容は、私自身の専門外なので、史料の正しい解釈を基に議論を進めているか、どうかを検証して頂く上でも、現代語訳を付けることには意味が

あると考えた。

　鎌倉時代以前、特に鎌倉時代については、利用した史料の数が限られており、本書の「重要野菜」の推定は精度の点で問題があると認めざるを得ない。「鎌倉遺文フルテキストデータベース」（東京大学史料編纂所）によると、東寺百合文書や東大寺文書などに野菜類の記述が見られるが、本書では『鎌倉遺文』を調べることをしなかった。その理由は、『鎌倉遺文』が正編42巻と膨大なことに加え、新型コロナの蔓延もあって私自身が『鎌倉遺文』を収蔵している図書館に出向くことを躊躇したためである。こうした制約があったが、① 石毛（2015）が言う16世紀から17世紀前半の食文化上の画期は野菜に限定した場合でも認められ、江戸時代になると「重要野菜」の数が大きく増加したこと、② そうした画期があったにもかかわらず、飛鳥・奈良時代から江戸時代まで「重要野菜」の地位を保ち続けた野菜が多数あったこと、③「重要野菜」の地位から転落してゆく野菜もあったが、その場合には、消えていった野菜の代りになる野菜が出現したこと等、時代による「重要野菜」の変遷を知るという目的は、不十分ながらも果たすことができたのではないかと思っている。ただし、そうした変化を引き起こした社会的、経済的な要因等についての議論は不十分で、今後、明らかにされることに期待したい。

　なお、本書を執筆する過程で、これまで言われてきた説明に疑問を抱くことが間々あった。また、私のバックグラウンドである園芸学の見地から興味深い事実に遭遇した場合には、知的好奇心がくすぐられ、必要以上に詳しく記述することになってしまった。それらについては付録として纏め、本文そのものが冗長にならないよう心掛けたつもりであるが、私自身の思い入れもあって簡潔に記述することができなかった。一方で、江戸時代の野菜については豊富な史料があり、書き足りない部分も多いが、ページ数の関係から見送らざるを得なかった。

　最後に、本書を執筆するにあたり、終始暖かく見守ってくれた家族に心から感謝したい。

　2024年3月　　　　　　　　　　　　　　　杉山　信男

引用文献

和文・漢文

青木直己. 2016. 幕末単身赴任. 下級武士の食日記. 増補版. 筑摩書房. 282p.

青葉 高. 1982. 日本の野菜. 果菜類・ネギ類. 八坂書房. 162p.

青葉 高. 1983. 日本の野菜. 葉菜類・根菜類. 八坂書房. 188p.

青葉 高. 2000a. 野菜の日本史. 青葉高著作選 II. 八坂書房. 317p.

青葉 高. 2000b. 野菜の博物誌. 青葉高著作選 III. 八坂書房. p. 37-45.

赤羽 学. 1960. 許六の「寒菊の隣もありやいけ大根」と芭蕉. 連歌俳諧研究 20：41-50. https://doi.org/10.11180/haibun1951.1960.41

朝倉聖子. 2016. 日本の漬物文化：その変遷と特色. 序章～第 2 章. p. 1-105. 国士舘大学図書館・情報メディアセンター（博士論文）.

網野善彦. 1997. 日本社会の歴史（中）. 岩波新書 501. 岩波書店. 202 p.

荒井源司. 1959. 梁塵秘抄評釈. 甲陽書房. p. 727-728. DOI（10.11501/1358653）, NDL.

新井白石. 1903. 東雅. 20 巻目 1 巻 [3]（巻之十二～十六）. p. 372-374（薑）, p. 384-385（蘘荷）, p. 387（芹）, p. 413-415（瓜）. DOI（10.11501/993110）, NDL.

新井白石. 写年未詳. 采覧異言. 18-20 コマ. 茨城県立歴史館. 石川治家史料 119. DOI（10.20730/100183539）, KOTEN.

安藤重和. 1988. 「芹つみ」考. 国語国文学報 46：1-10. http://hdl.handle.net/10424/728

飯沼慾斎. 1856. 草木図説前篇. 二十巻 [20]. 46, 47 コマ. DOI（10.11501/2558254）, NDL.

池上洵一編. 2001. 今昔物語集. 本朝部下. 岩波文庫黄 19-4. 岩波書店. p. 105-114. 301-305.

池谷祐幸. 2007. 学名の使い方をよりよく理解するために—命名規約の理念と背景, そして問題点— 園芸学研究 6：317-324. https://doi.org/10.2503/hrj.6.317

池添博彦. 1992. 奈良朝木簡にみる食文化考. 帯広大谷短期大学紀要. 29：27-41. https://doi.org/10.20682/oojc.29.0_27

池田亀鑑（校訂）. 1962. 枕草子. 岩波文庫黄 16-1. 岩波書店. 392 p.

韋絢. 出版年不明. 賓客嘉話録. 陶宗儀（纂）. 出版年不明. 説郛. 正三十六. 76-77 コマ. 早稲田大学古典籍総合データベース. 請求番号（イ 12 00006 0037）.

惟高妙安. 1597. 玉塵抄. [8]（13, 14 巻）. 115 コマ. DOI（10.11501/2545087）, NDL.

石川 謙, 石川松太郎（編）. 1967. 日本教科書大系. 往来編. 第 2 巻. p. 218-234（和泉往来）. 講談社. DOI（10.11501/9577025）, NDL.

石毛直道. 2015. 日本の食文化史—旧石器時代から現代まで. 岩波書店. 312p.

石原道博編訳. 1985. 新訂 魏志倭人伝・後漢書倭伝・宋書倭国伝・隋書倭国伝—中国正史日本伝（1）— 岩波文庫 33-401-1. 岩波書店. 167p.

伊勢貞頼. 写年未詳. 年中定例記. 8 コマ. 宮内庁書陵部. DOI（10.20730/100247535）,

KOTEN.

板橋貫雄（模写）. 1870. 春日権現験記. 13 軸 7 コマ，15 軸 15・16 コマ，16 軸 20 コマ. DOI（10.11501/1287498，10.11501/1287500，10.11501/1287501），NDL.

市 大樹. 2012. 飛鳥の木簡―古代史の新たな解明. 中公新書 2168. 中央公論新社. p. 3-18.

市川理恵. 2017. 正倉院写経文書を読みとく. 同成社. 216 p.

市川市史編纂委員会（編）. 1972. 市川市史. 第六巻上. 吉川弘文館. p. 211-246. DOI（10.11501/9640852），NDL.

市古貞次，秋谷治，沢井耐三，田嶋一夫，徳田和夫. 1989. 室町物語集 上. 新日本古典文学大系 54. 岩波書店. p. 433-467.

一条兼良. 1668a. 梁塵愚案抄 2 巻. 42 コマ. DOI（10.11501/2533125），NDL.

一条兼良. 1668b. 尺素往来（国文研鵜飼文庫本），DOI（10.20730/200020550），KOTEN.

一条兼良. 室町末期写. 尺素往来. 47，53-55 コマ. 阪本龍門文庫善本画像集. 奈良女子大学学術情報センター.

一条兼良. 江戸時代写. 尺素往来（宮内庁書陵部本），DOI（10.20730/100266183），KOTEN.

一条兼良. 元和年間. 公事根源. 18-19 コマ. DOI（10.11501/2532178），NDL.

伊藤圭介. 1837. 救荒食物便覧. DOI（10.11501/2537550），NDL.

伊藤好一. 1966. 江戸地廻り経済の展開. 柏書房. 311 p. DOI（10.11501/3030302），NDL.

伊藤信博. 2015.『酒飯論絵巻』に描かれる食物―米と酒を中心に― 伊藤信博，クレール＝碧子・ブリッセ，増尾伸一郎編.『酒飯論絵巻』影印と研究―文化庁本・フランス国立図書館本とその周辺― 臨川書店. p. 279-313.

犬飼 隆. 2005. 古代の「言葉」から探る文字の道. 日朝の文法・発音・文字. 国立歴史民俗博物館，平川 南編. 古代日本 文字の来た道―古代中国・朝鮮から列島へ. p. 66-82. 大修館書店.

犬飼 隆. 2011. 木簡による日本語書記史. 2011 増訂版. 笠間書院. 254 p.

今谷 明. 2002. 戦国時代の貴族.『言継卿記』が描く京都. 講談社学術文庫. 講談社. 412 p.

岩崎常正. 1824. 武江産物志.［2］. DOI（10.11501/2557805），NDL.

岩崎常正. 1833. 草木育種 2 編 4 巻［2］. 30 コマ（商陸）. DOI（10.11501/2569456），NDL.

岩崎常正. 写年未詳. 本草図譜. 巻 43（蓏豆),巻 46-48（菜），巻 49-51（芋），巻 52-54（茄子，胡瓜），巻 55-57（合蕈），巻 71（甜瓜）. DOI（10.11501/2550788，10.11501/2550789，10.11501/2550790，10.11501/2550791，10.11501/2550792，10.11501/2550797），NDL.

上野 誠. 2002. みんなの万葉集. PHP 研究所. 262 p.

浦和市総務部市史編さん室. 1980. 浦和市史. 民俗編. p. 308-342（舟運と河岸場）. DOI（10.11501/9642013），NDL.

浦和市総務部市史編さん室. 1988. 浦和市史. 通史編 2. p. 422-436（見沼通船と舟運）. DOI（10.11501/9644338），NDL.

英俊ら（辻善之助編）．1935-1939．多聞院日記．第一～五巻．三教書院．DOI（10.11501/1212359，10.11501/1207457，10.11501/1207471，10.11501/1207483，10.11501/1207496），NDL.

栄原永遠男．2011．正倉院文書入門．角川学芸出版．262 p.

易林．1597（跋）．易林本節用集下巻．国文学研究資料館．32 コマ（蕈），91 コマ（蕪菁・蔓草）．DOI（10.20730/200003097），KOTEN.

江戸川区．1976．江戸川区史．第 1 巻．p. 276-309．DOI（10.11501/9640655），NDL.

江戸波 昭．1997．東京の地域研究（続）．―都市農業の盛衰― 大明堂．p. 51-52．DOI（10.11501/9644855），NDL.（2023 年 11 月 4 日現在、個人向けデジタル化資料送信サービスから除外されており、利用できない）

榎原雅治．2016．室町幕府と地方の社会．シリーズ日本中世史③．岩波新書1581．岩波書店．p. 86-100.

江原絢子，石川尚子，東四柳祥子．2009．日本食物史．吉川弘文館．383 p.

園芸学会編．2005．園芸学用語集・作物名編．養賢堂．352 p.

王禎（鄧渼校訂）．1617．農書 [11]．国立公文書館デジタルアーカイブ．内閣文庫．請求番号 300-0080-11．9-11 コマ（甜瓜）.

王謨．1791．増訂漢魏叢書．經翼第 15 冊．方言．巻三．DOI（10.11501/2581253），NDL.

王溥．1884．唐会要[24]．76-77 コマ．早稲田大学古典籍総合データベース．請求番号（ワ04 05143）.

大石久敬（大石信敬補訂，大石慎三郎校訂）．1969．改正補訂 地方凡例録．下．近藤出版社．DOI（10.11501/12279034），NDL.

大岡敏昭．2014．武士の絵日記．幕末の暮らしと住まいの風景．角川文庫18879．角川書店．314p.

大鹿保治．1977．ネギ．野菜園芸大事典編集員会編．野菜園芸大事典．養賢堂．p. 1387-1405.

大槻文彦．1891．言海．DOI（10.11501/1902333），NDL.

大野晋，佐竹昭広，前田金五郎（編）．1990．岩波古語辞典補訂版．岩波書店．1534 p.

大野透．1962．万葉仮名の研究．古代日本語の表記の研究．明治書院．p. 529-578．DOI（10.11501/2497101），NDL.

岡崎真紀子．2005．説話の展開と歌学―『俊頼髄脳』における「芹摘みし」説話めぐって―．成城国文学 21：12-44.

岡田英弘．1977．倭国―東アジア世界の中で― 中公新書482．中央公論新社．220 p.

岡村稔彦．2017．日本人ときのこ．山と渓谷社．270 p.

小川直之編．2018．日本の食文化 1．食事と作法．吉川弘文館．251 p.

沖森卓也．2017．日本語全史．ちくま新書1249．筑摩書房．433 p.

尾崎石城．1861-2．石城日記（7 巻）．慶應義塾大学文学部古文書展示会資料．https://kmj.flet.keio.ac.jp/exhibition/2013/04.html

尾崎直臣．1978．「新猿楽記」食物考（一）．駒沢女子短期大学研究紀要．12：101-116．DOI（10.18998/00000204）

小野蕙畝. 1842. 救荒本草啓蒙. 14 巻［1］二巻五丁（39 コマ）. DOI（10.11501/2556187），NDL.

小野文雄（編）. 1977. 武蔵国村明細帳集成. 499 p. DOI（10.11501/9641296），NDL.

小野蘭山. 1805. 本草綱目啓蒙.［6］（巻 10, 當帰・澤蘭）;［7］（巻 11,【艹糜】蒿）;［12］（巻 20, 豇豆）;［13］（巻 22, 葱・薹臺・水靳;巻 23, 萵苣・土芋）;［14］（巻 24, 蔬菜類）;［16］（巻 28, 蜀椒）. DOI（10.11501/2555477, 10.11501/2555478, 10.11501/2555483, 10.11501/2555484, 10.11501/2555485, 10.11501/2555487），NDL.

尾上陽介. 2003. 中世の日記の世界. 日本史リブレット 30. 山川出版社. p.66-74.

小野田一幸, 高久智広. 2014. 紀州藩士酒井伴四郎関係文書. 清文堂史料叢書 124. 清文堂. 350p.

小畑弘己. 2016. タネをまく縄文人. 最新科学が覆す農耕の起源. 歴史文化ライブラリー 416. 吉川弘文館. 217 p.

賈思勰. 1744. 齊民要術［1］（巻第二, 種諸色瓜, 種芋）;［2］（巻第三, 種韭）;［5］（巻第九, 菘根蘴蔔薤法）. DOI（10.11501/2556175, 10.11501/2556176, 10.11501/2556179），NDL.

賈思勰（西山武一, 熊代幸雄訳）. 1957. 校訂訳註 斉民要術. 上. 東京大学出版会. p.144-145. DOI（10.11501/2484607）.

貝塚茂樹, 藤野岩友, 小野 忍（編）. 1959. 角川漢和中辞典. 角川書店. 1501 p. DOI（10.11501/2487899），NDL.

貝原篤信. 1700. 日本釈名［3］. 9 コマ（冬瓜）. DOI（10.11501/2556899）. NDL.

貝原篤信. 1709. 大和本草. 巻之四（7, 8 コマ〈豇豆〉, 10 コマ〈眉兒豆〉）;巻之五（2-4 コマ〈蘿蔔〉, 9-11 コマ〈葱〉, 18 コマ〈南瓜〉, 37 コマ〈【艹糜】蒿〉）;巻之八（3-6 コマ〈甜瓜, 西瓜, アコダ瓜〉, 21, 22 コマ〈眞蘭〉）;巻之九（3 コマ〈龍葵〉）. DOI（10.11501/2557466, 10.11501/2557467, 10.11501/2557470, 10.11501/2557471），NDL.

貝原篤信. 1713. 養生訓. 巻第四飲食. 92コマ. 九州大学医学部図書館. DOI（10 . 20730 / 100335781），KOTEN.

貝原篤信. 1714. 菜譜. DOI（10.11501/2536603），NDL.

貝原好古. 1694. 和爾雅. 282 コマ（甜瓜）, 289 コマ（雞兒腸）. 東京大学農学生命科学図書館. DOI（10.20730/100344772），KOTEN.

学農社（編）. 1894. 蕪菁の各種圖解. 農業雑誌. 19 巻（23）, 526 号. p. 356. DOI（10.11501/1598257），NDL.

郭璞（注）. 室町末期 - 江戸初期（写）. 爾雅注疏. 11 巻［2］. 36 コマ（荼苦菜）, 47 コマ（荷芙蕖）. DOI（10.11501/2544945），NDL.

覚猷. 写年未詳. 志貴山縁起［1］24 コマ;［2］22 コマ;［3］14 コマ;DOI（10.11501/2574276, 10.11501/2574277, 10.11501/2574278）, NDL.

鹿毛敏夫. 2013. 大航海時代のアジアと大友宗麟. 海鳥社. 150 p.

荷田春満. 1932. 万葉童蒙抄. 官幣大社稲荷神社編. 荷田全集第五巻. 吉川弘文館. p. 132（上野佐野の）, p. 149（伎波都久の）. DOI（10.11501/1920702），NDL.

加藤淳子. 2011. 下級武士の米日記. 桑名・柏崎の仕事と暮らし. 平凡社新書 591. 平凡社.
　178 p.

加藤知弘. 2004. 瓜生島と沖の島について：別府湾の謎に迫る. 別府史談 18：6-19. 別府
　大学地域連携プログラム（BUNGO）.

加納喜光, 野口大輔. 2005. 埤雅の研究・其七. 釈草編（3）. 茨城大学人文学部紀要人文
　科学論集　43：27-46. 茨城大学学術情報リポジトリ.

鹿持雅澄. 1891. 万葉集古義. 万葉集品物解. 第 1. 34-36 丁（くゝみら）；第 2. 38-40 丁
　（ゑぐ）. 宮内省. DOI（10.11501/874290, 10.11501/874291）, NDL.

鹿持雅澄. 1898. 万葉集古義. 第 10 巻. 8 丁. DOI（10.11501/874326）, NDL.

賀茂真淵（賀茂百樹校）. 1977. 萬葉考. 賀茂真淵全集. 第 2 巻. 続群書類従完成会. p.
　61（万葉考巻四）, p. 314-315（万葉考別記四）. DOI（10.11501/12222424）, NDL.

賀茂真淵. 写年未詳. 催馬楽考. 名古屋大学附属図書館, 神宮皇学館文庫. DOI
　（10.20730/100001198）, KOTEN.

狩谷掖齋. 1883. 箋注和名類聚抄. 4 巻 66 丁（搗蒜）, 68 丁（辛夷）, 68-69 丁（蘭蕙草）；
　9 巻 15-16 丁（蘠豆）, 22-27 丁（蒜類）, 34-35 丁（茮）. 印刷局. DOI（10.11501/1209871,
　10.11501/1209900）, NDL.

川上行蔵（小出昌洋編）. 2006. 日本料理事物起源. 岩波書店. p. 3-136.

川村清一. 1929. 原色版 日本菌類図説. 大地書院. DOI（10.11501/1852169）, NDL.

神田喜一郎. 1949. 日本書紀古訓攷証. 養徳社. p. 95-100. DOI（10.11501/2973242）,
　NDL.

神田 武. 1949. 西瓜の栽培技術. 育農シリーズ. 第 1 巻. 育種と農藝社. 80p. DOI
　（10.11501/2455477）, NDL.

其角. 1719. 類柑子. 9 コマ. 国文学研究資料館. DOI（10.20730/200002574）. KOTEN.

菊岡沾涼. 1735. 続江戸砂子温故名跡志. 巻之一. 江府名産. 30 コマ. 国文学研究資料館.
　DOI（10.20730/200000658）, KOTEN.

菊池駿助（編）. 1932. 徳川禁令考. 前聚第五帙. 吉川弘文館. p. 651-668. DOI
　（10.11501/1050490）, NDL.

喜田茂一郎. 1911. 最新蔬菜園芸全書. 青木嵩山堂. 886 p. DOI（10.11501/1087060）,
　NDL.

喜田川季荘. 写年未詳. 守貞謾稿. 巻六. 14 コマ（漬物賣）. DOI（10.11501/2592395）,
　NDL.

北村季吟. 1688. 万葉拾穂抄. 524 コマ. 北海道大学図書館. DOI（10.20730/100259405）,
　KOTEN.

喜多村筠庭（長谷川強、江本裕、渡辺守邦、岡雅彦、花田富二夫、石川了校訂）. 2005.
　嬉遊笑覧（四）. 岩波文庫 30-275-4. 岩波書店. 414 p.

北村四郎. 1985. 北村四郎選集 II. 本草の植物. 保育社. 638 p.

喜多村信節. 未詳. 嬉遊笑覧 [14]. 国立公文書館デジタルアーカイブ. 内閣文庫. 111 コ
　マ. https://www.digital.archives.go.jp/item/4179634

義堂周信. 1696. 空華集. 巻一. 41 コマ. 新潟大学附属図書館佐野文庫. DOI（10.20730/100224652），KOTEN.

木村茂光. 2000. 中世の民衆生活史. 青木書店. p. 24-43（荘園村落の形成と景観）.

木村紀子訳注. 2006. 催馬楽. 東洋文庫 750. 平凡社. 290 p.

京都大学文学部国文学研究室編. 2012. 京都大学蔵 むろまちものがたり 第 5 巻. 臨川書店. p. 347-363. p. 399-417.

清原夏野. 1650 序. 令義解. 132 コマ（僧尼令第七）. 宮内庁書陵部. DOI（10.20730/100235787），KOTEN.

金田一京助. 1963. 国語音韻論. 新訂増補版. 刀江書院. p. 181-244. DOI（10.11501/2500409），NDL.

九条兼実. 鎌倉前期写. 玉葉. 3409 コマ. 宮内庁書陵部九条家本. DOI（10.20730/100293399），KOTEN.

窪田蔵郎. 1966. 鉄の生活史. 鉄が語る日本歴史. 角川書店. p. 103-111. DOI（10.11501/2508911），NDL.

熊沢三郎. 1965. 改著 総合蔬菜園芸各論. 養賢堂. 530 p. DOI（10.11501/2507552），NDL.

倉野憲司校注. 1963. 古事記. 岩波文庫 30-001-1. 岩波書店. 382p.

倉本一宏. 2015-2023. 現代語訳小右記 1~16. 吉川弘文館.

黒川道祐. 1686. 雍州府志. 巻六. 京都府立京都学・歴彩館. DOI（10.20730/100339849），KOTEN.

黒坂勝美. 1938. 新訂増補国史大系. 第 29 巻上. 朝野雑載. 国史大系刊行会. p. 197-199. DOI（10.11501/3431644），NDL.

畔田翠山（正宗敦夫編校訂）. 1934-1935. 古名録. 第 2（草部巻 23，水草類下，p. 804-835）；第 4（菜部巻 38，菜類，p. 1411-1434）. 日本古典全集刊行会. DOI（10.11501/1123100，10.11501/1123115），NDL.

畔田翠山. 写年未詳. 救荒本草紀聞. 14［1］. 47 コマ. DOI（10.11501/2556925），NDL.

群馬県史編さん委員会編. 1978. 群馬県史資料編 5（中世 1）. 長楽寺永禄日記. p. 699-785. DOI（10.11501/9641586），NDL.

契沖（佐々木信綱編）. 1926. 契沖全集. 第 3 巻（万葉代匠記 3）. p. 30-31（うはぎ），p. 770-771（くくみら）. 朝日新聞社. DOI（10.11501/979064），NDL.

玄恵. 1520（写）. 庭訓往来. 阪本龍門文庫善本電子画像集. 奈良女子大学学術情報センター.

玄恵（一億宗鑑写）. 1536. 庭訓往来. DOI（10.11501/2540648），NDL.

顕昭. 1651. 袖中抄. 第十六. 515-516 コマ（ゑく）. 国文学研究資料館. DOI（10.20730/200000314），KOTEN.

賢甫義哲（大沢正勝写）. 1676. 長楽寺日記. 国文学研究資料館鵜飼文庫. DOI（10.20730/200020284），KOTEN.（内閣文庫本は https://www.digital.archives.go.jp/file/1227278）

小泉和子. 2011. 「類聚雑要抄」と「類聚雑要抄指図巻」にみる平安貴族の宴会用飲食・

供膳具．家具道具室内史学会誌 3：21-45．https://dl.ndl.go.jp/info:ndljp/pid/10481198

高濂（撰）．刊年未詳．弦雪居重訂遵生八牋．巻之十三．甜食類（13 コマ）．東京藝術大
　学附属図書館 脇本文庫．DOI（10.20730/100288016），KOTEN．

呉兢（石見清裕訳注）．2021．貞観政要 全訳注．講談社学術文庫．講談社．p. 495．

神坂次郎．1984．元禄御畳奉行の日記．尾張藩士の見た浮世．中公新書 740．中央公論社．
　208 p．

国民文庫刊行会．1956．国訳漢文大系 [1] 経子史部．第 3 巻．詩経．66-67 コマ．DOI
　（10.11501/3002750），NDL．

越谷吾山．1775．物類称呼．DOI（10.11501/2539349），NDL．

後白河天皇（編，山田孝雄写）．1922．梁塵秘抄．富山市立図書館．山田孝雄文庫．71，
　80，81 コマ．DOI（10.20730/100292593），KOTEN．

呉瑞．1525（序）．家傳日用本草 8 巻．47 コマ．東京国立博物館デジタルライブラリー．

小菅桂子．1991．にっぽん台所文化史．雄山閣．p. 7-27．

小谷竜介．2019．味噌と醤油—大豆発酵調味料の広がり—　石垣悟編．日本の食文化 5．
　酒と調味料、保存食．吉川弘文館．p. 82-109．

忽思慧．1782．飲膳正要巻三．京都大学付属図書館富士川文庫．

小林美和，安富郁子．2006．室町時代食文化の研究．その I．—御伽草子『常盤の姥』，『猿
　の草紙』にみる—　帝塚山大学現代生活学部紀要 2：11-26．http://id.nii.
　ac.jp/1288/00000141/

小林芳規，武石彰夫，土井洋一，真鍋昌弘，橋本朝生（校注）．1993．梁塵秘抄・閑吟集・
　狂言歌謡．新日本古典文学大系 56．岩波書店．　618 p．

古原 洋，万 小春，赤井賢成，汪 光熙．2011．雑草モノグラフ．ミズアオイ（*Monochoria
　korsakowii* Regel et Maack）．雑草研究 56：166-181．https://doi.org/10.3719/weed.56.166

小町谷照彦，後藤祥子（校注・訳）．2001．新編日本古典文学全集 30．狭衣物語（2）．小
　学館．p. 175-176．

五味文彦．2016．中世社会のはじまり—シリーズ日本中世史①—　岩波新書 1579．岩波
　書店．p. 197-239．

惟宗具俊．1968．本草色葉抄．内閣文庫．p. 410．DOI（10.11501/2516948），NDL．

近藤 弘．1976．日本人の味覚．中公新書 454．中央公論社．p. 1-20．

斎藤月岑．1849．武江年表．8 巻 [1]．26 コマ（西瓜）；[4]．17 コマ（見沼通船）．DOI
　（10.11501/2563430，10.11501/2563433），NDL．

斎藤 隆．1982．蔬菜園芸学—果菜編—　農山漁村文化協会．p. 315-320．

斎藤幸雄，幸孝，幸成（月岑）．1836．江戸名所図会．7 巻 [20]．8 コマ（行徳船場）．
　DOI（10.11501/2563399），NDL．

坂本太郎，家永三郎，井上光貞，大野晋校注．1994-1995．日本書紀（一）～（五）．岩波
　文庫 30-0004-1~5．岩波書店．

迫野虔徳．1968．仮名文における拗音仮名表記の成立．語文研究．26：52-64．DOI
　（10.11501/6063596），NDL．

引用文献

笹川種郎（編），矢野太郎（校訂）. 1935-1936. 史料大成. 1, 2, 3（小右記 1, 2, 3）. 内外書籍. DOI（10.11501/3431226, 10.11501/3431227, 10.11501/3431229），NDL.

笹川種郎（編），矢野太郎（校訂）. 1939. 史料大成. 35, 36（権記 第 1, 第 2）. 内外書籍. DOI（10.11501/3431563, 10.11501/3431564），NDL.

佐々木信綱（校訂）. 1933. 新訂 梁塵秘抄. 岩波文庫黄 22-1. 岩波書店. p. 198.

佐竹昭広，山田英雄，工藤力男，大谷雅夫，山崎福之（校注）. 2013-2015. 万葉集（一）～（五）. 岩波文庫 30-005-1~5. 岩波書店.

佐藤茂，久保中央. 2019. 近江カブの祖先種と後代種の系譜. '近江かぶら'は聖護院カブの祖先種か？ 農業および園芸. 94：849-856.

佐藤信淵. 写年未詳. 草木六部耕種法. [9]. 19 コマ（南瓜）. DOI（10.11501/2555576），NDL.

沢井耐三. 1989. 猿の草紙. 市古貞次，秋谷治，沢井耐三，田嶋一夫，徳田和夫（校注）. 1989. 室町物語集. 上. 新日本古典文学大系 54. 岩波書店. p. 433-467.

三條実房. 1669 写. 愚昧記. 内閣文庫和書（請求番号 161-0070、冊次 0016）. 16 の 11 コマ. 国立公文書館デジタルアーカイブ.

慈俊（鈴木空如，松浦翠苑摸写）. 1919-1920. 慕帰繪々詞 全 10 巻. 巻 2 の 12-13 コマ；巻 5 の 24 コマ. DOI（10.11501/2590849, 10.11501/2590852），NDL.

篠田 統. 1959. 古代シナにおける割烹. 東方學報. 30：253-274. DOI（10.11501/3558924），NDL.

芝 康次郎. 2015. 古代都城出土の植物種実. 奈良文化財研究所. 64 p. http://doi.org/10.24484/sitereports.15550

司馬遷（小川環，今鷹真，福島吉彦訳）. 1991. 史記世家（下）. 岩波文庫 33-214-8. 岩波書店. p. 76-86. DOI（10.11501/12210296），NDL.

柴田光彦，大久保恵子. 2012-2013. 瀧澤路女日記. 上，下巻. 中央公論新社. 741, 828 p.

澁澤敬三（編著）. 1964-1966. 絵巻物による日本常民生活絵引. 第 1（鳥獣戯画）；3（石山寺縁起絵巻）；4（春日権現験記絵）. 角川書店. DOI（10.11501/9544760, 10.11501/9545176, 10.11501/9545357），NDL.

清水 茂. 1977. 野菜園芸の定義. 野菜園芸大事典編集委員会編. 野菜園芸大事典. 養賢堂. p. 1-2.

下川義春. 1926. 下川蔬菜園芸. 上巻，下巻. 成美堂. p. 419-576（荳菽類），p. 1169-1436（葉菜類）. DOI（10.11501/1020112, 10.11501/1020134），NDL.

下川辺長流（武田祐吉校訂）. 1925. 万葉集管見. 万葉集叢書，第 6 輯. p. 142-143（えく，うはぎ），p. 216（くゝみら）. 古今書院. DOI（10.11501/970582），NDL.

朱熹. 1724. 詩経 8 巻 [1]（詩経集傳）. 52 コマ. DOI（10.11501/2559611），NDL.

周文華. 江戸時代写. 致富全書 12 巻 [4]. 汝南圃史（周光録圃史）. 44 コマ. DOI（10.11501/2557194），NDL.

順徳天皇. 写年未詳. 八雲抄 6 巻 [3]. 70-71 コマ DOI（10.11501/2575526），NDL.

徐光啓（輯）. 1716. 周憲王救荒本草. 14巻 [1]. 72-73コマ. DOI（10.11501/2555678），NDL.

徐光啓. 1843. 農政全書 [11]. 27巻（蓏部），28巻（蔬部）. DOI（10.11501/2556973），NDL.

掌禹錫（尚志鈞輯复）. 2009. 嘉祐本草輯复本. 中医古籍出版社. 632 p.

小学館国語辞典編集部（編）. 2001. 日本国語大辞典. 第二版. 第十巻. p. 170. 小学館.

昌住（大槻文彦校）. 1916. 新撰字鏡. 天治本. 巻七巻八. 六合館. DOI（10.11501/1241755），NDL.

嘯夕軒宗堅. 1730. 料理綱目調味抄. 5巻 [4]. 16-17コマ. DOI（10.11501/2557797），NDL.

正智房. 1604. 悉曇初心抄. 14-19コマ. DOI（10.11501/2532304），NDL.

白井光太郎. 1929. 植物渡来考. 岡書院. p. 98（フダンソウ），p. 128（シユンギク）. DOI（10.11501/1189709），NDL.

神宮司庁（編）. 1914. 古事類苑. 歳時部 5. p. 817（供歯固）；飲食部 1. p. 39（正月三節），p. 116（精進料理）；飲食部 5. p.836（醬）. DOI（10.11501/897575，10.11501/897863，10.11501/897867），NDL.

菅原是善. 1937. 類聚名義抄 [7]. 法中. 30コマ（塊）；[8]. 法下. 60コマ（疾）；[9]. 僧上. 4-34コマ（艸，竹）；[10]僧中. 6コマ（胡瓜）. 貴重図書複製会. DOI（10.11501/2586896，10.11501/2586897，10.11501/2586898，10.11501/2586899），NDL.

菅原為長. 1245（奥書）. 字鏡集. 5-7巻（植物部，82-135コマ）. 大和文華館鈴鹿文庫. DOI（10.20730/100113478），KOTEN.

菅原為長. 写年未詳. 字鏡集 [2]. 33コマ. DOI（10.11501/2592433），NDL.

杉本つとむ. 2011. 日本本草学の世界—自然・医薬・民俗語彙の探求. 八坂書房. 462 p.

杉山直儀. 1988. 中国本草書、農書の中の野菜 [3]. 農業および園芸. 63：1039-1043.

杉山直儀. 1991. 延喜式の中の野菜. 農業および園芸. 66：809-816.

杉山直儀. 1995. 江戸時代の野菜の品種. 養賢堂. 134 p.

杉山直儀. 1998. 江戸時代の野菜の栽培と利用. 養賢堂. 96p.

関根真隆. 1969. 奈良朝食生活の研究. 吉川弘文館. 542 p.

関根正直. 1925. 修正 公事根源新釈. 上. 六合館. p. 35-36. DOI（10.11501/1899893），NDL.

関山直太朗. 1948. 近世日本人口の研究. 龍吟社. p. 118-127. DOI（10.11501/3016445），NDL.

施山紀男. 2013. 食生活の中の野菜. —料理レシピと家計からみたその歴史と役割— 養賢堂. 167 p.

千 宗室（編）. 1957. 茶道古典全集. 第9巻. 淡交社. p. 43-45（久政茶會記. 永禄4年2月24日）. DOI（10.11501/2466385），NDL.

仙覚（佐々木信綱編）. 1926. 萬葉集註釋. 仙覚全集. 万葉集叢書第八輯. 古今書院. p. 223. DOI（10.11501/970584），NDL.

宗懍. 明代. 荊楚歳時記. 廣漢魏叢書. 6 コマ. DOI（10.11501/2537268）, NDL.

曽槃. 写年未詳. 国史艸木昆虫攷 [1]. 76 コマ. DOI（10.11501/2557246）, NDL.

曽槃, 白尾國柱ら. 文化年間. 成形図説. 巻 21（菘, 莱菔, 蕪菁）; 巻 22（芋, 薯蕷）; 巻 25（蘘臺, 芥, 獨活）; 巻 27（甜瓜, 越瓜, 晩瓜, 黇瓜, 南瓜, 西瓜）; 巻 28（蓮）. DOI（10.11501/2546029, 10.11501/2546030, 10.11501/2546033, 10.11501/2546035, 10.11501/2546036）, NDL.

醍醐散人. 1801-1804. 料理早指南. 120 コマ（に色）. 国文研. 古典籍別置資料. DOI（10.20730/200024125）, KOTEN.

大日本山林会. 1884. 江南竹記. 大日本山林会報告. 25:173-174. DOI（10.11501/2314798）, NDL.

高田祐彦（訳注）. 2009. 新版古今和歌集（現代語訳付き）. 角川文庫 15767. 角川書店. 591 p.

高埜利彦. 2015. 天下泰平の時代. シリーズ日本近世史③. 岩波新書 1524. 岩波書店. 223 p.

高橋公明. 2001. 海域世界の交流と境界人. 大石直正, 高倉良吉, 高橋公明. 周縁から見た中世日本. 講談社. p. 265-385.

高橋まち子, 池添博彦. 1990. 万葉集の食文化考. I. 植物性の食について. 帯広大谷短期大学紀要. 27:43-57. https://doi.org/10.20682/oojc.27.0_43

竹内 若校訂. 1943. 毛吹草. 岩波文庫 30-200-1. 岩波書店. 505 p.

武田祐吉編. 1933. 記紀歌謡集. 岩波文庫 30-002-1. 242 p.

武田祐吉編. 1937. 風土記. 岩波文庫 30-003-1. 岩波書店. 545 p.

武田祐吉. 1956. 記紀歌謡集全講. 明治書院. p. 1-22（古代歌謡解説）. DOI（10.11501/1343317）, NDL.

橘 忠兼. 1926. 色葉字類抄. 尊経閣叢刊丙寅本. 巻上, 下. DOI（10.11501/1885583, 10.11501/1885605）, NDL.

橘 忠兼. 1926-1928 年. 色葉字類抄（黒川本）. 巻上, 中, 下. 古典保存会. DOI（10.11501/3438233, 10.11501/3438234, 10.11501/3438235）, NDL.

田中重太郎. 1978. 枕冊子全注釈. 三. p. 241-249. 角川書店.

谷川士清. 1830. 倭訓栞. [5]（巻之五, 衣乎）; [10]（巻之九, 計古）. DOI（10.11501/2562786, 10.11501/2562791）, NDL.

谷川士清. 1861. 倭訓栞中編. 宇衣乎之部（うど, 118 コマ）, 計之部（けだち, 259-260 コマ）. 大和文華館鈴鹿文庫. DOI（10.20730/100113488）, KOTEN.

谷川士清. 1887. 倭訓栞後編. 13. 底登之部（ところ, 16 丁）. 成美堂. DOI（10.11501/862506）, NDL.

谷口歌子. 1969. 客膳料理の形成と現代の様相―体形の変遷を主として― 家政研究 1: 8-20. http://id.nii.ac.jp/1351/00006351/

田畑 勉. 1965. 河川運輸による江戸地廻り経済の展開―享保・明和期を分析の対象として― 史苑 26:41-59. https://www.doi.org/10.14992/00001013

丹波康頼. 1859. 医心方. 巻三十. 52-53 コマ. DOI（10.11501/2555584）, NDL.

千葉市史編纂委員会. 1974. 千葉市史. 第2巻. p. 98-99. DOI（10.11501/9640418）, NDL.

著者未詳. 1551（写）. 年中行事秘抄. 宮内庁書陵部. DOI（10.20730/100182464）, KOTEN.

著者未詳. 1729（写）. 年中行事秘抄. 宮内庁書陵部. DOI（10.20730/100182444）, KOTEN.

著者未詳. 1643. 料理物語. 国文研. DOI（10.20730/200021802）, KOTEN.

著者未詳（洪方泉校）. 1673. 居家必用事類全集. 10集20巻.［14］（5, 7 コマ）. DOI（10.11501/2580239）, NDL.

著者未詳. 1805（奥書）. 四條流庖丁書. 東北大学付属図書館狩野文庫. DOI（10.20730/100306811）, KOTEN.

著者未詳. 1852. 播磨国風土記. 宮内庁書陵部. 52, 64 コマ. DOI（10.20730/100231663）, KOTEN.

著者未詳. 1961. 運歩色葉集.（静嘉堂文庫蔵本）. 白帝社. p. 206. DOI（10.11501/2497265）, NDL.

著者未詳. 室町中期（写）. 節用集. 阪本龍門文庫善本電子画像集. 奈良女子大学学術情報センター.

著者未詳. 室町末期（写）. 庭訓往来鈔. 32, 67 コマ. DOI（10.11501/2540653）, NDL.

著者未詳. 室町末近世初写. 常盤の嫗. 慶應義塾大学, 奈良絵本・絵巻コレクション.

著者未詳. 写年未詳. 石山寺縁起［2］（17-18 コマ）;［5］（11 コマ）. DOI（10.11501/2589670, 10.11501/2589673）, NDL.

著者未詳. 写年未詳. 類聚雑要抄［1］（10 コマ）. DOI（10.11501/2589665）, NDL.

陳藏器. 江戸時代（写）. 陳藏器本草拾遺不分巻［2］. 70, 74, 82 コマ（胡瓜, 蕹菜, 菾蓬）. DOI（10.11501/2575592）, NDL.

陳彭年 等(奉勅編). 明代初期. 大宋重修廣韻5巻[5]. 25 コマ(蒻). DOI(10.11501/2545942), NDL.

月川雅夫. 1994. 野菜つくりの昭和史. 熊沢三郎のまいた種子. 養賢堂. p. 113-140.

築島 裕. 1953. 古辭書入門. 国語学 13, 14：102-110. 国立国語研究所. https://bibdb.ninjal. ac.jp/SJL/view.php?h_id=0131021100

告井幸男, 木本久子, 中村みどり, 林原由美子. 2022. 訳注日本文徳天皇実録（四）. 京都女子大学大学院文学研究科研究紀要. 21：27-61. http://hdl.handle.net/11173/3436

柘植六郎. 1926. 最新蔬菜園芸. 成美堂書店. p. 411-415, 421-432. DOI（10.11501/946530）, NDL.

辻善之助（編）. 1934-1937. 鹿苑日録. 第一～第六巻. 太洋社. DOI（10.11501/1921037, 10.11501/1921048, 10.11501/1921058, 10.11501/1921072, 10.11501/1921083, 10.11501/1921094）, NDL.

辻善之助（編・校訂）. 1964. 大乗院寺社雑事記. 第5巻. 角川書店. 492 p. DOI（10.11501/2973406）, NDL.

土屋真紀．2014．狩野派における「酒飯論絵巻」の位相―文化庁本を中心に．阿部泰郎・伊藤信博編．「酒飯論絵巻」の世界．勉誠出版．p. 30-54.

土山寛子，峰村貴央，五百藏 良，三舟隆之．2021．『延喜式』に見える古代の漬物の復元．三浦隆之，馬場 基（編）．古代の食を再現する．みえてきた食事と生活習慣病．吉川弘文館．p. 199-208.

角田文衛，五来 重（編）．1967．新訂増補 史籍集覧．25 巻．臨川書店．p. 352-441（嘉元記）．DOI（10.11501/3450077），NDL.

鄭玄（註）．江戸時代写．周禮 12 巻 [7]．5 コマ．DOI（10.11501/2545233），NDL.

寺川眞知夫．2015．『万葉集』の食の歌の位置．國學院雑誌 116：110-128．DOI（http://doi.org/10.57529/00000046）.

寺島良安．1824．倭漢三才図会．［22］（31 巻，庖厨具）;[68]（89 巻，味果類;90 巻，蓏果類）;［70］（92，山草類）;［73］（94 巻，湿草類）;［77］（99 巻，葷菜類）;［78］（100 巻，蓏菜類）;［79］（102 巻，柔滑菜）．DOI（10.11501/2569718，10.11501/2569764，10.11501/2569766，10.11501/2569769，10.11501/2569773，10.11501/2569774，10.11501/2569775），NDL.

土井忠生，森田 武，長南 実（編訳）．1980．邦訳日葡辞書．岩波書店．862 p.

洞院公賢（撰）．1656．拾芥抄．3 巻［4］．15 コマ．DOI（10.11501/2580206），NDL.

唐慎微．1523．重修政和経史証類備用本草［10］．34-35 コマ（菾菜），55 コマ（馬芹子）．早稲田大学古典籍総合データベース．請求番号（ニ 01 00812）.

東麓破衲．室町末期写．下学集．第 12，飲食門．第 14，草木門．DOI（10.11501/2532290），NDL.

東京大学史料編纂所．2011．奈良時代古文書フルテキストデータベース（『大日本古文書』（編年文書））.

東京都．1958．東京都中央卸売市場史上巻．東京都．860 p．DOI（10.11501/2486317），NDL.

東京都葛飾区．1958．葛飾区史料．p. 284-288（延享三年，上小合村明細帳）．DOI（10.11501/3010315），NDL.

東京都都政史料館．1961．東京府志料．第 5．p. 219-248, 274-287．DOI（10.11501/2984590），NDL.

東京府．1881．東京府下農事要覧．四．13-15 丁（獨活芽）．DOI（10.11501/838940），NDL.

唐臨（撰，内田道夫編訳）．1955．校本冥報記．21，51 コマ．DOI（10.11501/1668845），NDL.

托克托．出版年不明．遼史．［1，2］．早稲田大学古典籍総合データベース．柳田文庫.

戸田秀典．1991．平安時代の食物．芳賀登，石川寛子（編）．全集日本の食文化（第 2 巻）．食生活と食物史．雄山閣．p. 49-78.

冨岡典子．2015．ものと人間の文化史 170．ごぼう．法政大学出版会．p. 16-36，181-199.

虎尾俊哉．1964．延喜式．吉川弘文館．253 p.

鳥居本幸代．2006．精進料理と日本人．春秋社．270 p.

豊津町史編纂委員会．1998．豊津町史上巻．p. 534-538（荘園の出現と広がり）．
　　https://adeac.jp/miyako-hf-mus/text-list/d200040/ht031230　（2023 年 7 月 17 日閲覧）

内務省地理局．1884a．新編武蔵風土記稿．巻 11~17（豊島郡 3~9），巻 18~24（豊島郡
　　10~11，葛飾郡 1~6），巻 25~31（葛飾郡 6~12）．DOI（10.11501/763977，10.11501/763978，
　　10.11501/763979），NDL.

内務省地理局．1884b．新編武蔵風土記稿．巻 122~128（多磨郡 34~40）．DOI
　　（10.11501/763995），NDL.

内務省地理局．1884c．新編武蔵風土記稿．巻 135~139（足立郡 1~5）；巻 145~150（足立
　　郡 11~16）．DOI（10.11501/763997，10.11501/763999）

中尾佐助．1990．分類の発想—思考のルールを作る．朝日新聞社．331 p.

永田雅靖．2018．青果物の鮮度に関する収穫後生理学．食糧 56：43-66.
　　https://www.naro.go.jp/publicity_report/publication/nfri_syokuryo56_4.pdf

中根三枝子．2001．萬葉植物歌の鑑賞．渓声出版．p. 717-719.

中原康富．年代不明．康富記 [18]．8 コマ．DOI（10.11501/2585775），NDL.

永吉秀夫．1977．ツケナ．野菜園芸大事典編集員会編．野菜園芸大事典．養賢堂．p.
　　1227-1237.

名古屋市教育委員会（編）．1965-1969．名古屋叢書続編 9~12（鸚鵡籠中記 1~4）．DOI
　　（10.11501/2972576，10.11501/2972577，10.11501/2972582，10.11501/2972668），NDL.

並木誠士．2017．日本絵画の転換点 酒飯論絵巻—「絵巻」の時代から「風俗画」の時代へ．
　　昭和堂．157 p.

奈良国立文化財研究所．1962．平城宮発掘調査報告 II．官衙地域の調査．p. 121（別表 2）．
　　http://doi.org/10.24484/sitereports.62890

奈良国立文化財研究所．1991．平城京長屋王邸宅と木簡．吉川弘文館．157 p.

奈良の食文化研究会．2017．続出会い大和の味．奈良新聞社．p. 10-11（水葱の羹）．

成松佐恵子．2000．庄屋日記にみる江戸の世相と暮らし．Minerva 21 世紀ライブラリー 56.
　　ミネルヴァ書房．p131-186.

新潟県（編）．1980．新潟県史資料編 8．近世三．下越編．p. 982-992.

西 貞夫．1982．創造されている野菜．樋口敬二編．食べものと日本人の知恵．PRI ブック
　　ス①．パンリサーチインスティテュート．p. 92-120．DOI（10.11501/12170174），NDL.

西川正休．1720（跋）．長崎夜話草．九州大学医学部図書館．DOI（10.20730/100348185），
　　KOTEN.

西野宣明（校）．1839．常陸風土記．26-27 コマ．DOI（10.11501/2536069），NDL.

日明（編）（小川孝栄校訂）．1904．日蓮上人御遺文．祖書普及期成会．2116 +254 p．DOI
　　（10.11501/823848），NDL.

日本風俗史学会（編）．1978．図説江戸時代食生活事典．雄山閣．p. 302-303.

練馬区．1982．練馬区史（歴史編）．p. 348-356，1069-1138．　練馬区史歴史資料デジタル
　　アーカイブ　https://j-dac.jp/nerimakurekishi/

農林水産省．2023．野菜をめぐる情勢．令和 5 年 7 月．30 p.　　https://www.maff.go.jp/j/

引用文献

seisan/ryutu/yasai/attach/pdf/index-15.pdf

野村兼太郎．1949．村明細帳の研究．有斐閣．1122 p.

博望子．1750．料理山海郷．79 コマ．味の素食の文化センター．DOI（10.20730/100249438），
KOTEN.

橋本進吉．1980．古代国語の音韻に就いて．他二編．岩波文庫 33-151-1．岩波書店．190p.

塙 保己一．1926．執政所抄．続群書類従．第 10 輯ノ上．続群書類従完成会．p. 420-477.
DOI（10.11501/1939754），NDL.

塙 保己一．1932．七十一番職人歌合．新校群書類従．第 22 巻．内外書籍．p. 122（豆腐
うり）．DOI（10.11501/1181028），NDL.

塙 保己一．1951a．雲州消息，貴嶺問答，十二月往来，新十二月往来．群書類従第九輯．
続群書類聚完成会．p. 390-468．DOI（10.11501/2932392），NDL.

塙 保己一．1951b．厨事類記、世俗立要集、四条流庖丁集、武家調味故実、大草家料理書、
庖丁聞書、大草殿よりの相伝之聞書．羣書類従．第 19 輯．続群書類聚完成会．p. 728-
848．DOI（10.11501/2977675），NDL.

塙 保己一．1954a．散木奇歌集．群書類従．第十五輯．続群書類聚完成会．p. 2．DOI
（10.11501/2940356），NDL.

塙 保己一．1954b．東国紀行．羣書類聚．第 18 輯．群書類聚刊行会．p. 840．DOI
（10.11501/2977645），NDL.

塙 保己一．1978．春日拝殿方諸日記．続群書類従．第二輯下．神祇部．続群書類聚完成会．
p. 475-486.

馬場光子．2010．梁塵秘抄口伝集．全訳注．講談社学術文庫．講談社．432 p.

原 徹一，早川孝太郎．1944．戦時国民栄養問題．食糧増産と技術全書，第 5 輯．霞ケ関書房．
DOI（10.11501/1064575），NDL.

原田信男．2009．江戸の食生活．岩波現代文庫（学術 212）．岩波書店．p. iii-xi. 112-135.

林 道春．1649．多識篇 [1]．巻之三．58-87 コマ．DOI（10.11501/2556076），NDL.

東野治之．2005．古代日本の文字文化．空白の 6 世紀を考える．国立歴史民俗博物館，平
川 南（編）．古代日本 文字の来た道―古代中国・朝鮮から列島へ．大修館書店．p. 86-102.

久松潜一，佐藤謙三（編）．1973．新版 角川古語辞典．角川書店．1471 p.

久松潜一，志田延義．1967．古代詩歌に於ける神の概念．増訂版．第一書房．p. 62-71.
DOI（10.11501/1363219），NDL.

肥爪周二．2010．音韻史．沖森卓也編．日本語史概説．朝倉書店．p. 9-28.

人見必大．1697．本朝食鑑．12 巻 [1]．（巻之一，穀部之一）；[2]（巻之二，穀部之二）；[3]．
（巻之三，菜部）．DOI（10.11501/2569413，10.11501/2569414，10.11501/2569415），NDL.

廣瀬忠彦．1998．古典文学と野菜．東方出版．321 p.

廣野 卓．1998．食の万葉集．古代の食生活を科学する．中公新書 1452．中央公論社．278 p.

風羅山人．刊年未詳．料理献立早仕組．7 コマ．味の素食の文化センター．DOI
（10.20730/100249435），KOTEN.

深江輔仁．1796．本草和名 [1]，[2]．DOI（10.11501/2555536，10.11501/2555537），NDL

福井県. 1986. 福井県史資料編 13（考古）本文編. p.126-131. DOI（10.11501/9540191），NDL.

福羽逸人. 1893. 蔬菜栽培法. 博文館. 507 p. DOI（10.11501/840203），NDL.

藤枝国光. 1977. キュウリ. 野菜園芸大事典編集委員会編. 野菜園芸大事典. 養賢堂. p. 775-796.

藤代禎輔. 1914. 文藝と人生. 不老閣書房. p. 306-319. DOI（10.11501/968865），NDL.

藤原明衡（川口久雄訳注）. 1983. 新猿楽記. 東洋文庫 424. 平凡社. 417 p.

藤原明衡. 写年未詳. 新猿楽記. 10 コマ. 宮内庁書陵部. DOI（10.20730/100234209），NDL.

藤原実資. 写年未詳. 小右記. 十七、十八. 48-49 コマ（長和 3 年 10 月 5 日）. DOI（10.11501/12866073），NDL.

藤原定家. 1657. 顯註密勘. 8 コマ. 宮内庁書陵部. DOI（10.20730/100233378），KOTEN.

藤原定家. 1911. 明月記. 第 1～第 3. 国書刊行会. DOI（10.11501/991253, 10.11501/991254, 10.11501/991255），NDL.

藤原時平, 藤原忠平ら. 1648. 延喜式. 巻 31-33（大膳式上，21-39 コマ；下，40-66 コマ），巻 38-39（内膳式，40-74 コマ），巻 40（造酒司，3-25 コマ）国立公文書館アーカイブ. 内閣文庫.

藤原時平, 藤原忠平ら. 1688（写）. 延喜式. 巻二十四（主計式上 970-1010 コマ），巻三十二, 三十三（大膳式上 1237-1253, 下 1258-1285），巻三十九（内膳式 1440-1475），巻四十（造酒司 1484, 1494）. 宮内庁書陵部. DOI（10.20730/100231773），KOTEN.

藤原時平, 藤原忠平ら（松平齊恒、齊貴校）. 1828. 延喜式. 島根大学桑原文庫.

藤原道長. 江戸写. 御堂関白記. 18 コマ，101 コマ. DOI（10.20730/100231929），KOTEN.

藤原基経. 1709. 日本文徳天皇実録 [1]. 20 コマ. DOI（10.11501/2563183），NDL.

藤原盛方. 江戸写. 萬葉集抄. 27 コマ. 宮内庁書陵部. DOI（10.20730/100245170），KOTEN.

藤原良房. 1668. 続日本後紀. 157 コマ. 国文研. DOI（10.20730/200005043），KOTEN.

佛書刊行会. 1912-1913. 大日本佛教全書. 133～137（蔭涼軒日録）. DOI（10.11501/952837, 10.11501/952838，10.11501/952839，10.11501/952840，10.11501/952841），NDL.

舟橋秀賢（正宗敦夫編纂校訂）. 1939. 慶長日件録. 日本古典全集刊行会. 384p. DOI（10.11501/1041785），NDL.

Brisset, C.（クレール＝碧子・ブリッセ），伊藤信博. 2015. 文化庁蔵『酒飯論絵巻』の翻刻・釈文・註解. 伊藤信博，クレール＝碧子・ブリッセ，増尾伸一郎編. 『酒飯論絵巻』影印と研究─文化庁本・フランス国立図書館本とその周辺─ 臨川書店. p. 22-68.

古市末雄. 1937. 蔬菜園芸. 農村社. p. 130-131. DOI（10.11501/1108887），NDL.

古川辰. 1794. 四神地名録 [4]. 多磨郡之記下. 16-19 コマ. DOI（10.11501/2545239），NDL.

古島敏雄. 1975. 古島敏雄著作集. 第 6 巻. 日本農業技術史. 東京大学出版会. 663p.

DOI（10.11501/11992239），NDL.

古島敏雄（校注）．2001．百姓伝記（下）．ワイド版岩波文庫 189．岩波書店．214 p.

ルイス・フロイス（岡田章雄訳）．1991．ヨーロッパ文化と日本文化．岩波文庫 33-459-1．岩波書店．p. 95.

前川文夫．1968．タタラメという植物．植物研究雑誌　43：32．http://www.jjbotany.com

牧野富太郎．1940．牧野日本植物図鑑（初版・増補版）インターネット版．高知県立牧野植物園．

牧野富太郎．2008a．植物一日一題．ちくま学芸文庫 マ -29-1．筑摩書房．318 p.

牧野富太郎．2008b．植物記．ちくま学芸文庫 マ -29-2．筑摩書房．308 p.

松浦郁郎，徳永光俊（翻刻・現代語訳・解題）．1980．清良記（親民鑑月集）．日本農書全集．第 10 巻．農山漁村文化協会．p. 3-294.

松浦宗案．写年未詳．親民鑑月集．DOI（10.11501/2536403），NDL.

松江重頼．1655．毛吹草．お茶の水女子大学附属図書館．DOI（10.20730/100239049），KOTEN.

松下大三郎，渡辺文雄（編纂）．1918．五句索引国歌大観．歌集部．第三版．教文社．905 p. DOI（10.11501/936605），NDL.

松本宏司．1993．催馬楽「山城」考．日本歌謡研究．33：14-20．https://doi.org/10.34421/kayo.33.0_14

松村 正．1954．邦産 n=10 群 Brassica の莢型について．育種学雑誌 4：179-182．https://doi.org/10.1270/jsbbs1951.4.179

松村 正．1977．カブ．野菜園芸大事典編集員会編．野菜園芸大事典．養賢堂．p. 1096-1110.

丸山和彦（校注）．2003．一茶 七番日記（上）．岩波文庫 30-223-5．岩波書店．p. 83.

三浦佑之．2016．風土記の世界．岩波新書 1604．岩波書店．244 p.

源 順．1617．和名類聚抄．20 巻［8］．28-42 コマ（飲食部）；20 巻［9］．3-26 コマ（稲穀部，菓蓏部，菜蔬部）；20 巻［10］．31-64 コマ（草木部）．DOI（10.11501/2544223，10.11501/2544224，10.11501/2544225），NDL.

三保忠夫．1998．延喜式における助数詞について．島根大学教育学部紀要．人文・社会科学．32：17-46．https://ir.lib.shimane-u.ac.jp/1086

神宅臣金太理，出雲臣廣嶋．1728．出雲国風土記．DOI（10.11501/2539607），NDL.

神宅臣金太理，出雲臣廣嶋．1806．出雲国風土記．宮内庁書陵部．DOI（10.20730/100248183），KOTEN.

宮崎安貞．1815．農業全書．11 巻［3］（菜之類）；［4］（菜之類）；［5］（山野菜之類）．DOI（10.11501/2557375，10.11501/2557376，10.11501/2557377），NDL.

宮崎安貞（土屋喬雄校訂）．1936．農業全書．岩波文庫 33-033-1．岩波書店．376 p.

水本邦彦．2015．村．百姓たちの近世．シリーズ日本近世史②．岩波新書 1523．岩波書店．209 p.

毛利梅園．成立年未詳．梅園草木花譜秋之部［4］．5 コマ．DOI（10.11501/1287294），

NDL.

本居宣長（向山武男校訂）．1930．古事記伝．第3．日本名著刊行会．p. 1049-1103（白檮原宮中巻）．DOI（10.11501/1171996），NDL.

本居宣長（村岡典嗣校訂）．1934．玉勝間．下．岩波文庫1003-1004．岩波書店．p. 221. DOI（10.11501/1186996），NDL.

森 公章．1998．「白村江」以後．講談社．248 p.

森田兼吉．1993．『たまきはる』の成立と主題―奥書・第二部の検討から第一部へ―　日本文学研究．29：73-84．https://ypir.lib.yamaguchi-u.ac.jp/bg/1043

武蔵野市史編纂委員会．1965．武蔵野市史．資料編．p. 125-126．170-174．DOI（10.11501/2982256），NDL.

屋代弘賢．1883．古今要覧稿．[8]．時令部巻4．10-17コマ（若菜）．DOI（10.11501/897542），NDL.

屋代弘賢．写年未詳．古今要覧稿[65]．33コマ（すずしろ）．DOI（10.11501/2552355），NDL.

安井秀夫．1977．シロウリ．野菜園芸大事典編集員会編．野菜園芸大事典．養賢堂．p. 855-862.

山口和雄．1947．日本漁業史．生活社．p. 17-23．DOI（10.11501/1157271），NDL.

山口仲美．2006．日本語の歴史．岩波新書1018．岩波書店．230 p.

山科言継．1914-1915．言継卿記．第一～第四．国書刊行会．DOI（10.11501/1919173，10.11501/1919191，10.11501/1919209，10.11501/1919259），NDL.

山田孝雄．1940．國語の中に於ける漢語の研究．寶文館．p. 310．DOI（10.11501/1219590），NDL.

山田孝雄．1943．国語学史．寶文館．p. 167-256．DOI（10.11501/1126292），NDL.

山田忠雄，倉持保男，上野善道，山田明雄，井島正博，笹原宏之．2020．新明解国語辞典．第八版．三省堂．1741 p.

山田俊雄（校注）．1996．庭訓往来．庭訓往来抄（抄）．山田俊雄，入矢義高，早苗憲生（校注）．新日本古典文学大系52．庭訓往来・句双紙．p. 1-109，377-461．岩波書店．

柳井 滋，室井信助，大朝雄二，鈴木日出男，藤井貞和，今西祐一郎．2017-2020．源氏物語（一），（八）．岩波文庫黄15-10，15-17．岩波書店．

柳田国男．1962．定本柳田国男集．第14巻．p. 56-77（餅と臼と擂鉢），p. 365-375（食制の研究）．筑摩書房．DOI（10.11501/9541744），NDL.

與謝野寛，正宗敦夫，與謝野晶子（編）．1926．日本古典全集．御堂関白記．上，下．DOI（10.11501/1912917，10.11501/1912928），NDL.

吉田金彦編著．2001．語源辞典　植物編．東京堂出版．281 p.

吉田兼好．慶長・元和年間．徒然草[1]．51コマ．DOI（10.11501/2544701），NDL.

吉田伸之．2015．都市．江戸に生きる．シリーズ日本近世史④．岩波新書1525．岩波書店．p. 252.

吉田 元．2014．日本の食と酒．講談社学術文庫2216．講談社．p. 136-164.

吉田康徳. 2019. ヤマノイモの生態と栽培技術ならびに機能性について. 特産種苗. 29：5-9.

吉井始子編. 1978-1981. 翻刻江戸時代料理本集成. 全10巻、別巻1. 臨川書店. （古今料理集は第二巻、名飯部類は第七巻所収）DOI（10.11501/12104879, 10.11501/12104880, 10.11501/12101991, 10.11501/12103892, 10.11501/12103888, 10.11501/12104877, 10.11501/12100150, 10.11501/12103890, 10.11501/12103891, 10.11501/12104878, 10.11501/12103889）, NDL. （2023年10月29日現在、個人向けデジタル化資料送信サービスから除外されており、利用できない）

依田萬代, 根津美智子, 樋口千鶴. 2013. 『路女日記』の食記事に関する分析調査（第1報）. 山梨学院短期大学研究紀要. 33：23-35. http://id.nii.ac.jp/1188/00000123/

李時珍. 1590. 本草綱目. 第9冊（第12巻）. 草之一（葈葥）；第11冊（第14巻）, 草之三（假蘇）；第15冊（第18巻）. 草之七（女葳）；第18冊（第26-28巻）. 菜之一, 二, 三；第20冊（第31-33巻）. 果之五, 六. DOI（10.11501/1287090, 10.11501/1287092, 10.11501/1287096, 10.11501/1287099, 10.11501/1287101）, NDL.

李勣 等（奉敕撰）. 1889. 新修本草［3］. 傅雲龍. DOI（10.11501/2557930）, NDL.

陸佃（撰）. 出版年不明. 埤雅. 巻十五～十八. 釈草（252-325コマ）. 国文学研究資料館鵜飼文庫. DOI（10.20730/200018995）, KOTEN.

冷月庵谷水. 1773. 料理伊呂波庖丁. 60, 81, 87, 89コマ（浸物, 香物, 三の汁, 煎鳥）. 東北大学付属図書館狩野文庫. DOI（10.20730/100306901）, KOTEN.

隴西大隠. 1811. 進物便覧. 23-25コマ. 神戸大学図書館. DOI（10.20730/100240118）, KOTEN.

若尾俊平, 浅見恵, 西口雅子（編著）. 1972. 増訂 近世古文書解読字典. 柏書房. 387 p.

渡邉晃宏. 1991. 二条大路木簡. 奈良文化財研究所年報1990年. p. 36-39.

渡部勝之助（澤下春男, 澤下能親校訂）. 1984. 柏崎日記. 上, 中, 下. DOI（10.11501/9539581, 10.11501/9539582, 10.11501/9539583）, NDL.

渡部平大夫（澤下春男, 澤下能親校訂）. 1984. 桑名日記. 一, 二, 三, 四. DOI（10.11501/9571301, 10.11501/9571302, 10.11501/9571303, 10.11501/9571304）, NDL.

輪之内町. 1981. 輪之内町史. 江戸時代の農業と治水. p. 139-183. DOI（10.11501/9538518）, NDL.

蕨市史編纂委員会（編）. 1967. 蕨市の歴史. 二巻. 水害（二）その対策. p. 1175-1188. 吉川弘文館. DOI（10.11501/3021296）, NDL.

欧文

Cervantes, E. and Gómez, J. J. M. 2018. Seed shape quantification in the order Cucurbitales. Modern Phytomorphology. 12:1-13. DOI（10.5281/zenodo.1174871）.

Feng, S., Liu, Z., Chen, L., Hou, N., Yang, T. and Wei, W. 2016. Phylogenetic relationships among cultivated *Zanthoxylum* species in China based on cpDNA markers. Tree Genetics & Genomes.

12:45. DOI（10.1007/s11295-016-1005-z）.

Grubben, G.J.H., Siemonsma, J.S. and Piluek, K. 1994. Introduction. In: Siemonsma, J.S. and Piluek, K.（eds.）. Plant Resources of South-East Asia. No. 8. Vegetables. p. 17-54. PROSEA Foundation, Bogor, Indonesia.

Makino, T. 1906. Observation on the flora of Japan.（Continued from p.）. The Botanical Magazine of Tokyo 20: 79-86. DOI（https://doi.org/10.15281/jplantres1887.20.236_79）.

van der Meer, Q.P. and Agustina, L. 1994. *Allium chinense* G. Don. In: Siemonsma, J.S. and Piluek, K.（eds.）. Plant Resources of South-East Asia. No. 8. Vegetables. p. 71-73. PROSEA Foundation, Bogor, Indonesia.

Wehner, T.C., Naegele, R.P., Myers, J.R., Dhillon, N.P.S and Crosby, K. 2020. Cucurbits. 2nd edition. CABI International. Oxford, UK. p. 52-70.

杉山信男（すぎやま　のぶお）

1946年　大阪府に生まれる
1969年　東京大学農学部卒業
東京大学農学部助手，助教授を経て，
1997〜2010年　東京大学大学院農学生命科学研究科教授
2010〜2017年　東京農業大学農学部教授
専門は園芸学
著書に『トマトをめぐる知の探検』（東京農業大学出版会），『Edible
Amorphophallus in Indonesia － Potential Crops in Agroforestry』
（Gadjah Mada University Press；Edi Santosaと共著）など

古典籍にみる日本の野菜
昔の人はどんな野菜をよく食べていたのか?

2024年 6 月20日　　　第 1 版第 1 刷発行

著　者　杉山信男
発行所　一般社団法人東京農業大学出版会
　　　　代表理事　江口文陽
　　　　〒156-8502 東京都世田谷区桜丘 1 - 1 - 1
　　　　TEL 03-5477-2666　FAX 03-5477-2747
　　　　　　http://www.nodai.ac.jp
　　　　　　E-mail　shuppan@nodai.ac.jp
印刷・製本　共立印刷株式会社